岩溶含水层特征与工程学

〔塞尔维亚〕Z. 斯特万诺维奇（Z. Stevanović）编

陈宏峰　何　愿　主译

科学出版社

北　京

图字：01-2021-3457 号

内 容 简 介

本书共分三篇 17 章，从基础到应用，再到管理，是近年来较为经典的综合性岩溶水文地质学著作。上篇（第 1~4 章）介绍了岩溶研究历史、岩溶基本术语、岩溶景观与形态、岩溶水资源分布等相关知识，中篇（第 5~13 章）从岩溶含水层调控与保护工程出发，论述其相关环节的理论与实践知识，下篇（第 14~17 章）通过 1 篇导论和 15 个典型案例，介绍了岩溶水治理的实践经验。

本书旨在为岩溶地下水资源保护、管理和开发实践提供帮助，以解决工程建设中的岩溶水文地质问题，适合岩溶水文地质领域的硕士、博士和高级研究人员阅读参考，对从事技术研发的科学家和工程技术人员也能提供基础指导。

图书在版编目（CIP）数据

岩溶含水层特征与工程学 /（塞尔）Z. 斯特万诺维奇编；陈宏峰，何愿主译. —北京：科学出版社，2022.4

书名原文：Karst Aquifers—Characterization and Engineering

ISBN 978-7-03-070423-8

Ⅰ. ①岩… Ⅱ. ①Z… ②陈… ③何… Ⅲ. ①岩溶水-研究 Ⅳ. ①P641.134

中国版本图书馆 CIP 数据核字（2021）第 223488 号

责任编辑：王 运 崔 妍 柴良木 / 责任校对：张小霞
责任印制：吴兆东 / 封面设计：北京图阅盛世

科学出版社 出版
北京东黄城根北街 16 号
邮政编码：100717
http://www.sciencep.com

北京九州迅驰传媒文化有限公司 印刷
科学出版社发行 各地新华书店经销

*

2022 年 4 月第 一 版　开本：787×1092　1/16
2022 年 4 月第一次印刷　印张：20 1/2
字数：490 000

定价：228.00 元
（如有印装质量问题，我社负责调换）

译者名单

陈宏峰 何　愿 巴俊杰 白　冰
李文莉 李小盼 卢海平 罗　飞
罗劭侃 潘晓东 苏春田 覃汉莲
吴　庆 杨　杨 张　冉 赵光帅
肖　琼 吴泽燕

中文版序

The e-mail that I received in the early days of May 2018 from Prof. Hongfeng Chen from the Institute of Karst Geology / International Research Centre on Karst in Guilin, China, surprised me quite a bit, as he informed me that he was planning to translate the book I had edited, "Karst Aquifer—Characterization and Engineering", into Chinese. The short explanation he provided contained several compliments about the book's composition and content. When we met in Guilin later that year, he had already started working on it, having obtained permission from Springer International Publishing. The book is now complete and available to anyone in China who might benefit from some theoretical aspects of karst hydrogeology and practical engineering experiences. Translating 700 pages is not an easy task. It is an endeavour that is often more difficult than writing an entire new book. The work required more than two years—an almost equal amount of time it took to write it—as well as the engagement of group of younger Chinese karstologists and enthusiasts to help Prof. Hongfeng translate and redraw the figures.

The "Karst Aquifer—Characterization and Engineering", written by 22 dedicated authors from 11 countries, is no longer a new book, and information on its downloads which I regularly receive from Springer confirm that it is widely read and well accepted by both specialists and non-professionals. A new edition in China will provide an opportunity to its authors and their works to be seen more widely and cited more often. Along with spreading knowledge of karst and promoting our science, it could also create some new prospects for scientific contacts and international expert exchange.

As for me and all the authors, it is an honour to see that our book has become one of the few on karst hydrogeology that have been translated into Chinese. To my best knowledge, only the hydrogeological bestseller of Ford and Williams (2007) and the IAH book edited by Goldscheider and Drew (2007) have been granted this privilege to date. I apologise if I missed someone, but the list is still not that long.

On behalf of all the authors, I gratefully acknowledge the idea, confidence and effort of my colleague and friend Hongfeng Chen and his team, namely Yang Yang, Su Chuntian, Luo Fei, Li Xiaopan, Ba Junjie, Li Wenli, Qin Hanlian and Zhao Guangshuai. Our gratitude also goes to Springer International Publishing and China Science Publishing & Media Ltd.

Belgrade, July 2020

译者前言

20年前译者刚参加工作时，就了解到岩溶介质具有极为复杂的非均质性和各向异性。在后续工作中以及阅读中外文献时发现，对于岩溶这种特殊介质，无论从调查技术方法和成果表达方式，目前多数还是借助于非岩溶环境中应用的传统手段，尽管对某些技术方法在岩溶区的应用做了针对性改进；另外，调查研究成果应用于岩溶资源开发利用和生态环境保护修复时，仍会出现一些难以解决的问题。尽管中外学者在全球不同类型岩溶区开展了大量的调查研究与探索尝试，但很多情况下，很难摆脱传统水文地质学基础理论和技术方法的思维惯性束缚，很多世界性难题依然悬而未决。我国各个地质时代可溶岩地层齐全，岩溶环境类型丰富多样，各类岩溶资源环境问题复杂突出。译者相信，只要广大岩溶地质工作者结合我国岩溶地质实际，坚持问题和需求导向，以甘于坐冷板凳的钉钉子精神和勇于另辟蹊径的创新自信开展工作，岩溶水文地质学的理论技术创新将会在中国率先取得重大突破。译者的初衷也是希望我国岩溶地质学界能尽快系统全面掌握相关专业知识，并在实际工作中有所启发。自2012年起，译者从众多外文专著中先后选择翻译了《岩溶水文地质学方法》（已于2015年由科学出版社出版）和《岩溶含水层特征与工程学》（即本书），这两本岩溶水文地质学著作的理论和技术方法对于我国岩溶地质工作有较强的指导性。

本书翻译过程中，尽可能保留原著的理论技术精华，然而考虑成稿篇幅，对于我国读者不熟悉的国外岩溶区研究实例和工程案例未做翻译，感兴趣的读者可从原著查询。全书由陈宏峰、何愿翻译统稿，成稿过程中得到了岩溶学界的青年才俊大力支持。其中第2、3章译稿由苏春田协助修改，第5~7章译稿由巴俊杰协助修改，第8~10章译稿由杨杨协助修改，第11~13章译稿由罗飞协助修改，第14、15章译稿由李小盼协助修改，第16、17章译稿由苏春田协助修改，全文图件由赵光帅、吴庆处理，参考文献由张冉、肖琼、吴泽燕处理，全文审校、排版由李文莉、覃汉莲协助。白冰、卢海平、罗劬侃、潘晓东对审改成稿也有贡献。因知识和经验积累有限，不足之处在所难免，希望读者能加以甄别，并有所裨益。

原书前言

2013年初，我的朋友吉姆·拉莫罗（Jim LaMoreaux）写信邀请我，为施普林格出版社（Springer）新一批丛书——《地球科学专业实践》编写岩溶水文地质学实用指南，对此，我深感荣幸。

这是对我所在的贝尔格莱德大学地位、水平的认可，贝尔格莱德大学由著名岩溶学家约万·茨维伊奇（Jovan Cvijić）于20世纪初创立，在水文地质学和岩溶相关学科方面有着悠久的传统。世界各地的一些岩溶探索者采用了约万·茨维伊奇博士学位论文"Das Karstphänomen"《岩溶现象》中斯拉夫语岩溶术语，如"doline""ponor""polje""uvala"等，世人也由此认识了前南斯拉夫的一些岩溶水文地质学家，并在岩溶区成功实施了很多地表水和地下水工程调控项目。

我个人也深感自豪，这是对我在岩溶水文地质学领域早期努力工作的肯定。今天，我和同事共同努力，加强贝尔格莱德大学岩溶水文地质中心和水文地质系的能力建设。

编写本书有很大的现实理由。2012年，我们开始准备"岩溶含水层特征与工程学"国际培训课程与现场研讨会材料，国际培训的传统主办地位于典型第纳尔岩溶中心——波黑特雷比涅（Trebinje）市。该课程已被贝尔格莱德大学认证为水文地质学系硕士常设课程之一。该课程的发展也引起了其他专业研究生以及地质、环境科学和工程等专业本科四年级学生的兴趣，包括岩溶环境研究、岩溶水资源开发和工程学。参与岩溶水资源、环境工程实践和管理的专业人员，以及决策者通过这些课程，也提高了对岩溶作用和敏感性的认识。2014年，由联合国教育、科学及文化组织（简称联合国教科文组织）资助的第一期课程，共吸引了来自11个国家的20多名学员，10名教授担任教员。

岩溶各学科已出版大量的优秀书籍。过去10年，德里克·福特（Derek Ford）、保罗·威廉斯（Paul Williams）和我的同胞佩塔尔·米拉诺维奇（Petar Milanović）、内文·克雷希奇（Neven Kresic）等的专著，开辟了岩溶研究新思路，我确信在不久的将来，这些著作会成为新的岩溶水文地质学经典。编写新书是一件虽然困难但很有吸引力的事情，本书不是理论著作，而更倾向于讨论岩溶工程干预措施及其影响，编写工作最终获得施普林格出版社的支持。

我邀请了几位著名的岩溶科学家，也是我全球各地的好朋友，还包括研究东南欧和地中海经典岩溶的青年才俊参与本书编写，其中四位学生已获得贝尔格莱德大学博士学位，作为他们的导师，我备感自豪。他们在课题研究中考虑了泉流量时间序列分析、水储量和补给要素评价的现代方法和创新技术，以及岩溶系统的数学和物理模型。我坚信他们充分利用合著本书的机会，展示了良好的科研能力。当然，最终还得由读者和国际课程参与者做出评判。

本书包括三个部分。上篇（第1~4章）介绍了岩溶研究历史、岩溶基本术语、岩溶景观与形态、岩溶水资源分布等相关知识。岩溶含水层特征这一章从多角度分析评价岩溶含水层，对岩溶含水层开发利用优化与保护具有重要的指导意义。本书主要目的是概述目前的主要方法及其实用性和局限性，对具体研究方法不做详细介绍。

中篇（第5~13章）由相关领域权威专家撰写，论述岩溶含水层调控与保护工程的某些重要环节，以及理论与实践，包括岩溶区地表水和地下水、岩溶地下水均衡和资源评价、岩溶含水层流量动态评价、岩溶含水层对污染的脆弱性；还介绍了岩溶环境物理模拟、岩溶含水层数值模拟、岩溶地下水开发、岩溶地下水监测。第13章介绍岩溶水流调控的工程干预措施，岩溶水能资源利用或岩溶渗漏防治的措施，包括堵塞落水洞和洞穴、在岩溶表面铺设覆盖层以及帷幕灌浆等。

下篇（第14~17章）介绍岩溶水治理的实践经验，包括介绍性内容（第14章）和岩溶水文地质学15个领域的典型案例。引言为处理岩溶问题，提出研究思路，评价研究成果，优化技术方案提供一般性指导；同时介绍岩溶地区用水者与管理对策之间的常见冲突，评价岩溶地区各种人为措施和工程建设对环境的影响。随后，分三章介绍岩溶水资源管理问题研究案例，首先，第15章介绍地下水可靠性评估，并对解决水资源短缺问题的长期或临时性措施——大强度过量开采影响进行预测；随后，第16章介绍坝址选择与水库防渗、岩溶含水层与采矿：冲突与解决方案、确定强岩溶发育区的远程技术、岩溶区地表水与地下水混合的防治等4个专题；最后，第17章从保护、污染、修复、热量、共享等方面探讨岩溶地下水质问题。

尽管本书多数读者具有地质学和水文地质学背景，但我们尽量不采用纯粹的技术性文字，希望岩溶水资源管理者也能从本书的方法、案例研究及经验中获益。

非常感谢我的同事对本书成稿的辛勤工作与贡献，相信他们的专业知识和经验会帮助广大读者，并有利于今后在岩溶环境中成功实施可持续项目。特别感谢Jim LaMoreaux给了我编写本书的机会，也感谢我的朋友Neven Kresic从他无限的思想储备中提出建议和想法。特别感谢贝弗利·林奇（Beverly Lynch）使本书章节清晰易读，感谢布拉尼斯拉夫·彼得罗维奇（Branislav Petrović）为我所写章节的插图提供技术支持。

佐兰·斯特万诺维奇（Zoran Stevanović）
2014年9月于贝尔格莱德

目 录

中文版序
译者前言
原书前言

上篇　岩溶含水层

第 1 章　岩溶研究历史回顾 ·· 3
　参考文献 ·· 11

第 2 章　岩溶环境和现象 ·· 13
　2.1　过去：岩溶作为人类的庇护所 ·· 13
　2.2　现在：人类与岩溶 ·· 14
　2.3　水和可溶岩 ·· 17
　2.4　岩溶类型和分布 ·· 21
　参考文献 ·· 34

第 3 章　岩溶含水层特征 ·· 36
　3.1　含水层结构和要素 ·· 37
　3.2　渗透性和储水性 ·· 42
　3.3　水流类型和模式 ·· 47
　3.4　含水层补给 ·· 51
　3.5　含水层排泄 ·· 55
　3.6　岩溶地下水水质 ·· 66
　参考文献 ·· 70

第 4 章　岩溶水文地质学方法回顾 ·· 75
　4.1　岩溶含水层的双重性与调查方法 ·· 75
　4.2　岩溶水文地质学方法汇总 ·· 76
　4.3　地质学和地球物理学方法 ·· 77
　4.4　洞穴学方法 ·· 78
　4.5　水文学和水力学方法 ·· 78
　4.6　水化学和同位素方法 ·· 80
　4.7　人工示踪试验方法 ·· 80
　参考文献 ·· 82

中篇　岩溶含水层调控与保护的工程问题

第5章　岩溶区地表水和地下水 ·· 87
5.1　引言 ·· 87
5.2　岩溶流域 ·· 88
5.3　岩溶含水层 ··· 91
5.4　岩溶泉 ··· 93
5.5　落水洞 ··· 94
5.6　岩溶区河流 ··· 95
5.7　测压孔——岩溶信息的重要来源 ··························· 97
参考文献 ·· 97

第6章　岩溶地下水均衡和资源评价 ································ 100
6.1　均衡方程和参数 ·· 100
6.2　地下水储量分类 ·· 108
6.3　地下水储量评价 ·· 111
6.4　地下水均衡在储量评价方面的应用 ······················· 111
参考文献 ·· 114

第7章　岩溶含水层流量动态评价 ···································· 117
7.1　流量动态：定义与典型特征 ································· 117
7.2　泉流量变化 ··· 119
7.3　流量历时曲线 ·· 122
7.4　流量动态：子动态和水流分量 ······························ 124
7.5　衰减过程与水流分量的数学描述 ··························· 125
7.6　在衰减曲线上识别水流分量 ································· 128
7.7　计算各水流分量的体积 ······································· 131
7.8　水文过程线分割区分各水流分量 ··························· 133
参考文献 ·· 136

第8章　岩溶含水层对污染的脆弱性 ································ 139
8.1　引言 ·· 139
8.2　脆弱性制图 ··· 140
8.3　EPIK方法 ··· 141
8.4　PI方法 ··· 142
8.5　COP方法 ·· 143
8.6　验证 ·· 143
参考文献 ·· 145

第9章 岩溶环境物理模拟 … 148
- 9.1 引言 … 148
- 9.2 背景 … 148
- 9.3 方法概述 … 149
- 参考文献 … 154

第10章 岩溶含水层数值模拟 … 156
- 10.1 引言 … 156
- 10.2 数值模拟技术概述 … 158
- 10.3 岩溶模拟研究实例 … 161
- 10.4 等效孔隙介质（EPM）模拟结果 … 165
- 10.5 管道水流过程集成 … 166
- 参考文献 … 168

第11章 岩溶地下水开发 … 169
- 11.1 泉的开发利用 … 169
- 11.2 岩溶含水层地下水开发——钻井 … 172
- 参考文献 … 184

第12章 岩溶地下水监测 … 185
- 12.1 引言 … 185
- 12.2 监测位置 … 185
- 12.3 监测类型 … 187
- 12.4 监测设备 … 187
- 12.5 监测数据库 … 192
- 12.6 监测网分布范围 … 193
- 参考文献 … 193

第13章 岩溶区工程及其影响 … 195
- 13.1 引言 … 195
- 13.2 岩溶区水坝和水库建设 … 195
- 13.3 地下水坝 … 196
- 13.4 岩溶区隧道 … 198
- 13.5 教训与建议 … 201
- 13.6 某些特殊术语解释 … 202
- 参考文献 … 203

下篇 岩溶含水层治理与保护案例研究

第14章 岩溶含水层管理——概化、方法与影响 … 209
- 14.1 引言 … 209

14.2 确定问题和研究程序 ………………………………………………………… 209
14.3 水文地质调查分类 ……………………………………………………………… 210
14.4 概念模型建立方法 ……………………………………………………………… 211
14.5 岩溶工程环境影响 ……………………………………………………………… 211
14.6 地下水开采环境安全与指示 ………………………………………………… 212
14.7 岩溶水开发利用矛盾 ………………………………………………………… 213
参考文献 ……………………………………………………………………………… 213

第15章 岩溶水资源可靠性与可持续开发利用 ………………………………… 215
15.1 岩溶含水层的水力特征 ………………………………………………………… 215
15.2 泉流量长期预测 ………………………………………………………………… 221
15.3 含水层系统抽水效应评价模型 ……………………………………………… 228
15.4 洞穴学和洞穴潜水——取水设施设计的基础 ……………………………… 231
15.5 岩溶泉流工程调控，改善严重旱季水资源状况 …………………………… 234
参考文献 ……………………………………………………………………………… 243

第16章 岩溶地下水渗漏与混合的防治 …………………………………………… 252
16.1 坝址选择与水库防渗 …………………………………………………………… 252
16.2 岩溶含水层与采矿：冲突与解决方案 ……………………………………… 254
16.3 确定强岩溶发育区的远程技术 ……………………………………………… 259
16.4 岩溶区地表水与地下水混合的防治 ………………………………………… 264
参考文献 ……………………………………………………………………………… 269

第17章 岩溶灾害和水资源质量管理 ……………………………………………… 276
17.1 岩溶环境灾害与减灾措施 …………………………………………………… 276
17.2 岩溶水质管理和维护的先进策略 …………………………………………… 279
17.3 划定岩溶地下水防护区 ……………………………………………………… 282
17.4 岩溶地下水修复 ………………………………………………………………… 289
17.5 深部碳酸盐岩系统热水成因与开发 ………………………………………… 295
17.6 跨界岩溶含水层 ………………………………………………………………… 300
参考文献 ……………………………………………………………………………… 303

上 篇
岩溶含水层

第1章 岩溶研究历史回顾

吉姆·W. 拉莫罗（James W. LaMoreaux）和佐兰·斯特万诺维奇（Zoran Stevanović）

很多人了解泉水、地下水、地质学和水文学等常用术语，而且熟悉瓶装水（包括苏打水或矿泉水）以及各种形状、尺寸、颜色和标签的储水容器，现代人逐渐以瓶装水代替市政或其他公共用水，P. E. LaMoreaux 和 J. T. Tanner 在著作 Springs and Bottled Waters of the World：Ancient History，Source，Occurrence，Quality and Use（《世界泉水和瓶装水：古代历史、来源、发生、质量和使用》）中，总结了这一风靡全球的现象（图1.1）。但是很多人并不了解泉作为瓶装水的源头已有数千年的开发历史，这些泉多数分布于岩溶区或石灰岩地区，在人类文明进程中提供水源。

泉水开发历史可以追溯到人类文明的最早期阶段，如法国南部拉斯科（Lascaux）洞穴17000年前旧石器时代的岩画（图1.2），记录了早期人类如何利用洞穴作为供水、定居点和庇护所。

图1.1　全球部分泉水和瓶装水

图1.2　旧石器时代洞穴民居记载

人们已逐步意识到水文地质学对环境规划、执法和实践的重要性。生命活动需要持续供水，全球未来大部分水资源将来自地下水。生活在岩溶区或石灰岩地区的人们更能理解岩溶环境的特殊性；事实上，水文循环、水源、赋存和水质等水文概念最早形成发展于岩溶环境。

全球岩溶区或石灰岩地区的分布约占地球表面积的20%，各地区覆盖率变幅为0~40%。南斯拉夫作为岩溶术语的起源地，岩溶分布面积占国土面积的33%，是全球岩溶分布最广的地区之一（Milanović，1981）。岩溶一词来自南斯拉夫西北部毗邻意大利的边境地区（今斯洛文尼亚境内）。斯拉夫人以"kar"表示岩石，意大利人则采用"carso"，两术语经德语化后，将这一独特地区称为岩溶（karst）。

岩溶主要发育于灰岩、白云岩、大理岩等碳酸盐岩地层中，是很多岩溶泉的源头，早期人类在泉水附近设置定居点和宗教场所。多拉·P. 克劳奇（Dora P. Crouch）在两篇综述性文章中，讨论了泉作为地下水源与文明发展的内在联系。除水资源外，岩溶区还有丰富的石材、矿产和石油等资源。不同的地质背景和气候条件地区，在风化作用下，形成了各种地形和地貌形态（图1.3，图1.4）。岩性差异以及不同气候和地质条件下的溶解性差异，给人类生存和发展带来了各种挑战。例如，埃及巴哈利亚（Bahariya）绿洲附近的白垩系形成了白色荒漠，而南欧灰岩区则形成了丰富的土壤。

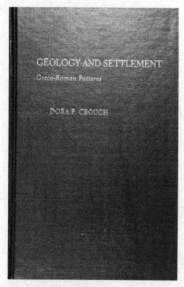

图1.3　早期岩溶环境地质相关著作　　图1.4　早期古希腊水资源管理相关著作

以下实例说明了岩溶的重要历史地位。LaMoreaux（1991，2007）、Ford 和 Williams（2007）、Krešić（2013）等作品中，详细描述了岩溶的历史发展、古老文献和重要性证据。

楔形碑是水文研究的首个书面记录（图1.5），记载了公元前852年，亚述国王萨尔玛那萨尔三世（Salmanassar Ⅲ）前往底格里斯河源头探险的情况。洞穴铭文表明，底格里斯河的源头为一岩溶泉，其中首次提到了石笋。

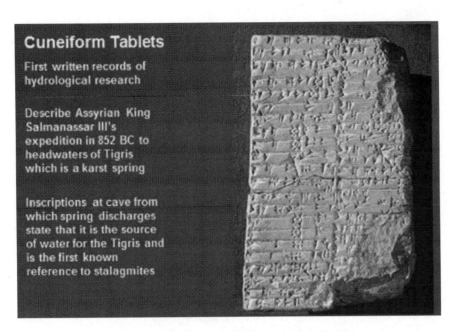

图 1.5 公元前 852 年楔形文字的水文学记录

古阿拉伯人、古希腊人、古罗马人和古中国人等对早期水资源利用知识都做出了贡献。最早的水井可追溯到公元前 10000 年左右的新石器时代，水井与农耕、牲畜及金属工具使用等人类日常生活息息相关。

水资源开发还与最早的法律和伦理演化有关，如早期先知的著作和《圣经》十诫。最古老的《圣经》记录提到了地下水在帕尔迈拉（Palmyra）、杰利科（Jericho）、西德龙（Sidron）等城市地区的用途。美国地质调查局（USGS）地下水部门前首席 O. E. 迈因策尔（O. E. Meinzer）博士曾评论说，早期《圣经》的某些部分读起来更像一份供水文件（图 1.6）。

帕尔迈拉（Palmyra）温泉（33℃），有硫黄味和放射性，据说有医疗作用，位于西奈山脚瓦迪加兰达尔（Wadi Garandal）地区。法老（Pharoah）温泉（32℃），历史上曾被法老士兵和矿工利用过，现已成为旅游胜地（图 1.7）。

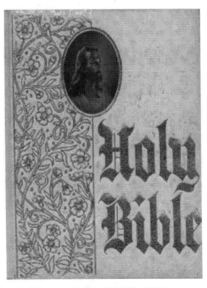

图 1.6 早期《圣经》记录东部地区基础水文

阿拉伯纯洁兄弟会（Arabian Order of the Brothers of Purity）等对中东地区的岩溶知识做出了贡献。公元 940 年，他们在百科知识全书中描述了洞穴、泉水和自流水。

在古希腊和古罗马时期，恩培多利斯（公元前 400 年）和亚里士多德（公元前 300 年）对水文循环开展了理论分析。耶稣基督时期（公元前 150 年），斯特拉博（Strabo）在他的第八本书（共 17 卷）中描述了井和泉。公元前 100 年，埃拉托斯坦描述了落水洞

图1.7 法老（Pharoah）温泉

和坡立谷。公元50年，罗马著名的哲学家塞内卡（Seneca）报道了泉、洞穴以及泉水消失等现象。公元40年，维楚维斯（Vitruvius）成为第一个介绍地下找水的水文学家。

罗马人设计并建造了渡槽的主体工程，用于长途输送优质水源（图1.8）。在罗马帝国的鼎盛时期，渡槽将来自辛布鲁伊尼（Simbruini）山脉、阿涅内（Aniene）河等流域的岩溶泉，以13m³/s这一难以置信的流量向罗马城中心供水。罗马人开发的著名温泉包括英国巴斯（Bath）泉（图1.9，图1.10）以及德国巴登巴登（Baden Baden）泉。

图1.8 古罗马时期三层结构渡槽

图 1.9　英国著名的古罗马时期的巴斯（Bath）泉　　图 1.10　绘画作品记录的巴斯（Bath）泉利用情况

汉尼拔在洗劫罗马城后，在著名的佩里耶（Perrier）泉源头——沸腾之水（Les Bouillens）扎营；法国国王路易十五以严格的法令控制该泉的 CO_2 含量。

中国人对洞穴和岩溶知识也做出了大量贡献，公元前 221 年的古籍中记录了洞穴和水文知识。山西洪山岩溶泉自宋代（公元 1000 年）开始利用，公元 1040 年，洪山泉分三条渠道灌溉 10 万亩[①]农田。公元 1175 年，宋代的岩溶学家范成大解释了洞穴沉积物和钟乳石的成因。

明朝徐霞客（公元 1587～1641 年），被誉为"中国岩溶研究之父"（图 1.11）。他研究了桂林及其周边地区的溶洞形态和热带岩溶特征。据中国岩溶地质馆介绍，徐霞客考察并描述了约 340 个洞穴。

全球各地的岩溶泉都遇到各种问题，水源污染是其中最常见的问题之一。有些泉在早期就被污染，并成为污染的最早记录，污染问题

图 1.11　徐霞客——中国岩溶研究之父

至今仍然存在，特别是发展中国家，人们尚未意识到岩溶区供水与垃圾和污水处理的关系，加强教育能有效促进科学界与公众之间的交流。

科学家、工程师、规划者、监管者和利益相关者一直关注与泉和岩溶地貌有关的问

---

① 1 亩≈666.7m²。

题。过去，地质学、水文地质学和洞穴地质学的研究成果已成功解决了岩溶地区污染及其他问题，但人们意识到，未来还需要多学科参与，以制订更好的解决方案。

欧洲岩溶研究始于17世纪末和18世纪初，最初由观察和描述开始。例如，德国学者梅尔希奥·戈尔达斯特（Melchior Goldast）描述了蓝泉（Blautopf泉），该泉是德国最大的岩溶泉之一；法国沃克吕兹（Vaucluse）泉的流量动态变幅大，后来也以该泉作为具有类似特征的泉类型名称，自1854年起，对该泉开展了固定周期的流量观测。

18世纪末期，巴尔塔扎·德拉莫特·哈克廷（Balthazar de la Motte Hacquetin）记录了斯洛文尼亚和奥地利的岩溶现象，他预测的问题后来成为争议和研究的主题，Kranjc（2006）认为阿凯（Hacquet）是欧洲的"水文学之父"。法国人爱德华·马特尔（Edouard Martel）是那个时代众多岩溶探险家之一，被认为是"洞穴学之父"。1907年，埃米尔·拉科维塔（Emil Racovita）出版的 *Essai Sur Les Problemes Biospeologiques*（《生物生态学问题实验》），被认为是洞穴生物学的起源。

塞尔维亚著名的科学家约万·茨维伊奇（Jovan Cvijić）（图1.12）被誉为"岩溶地貌学和水文学之父"（Ford，2005），尽管他在著作中采用了"地下水文学"这一并非准确的水文地质学术语，但他的确是岩溶学和岩溶水文地质学这一新兴学科的奠基者之一（Stevanović，2012；Stevanović and Milanović，2013）。他在贝尔格莱德大学完成本科学业，后担任地理学教授，并成为该大学校长以及塞尔维亚皇家科学院的成员和院长。因其肖像出现在塞尔维亚国家货币上而备受尊敬。

约万·茨维伊奇在博士学位论文 *Das Karstphänomen*（《岩溶现象》）（1892年）中奠定了现代岩溶学的基础。1900年，他撰写了波黑西部的岩溶坡立谷论文，并在1924年和1926年撰写了岩溶地貌学论文，论述了地下水位（GWL）、岩溶泉、渗漏和消溢水洞，并系统研究了溶沟、漏斗、岩溶河流、岩溶谷底、坡立谷等岩溶现象（图1.13）。

约万·茨维伊奇首次将灰岩地区划分为三种形态类型，即全岩溶（holokarst）、部分岩溶（merokarst）和过渡岩溶（transition karst），但该命名法还存在一定的局限性。美国地质调查局Monroe（1970）在《1899-K供水文件》中提出岩溶术语词典，其中很多是对约万·茨维伊奇原始术语和定义的拓展。

图1.12 约万·茨维伊奇——19~20世纪著名的岩溶学家 ［乌罗什·普雷迪（Uroš Predić）绘，1923年］

很多著名科学家在水文地质学和岩溶研究方面推动了系统科学思维的发展。达西（Darcy）在法国第戎（Dijon）市供水工程建设的试验中，确定了水流通过沙土的基本规律，并发表了试验结果——达西定律，作为水文地质学的基本规律之一，已成功应用于水

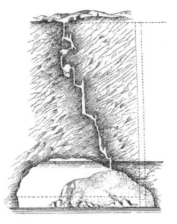

(a)   (b)

图 1.13 约万·茨维伊奇早期的工作草图

塞尔维亚东部库卡（Kučaj）山脉 Igrište 溶蚀洼地的溶沟（a）和的里雅斯特（Trieste）附近的 Trebič 壶穴（深渊）断面（b），Jovan Cvijić 认为是垂直裂隙和似层状洞穴的典型代表（经 Jovan Cvijić 许可转载，Stevanović and Mijatović，2005）

文地质学、石油工程和土壤科学以及其他多孔介质流体研究中（Darcy，1856）。达西定律定量研究地下水的形成、储存和排泄，并作为环境规划和水资源开发的基础。2004 年，帕特里夏·博贝克（Patricia Bobeck）将达西的著作翻译成英文版本（图 1.14）。

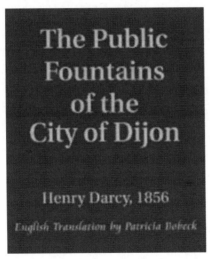

图 1.14 博贝克（Bobeck）完成的达西著作 Les Fontaines publiques de la ville de Dijon 英译本

19 世纪末到 20 世纪初，已经完成了大量的地下水定性研究工作，地下水流速和渗透性的定量研究成为下一阶段的发展目标。从 20 世纪 40 年代开始，随着战争对水资源需求的增加，可溶岩的定量研究成为地下水开发和管理面临的最大难题之一。

1935 年，泰斯发表了地下水非稳定流方程，这是现代定量调查方法的重大突破。此外，20 世纪后半叶，能精确描述地质系统物理特征的新技术被研发出。断裂和可溶岩的定量调查方法包括连续卫星图像、航空摄影、遥感、计算机图形测绘，以及对复杂地球化学实验数据的计算机记录、存储、评价和重建等。对地质系统的特征认识越充分详细，岩溶含水层的抽水试验结果就越有意义。

岩溶系统除了满足更多供水需求外，作为污染防治的必要措施，还应追踪水流从补给到储存，再到排泄的运移过程。追踪岩溶区地下水流运动需要创新思维，佩塔尔·米拉诺维奇（Petar Milanović）采用了独特的地质炸弹方法。其他水流追踪方法包括注入荧光素钠、氯化钾和氯化锂、沥青烯、植物孢子等各种示踪剂，在对放射性危害知之甚少的年代，甚至还注入放射性物质。1878 年，在首次大型定量示踪实验中，将示踪剂注入多瑙河（Danube）落水洞中。1908 年，在后续的研究中，大量的示踪剂再次被注入了弗里丁根（Fridingen）附近多瑙河落水洞中。

20 世纪后半叶，各学科的专家将全球各地复杂的岩溶环境研究推向了前沿。参与研究的专业人员包括一些水文学家、洞穴学家、化学家、地质学家、工程师、生物学家、植物学家和数学家。各学科领域专家开展合作研究，在示踪技术、同位素、地貌学、地球化学、洞穴学以及碳酸盐岩沉积学方面取得了研究成果。

1989 年，Zötl 在著作 Annotated Bibliography of Karst Terranes（《岩溶环境注释书目》）第四卷发表了《岩溶研究文献》（Bibliography of Karst Research），总结了优秀专业人员在这一时期的工作。第四卷是 LaMoreaux PE 与其他作者合著的五卷书目之一；前两卷由亚拉巴马州地质调查局（1970 年、1976 年）出版，后三卷由国际水文地质学家协会（IAH）岩溶委员会（1986 年、1989 年、1993 年）出版。这些文献为岩溶地区今后的研究提供了参考书目。此外，还包括 Gunn（2004）等编辑的术语和百科全书。本书各章节中提到了岩溶水文地质方面精选的主要参考资料。大幅扩展的数据库为研究者提供了便利，包括普费弗·卡尔−海因茨（Karl-Heinz Pfeffer）编辑的《国际岩溶图集》以及大卫·威尔利（David Weary）和丹尼尔（Daniel）博士编辑的《美国数字岩溶图》（2014 年）。

White（2015）指出，各种来源的信息迅速提高了人们对洞穴和岩溶的认识水平（图 1.15）。利用 X 射线衍射和扫描电子显微镜在洞穴沉积物中发现了多种矿物。标准工程流体力学应用于洞穴和饱水带管道水流研究，取代了早先对岩溶含水层存在达西水流的假设。另外一个重要进展是应用同位素地球化学技术，为洞穴化学沉积物和碎屑沉积物提供了绝对年代学证据。

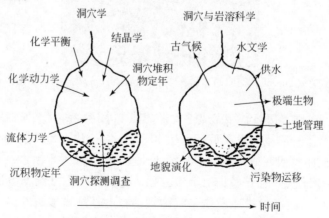

图 1.15　岩溶研究示意图（White，2015）

根据实地调查和实验室研究，形成了各种岩溶水文地质学理论，有些理论甚至相互矛盾，如岩溶起源的问题（岩溶形成过程中，是大气环境因素还是深部因素起主导作用）；地下水位和运动问题（存在独立的集中水流还是分散水流）；表层岩溶带对泉流量的影响等。Ford 和 Williams（2007）提出并完美解释了很多相关理论和方法。Bakalowicz（2005）注意到，每个岩溶单元都具有各自的独特属性，根据传统的一般规律和常用方法可能会得出错误的观点。此外，在获取最新创新知识过程中发现，很多岩溶系统实际上比过去想象的要复杂得多。

20 世纪 70 年代，即美国在发起针对岩溶区脆弱环境运动的十年之前，美国首次出版了岩溶环境系列图集（LaMoreaux，1971；Moser and Hyde，1974），包括系列顶级研究成果：井泉目录、钻探试验、遥感、抽水试验和岩溶水化学分析。该图集已成为供水、城市规划、市政规章制度的制修订和诉讼解决的依据，并为供水井定位与施工、泉水开发、地下供水保护、潜在沉降区确定以及所有施工提供指导。该图集与后续地图信息汇总，被"岩溶工程"美国地质调查局国家图集收录。

科学界与工程界已认识到岩溶研究与发展日益提升的重要性。随着岩溶区经济社会的发展，岩溶不仅具有较大的供水价值，脆弱岩溶地区的防灾保护也逐步受到人们更多的关注。政治领袖、监督者和公众已认识到，岩溶区作为主要供水来源，必须对供水量、可靠性和污染防治进行相应管理（White，2015）。

最初为解决岩溶科学问题组织的区域性论坛和会议，目前已逐步发展成为全球性会议。汇编会议的发言稿和国际合作成果，发表了大量关于进展、特别议题方面书籍以及系列丛书。重点研究岩溶的精选期刊包括 *Environmental Earth Sciences*，即之前的 *Environmental Geology*（《环境地球科学》）、*Carbonates and Evaporites*（《碳酸盐岩和蒸发岩》）以及 *Hydrogeology Journal*（《水文地质》）杂志。*Cave and Karst Systems*（《洞穴和岩溶系统》）丛书则是由全球对岩溶的兴趣发展而来。

会议和项目的组织实施主体包括依托国际水文十年（IHD）的国际水文地质学家协会（IAH）、国际科学水文协会（IASH）、联合国粮食及农业组织（FAO）、联合国教科文组织、地中海国家碳酸盐岩研究委员会、国际水文计划（IHP）和大学团体。自 1970 年以来，IAH 常设岩溶水文地质委员会，促进了国际地质科学联合会（IUGS）等机构下设组织的水文地质学家之间的合作。

本章作为系列实践培训指南的出发点，可供岩溶科学研究领域的从业者和非专业人士参考。

参 考 文 献

Bakalowicz M(2005)Karst groundwater:a challenge for new resources. Hydrogeol J 13:148-160

Darcy H(1856)Les Fontaines publiques de la ville de Dijon. Dalmont, Paris

Ford D(2005)Jovan Cvijić and the founding of karst geomorphology. In:Stevanović Z, Mijatović B(eds)Cvijić and karst/Cvijić et karst. Board of Karst and Speleology, Serbian Academy of Science and Arts, Belgrade(special edition), pp 305-321

Ford D, Williams P(2007)Karst hydrogeology and geomorphology. Wiley, England

Gunn J(ed)(2004)Encyclopedia of caves and karst science. Fitzroy Dearborn, New York, p 902

Kranjc A (2006) Baltazar Hacquet (1739/40-1815), the pioneer of karst geomorphologists. Acta Carsologica 35(2):163-168

Krešić N(2013) Water in karst: management, vulnerability and restoration. McGraw Hill, New York

LaMoreaux PE(1971) Environmental Hydrogeology of Karst, Geological Survey of Alabama, Tuscaloosa, AL USA

LaMoreaux PE(1991) History of karst hydrogeological studies. In: Proceedings of the inter-national conference on environmental changes in karst areas. IGU-UIS, Quadreni del Dipartimento di geografia, No. 13. Universita di Padova, Padua, 15-27 Sept 1991, pp 215-229

LaMoreaux PE, Tanner JT (eds.) (2001) Springs and bottled waters of the World: ancient history, source, occurrence, quality and use, Springer

LaMoreaux PE, LaMoreaux J(2007) Karst: the foundation for concepts in hydrogeology. Environ Geol 51:685-688

Llamas MR (1975) Noneconomic motivations in ground-water use: hydroschizophrenia. Ground Water 13(3): 296-300

Milanović P(1981) Karst hydrogeology. Water Resources Publications, Littleton

Monroe WH(1970) A glossary of karst terminology: U. S. Geological Survey, Water-Supply Paper 1899-K

Moser PH, Hyde LW(1974) Environmental geology as an aid to growth and development in Lauderdale, Colbert and Franklin counties, Alabama. Alabama Geological Survey Atlas, series 6, p 45

Stevanović Z(2012) History of hydrogeology in Serbia. In: Howden N, Mather J(eds) History of hydrogeology. International contribution to hydrogeology. CRC Press and Balkema, Boca Raton, pp 255-274

Stevanović Z, Mijatović B(eds) (2005) Cvijić and karst/Cvijić et karst. Board on Karst and Speleology Serbian Academy of Science and Arts, Belgrade(special edition)

Stevanović Z, Milanović S(2013) Karst in Serbian hydrogeology: a tradition in research and edu-cation. Eur Geol 35:41-45

Weary D, Doctor D(2014) Digital karst map of the United States. Draft, US Geological Survey, Reston, VA

White WB (2015) Introduction, In: Andreo B, CarrascoF, Duran JJ, Jimenez P, LaMoreaux JW (eds) Hydrogeological and environmental investigations in karst systems, Springer, Heidelberg, pp xxi-xxv

第2章 岩溶环境和现象

佐兰·斯特万诺维奇（Zoran Stevanović）

2.1 过去：岩溶作为人类的庇护所

岩溶是一种特殊的环境，其他地区的景观可能同样美丽非凡，但只有在岩溶区，才可以深入了解其内部秘密，验证或修正各种关于岩溶的设想、理论和工程解决方案。

洞穴通常是大型动物的首选庇护所。后来，尼安德特人选择洞穴作为活动和定居的避风港。在作为庇护所或墓地的洞穴中发现了大量考古证据，重建了人类演化过程，并得以了解各种古代生命。伊拉克北部美索不达米亚（Mesopotamian）盆地附近的沙纳达（Shanadar）洞穴（图2.1），形成于下白垩统块状灰岩中。1951年，考古人员发现了公元前60000年尼安德特人骨架，该洞穴从而举世闻名（Solecki, 1955, 1975）。洞内与尼安德特人有关的文化堆积层厚达14m，并发现了石制工具；更为重要的是，对土壤和沙纳达4（Shanadar Ⅳ）号洞内骨架附近样品进行花粉分析，发现尼安德特人已利用各种药用植物，当然也可能与尼安德特人的葬礼仪式有关（Maran and Stevanović, 2009）。

1960年，希腊佩特拉罗纳（Petralona）发现著名的彼得罗尼安·古罗普斯（Petralonian Archantropus）洞穴，可以追溯至约1700000年前。佩特拉罗纳人类学博物馆展出了各种考古发现、复制品、重建品以及覆盖了碳酸钙的动物骨骼（图2.2）。

图2.1 伊拉克北部沙纳达洞穴

图2.2 覆盖了碳酸钙的美洲豹骨骼（来自佩特拉罗纳人类学博物馆）

西班牙阿尔塔米拉（Altamira）洞穴，法国肖韦（Chauvet）和拉斯科（Lascaux）洞穴，中国周口店和甑皮岩等洞穴中都发现了智人活动遗迹，以旧石器时代绘画、人类骨架、哺乳动物骨骼及工具而闻名于世。中世纪，人们认为洞穴与魔鬼和地狱相关，从而尽量避免进入其中（Cigna，2005）。

2.2 现在：人类与岩溶

全球可溶岩分布面积超过了未被冰川覆盖的大陆总面积的10%～15%（Ford and Williams，2007），全球很多岩溶区自然资源匮乏。岩溶区特殊的地貌、水文网以及强渗透性可溶岩极大影响了动植物分布和人类生活。气候条件在很大程度上决定了岩溶类型与特征，干旱区与湿润区或永久冰盖区的岩溶特征差异极大。不同海拔的岩溶也存在很大差异：高山岩溶区通常作为补给区，地表甚至完全缺水，仅能收集雨水或少量上层滞水含水层出露的小泉；咸水入侵会影响滨海岩溶区淡水供给（图2.3）。很多情况下，对环境条件不利的岩溶区需采取各种人为干预措施。

(a)   (b)

图2.3 黑山共和国杜米托尔（Durmitor）高山的冰川沉积湖（a）和希腊扎金索斯（Zakinthos）岛——与海水直接接触的滨海岩溶（b）

全球很多在侵蚀基准面和排泄区以上的高原地区严重缺水，极端例子是黑山共和国波卡科多斯卡（Boka Kotorska）海湾地区的山区，该地区年均降水量达到5000mm，但由于快速强烈入渗，除了仅有的上层滞水含水层排泄的小泉外，地表完全缺水，或仅能收集雨水。

某些极端缺水条件下，牛和小型反刍动物数量减少，种植业受到限制（图2.4），导致人口迁徙。而洪水季节，很多岩溶坡立谷变成季节性湖泊，缩短了种植季节（图2.5），地中海地区，特别是第纳尔岩溶区普遍存在这种条件，人类正常的生活资源极为有限。人类学-地理学研究论述了生活条件对人的性格和心理的影响，Cvijić（1914）认为第纳尔地区的居民具有如下共性：理智、对危险的直觉和求生的本能、精力充沛、极富想象力，通常会有神秘主义、性格特别开朗和幽默，同时也虚荣、骄傲，多数性格固执。

很多地形崎岖的岩溶区限制了人类活动，造成彼此隔离（图2.6）。巴布亚新几内亚分布岩溶，地形复杂，有海拔4500m以上覆盖冰川的高山，同时也分布了南半球最深的洞穴，岛上各地居民隔离，有将近800种语言，是世界上语言多样性最大的地区。

图 2.4 蓄水池——黑山共和国高山岩溶区收集雨水的特殊储水和取水井
(a) 维卢斯（Vilusi）点；(b) 格拉霍沃（Grahovo）村

图 2.5 波黑东部波波沃（Popovo）坡立谷中部特雷比奇（Trebišnjica）河流
最初是欧洲最大的伏流，也是引发洪水的原因

岩溶地形和地下世界是了解岩溶作用过程和自然演化，以及开展旅游和极限运动的理想场所。据估计，每年近 150 万人游览旅游洞穴，游客每年会为此花费约 32 亿美元（Cigna，2005），全球将近一亿人通过洞穴旅游业获取收入。但"绿色"社团对此持反对意见，认为洞穴旅游破坏自然环境。灰岩或蒸发岩中美丽的深切峡谷同样吸引众多游客，峡谷河流则是开展漂流和皮划艇运动的极佳场所。

联合国教科文组织为地质遗迹和地质公园提供保护，全球很多地质公园和保护区与岩溶形态有关（图 2.7），1978～1979 年，加拿大纳汉尼（Nahanni）国家公园、南斯拉大普利特维采（Plitvice）国家公园、法国拉斯科（Lascaux）洞穴以及美国大峡谷国家公园等，

图 2.6　伊拉克北部甘迪勒（Qandil）山脉库尔德（Kurdistan）高山地区的村民
照片由亚历克·霍尔姆（Alec Holm）提供

被列入首批联合国教科文组织世界遗产名录。截至 2012 年 1 月，全球 26 个国家共建设 90 家世界地质公园，主要集中于欧洲和中国地区，很多以纯岩溶为主题，有些包含了某些岩溶形态。典型岩溶世界地质公园包括奥地利卡尔尼克（Carnic）阿尔卑斯山脉、法国上普罗旺斯（Haute Provence）的地质保护区（Réserve Géologique）、德国斯瓦比亚（Swabian）阿尔卑斯山脉、西班牙亚贝提卡山脉（Sierras Subeticas）、越南同文（Dong Van）岩溶地质公园以及中国云南石林世界地质公园。如今，该名录中已有 45 处"蕴含着卓越普世价值的岩溶"世界遗产地（Williams，2008），其中中国和澳大利亚数量最多，各为 5 处。

(a)　　　　　　　　　　　　　　(b)

图 2.7　希腊世界自然遗产地——迈泰奥拉（Meteora）河流三角洲石英砾岩中的塔（a）与意大利北部阿达梅洛山-布伦塔（Adamello-Brenta）地质公园布伦塔（Brenta）白云岩（b）

洞穴学是一门前途广阔且引人入胜的学科。很多洞穴学家最初是洞穴探险者或爱好者，后来才开始收集古环境记录样品，解释洞穴起源和功能。目前，很多网站展示了最长或最深的洞穴，以及最漂亮的洞穴沉积物照片。美国猛犸洞洞穴系统以及与之相连的弗林特岭（Flint Ridge）洞穴系统构成了世界上最长的天然洞穴网络，已探明总长度超过590km。世界最深的竖井记录是格鲁吉亚高加索（Caucasus）山脉沃龙加（Voronja）（Krubera，库鲁伯亚拉）洞穴，深达2190m（Williams，2008）。

此外，洞穴潜水已成为备受欢迎的水上运动，也是实施地下岩溶水利工程的必要手段（图2.8）。对狭窄洞穴通道，可采用远程水下自动航行器辅助潜水。墨西哥雅卡坦（Yacatan）和美国佛罗里达州大型水下洞穴系统甚至可以通行滑板车。

图2.8 波黑布纳（Buna）泉大型岩溶管道内潜水
照片由克劳德·图卢姆迪扬（Claude Touloumdijan）提供

2.3 水和可溶岩

水流是岩石溶解和破坏的最主要试剂，水流能塑造出各种岩溶地貌和小型岩溶形态，岩溶作用主要发生在沉积成因的可溶岩中，玄武岩等火山岩中也存在空洞，但不属于可溶岩。可溶岩总是与水有关，最初形成于水体环境，随后在地表接受改造，并将雨水或河流储存于地下。

沉积可溶岩分为碳酸盐岩和蒸发岩两种主要类型。碳酸盐岩由方解石、白云石、文石和菱镁矿等钙镁矿物构成，主要分为灰岩（$CaCO_3$）和白云岩（$CaCO_3 \cdot MgCO_3$），传统认为方解石含量90%~100%的碳酸盐岩为纯灰岩（图2.9），纯白云岩是白云石矿物含量90%~100%的碳酸盐岩，而白云质灰岩是方解石含量50%~90%和白云石含量10%~50%

的碳酸盐岩。

图2.9　方解石矿物（a）与大理岩化灰岩（b）
照片由亚历山德拉·马兰（Aleksandra Maran）提供

　　Dunham（1962）、Folk（1965）和 Wilson（1975）提出了碳酸盐沉积相的分类方案。
　　Benson（1984）认为白云岩部分是沉积成因，但多数是最初的文石或方解石发生交代作用而形成，即白云岩化作用，包含多种驱动机制，至于何种机制为主导，目前尚未达成共识。纯灰岩一般比白云岩年轻，古生界以及更古老的前寒武系中多以白云质复合物占主导。
　　碳酸盐岩多数为生物成因，主要包括内源化学组分、泥晶方解石、胶结物和非碳酸盐矿物（杂质）。外源化学组分主要包括骨骼颗粒、鲕粒、核形石、球粒、内碎屑和颗粒集合体（Benson，1984）。泥晶（Folk，1965）是指静水环境下碳酸盐物质中所含的微晶灰泥，相当于陆源沉积物中的碎屑基质。胶结物（黏结物质）是饱和溶液中析出的方解石、文石或白云石。非碳酸盐岩物质主要是指陆源碎屑，含量一般较低。
　　大理岩与沉积碳酸盐岩具有相同的基本矿物，有时含硅质岩，并能形成砾岩、角砾岩等（图2.10），大理岩作为沉积碳酸盐岩最终的变质产物，也属于碳酸盐岩类型。
　　蒸发岩类是指矿物组分中含有 SO_4^{2-} 或 Cl^- 的岩类，包括无水石膏或硬石膏（$CaSO_4$）、石膏（$CaSO_4 \cdot 2H_2O$）、岩盐（NaCl）（图2.11）和钾盐（KCl）。石英岩因其沉积构造和成分结构，基本不发生岩溶作用或仅在表面形成溶痕。
　　岩溶作用主要分为机械侵蚀和化学溶蚀。机械侵蚀一般由地表水流开始，但多数沉积碳酸盐岩的原生孔隙度较小，仅在水流压力下，尚不能导致岩石快速解体。如图2.12和图2.13所示，在缺少构造变形的情况下，仅在岩石表面发生岩溶作用。小型裂隙、节理和粗糙层面有助于岩溶作用向岩石内部发育。
　　存在深部热液时，沿岩体内部断裂等优势通道发生深部岩溶作用，岩溶环境与地表不同。小型和微细裂缝在机械侵蚀作用下扩张，在地质历史过程中，形成大型岩溶空间和空洞，并最终形成洞穴。机械侵蚀与化学溶蚀同时进行，至于哪个起主导作用，取决于局部

图 2.10　碳酸盐岩角砾岩

照片由亚历山德拉·马兰（Aleksandra Maran）提供

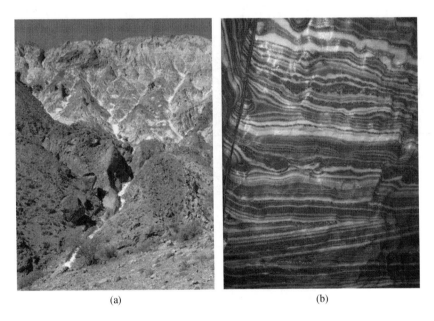

(a)　　　　　　　　　　　(b)

图 2.11　伊朗中部科纳西亚（Konarsiah）盐底辟岩盐沉积物（a）与罗马尼亚
大盐矿镇（Ocnele Mari）叠层状不纯岩盐地层序列（b）

条件和很多其他因素。

化学溶蚀是指岩石的溶解过程，各种岩石溶解性不同。Freeze 和 Cherry（1979）建立了代表性矿物溶解性分级表，碳酸盐矿物是地球表面最活跃的矿物之一，方解石溶解性比

图 2.12 埃塞俄比亚东部多格瑞安（Doggerian）灰岩地层哈曼莱（Hamanlei）
组水平层面发育的岩溶（硬币作为比例尺）

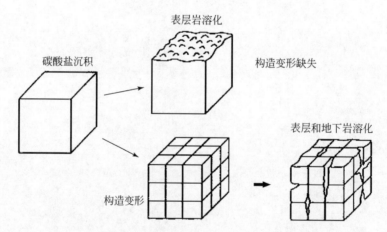

图 2.13 岩溶作用机理（根据 Drogue 1982 年的成果修改）
未经受构造变形改造的致密碳酸盐岩岩体表面剥蚀，岩溶作用有限，而存在构造变形时，
机械和化学侵蚀作为地球动力要素在岩体内部形成次生孔隙

是石膏的 1/6，甚至是岩盐的 1/1000。Wollast（1990）指出，钙、镁离子和重碳酸根离子是淡水中最为丰富的离子，当暴露于风化作用时，对大陆化学剥蚀的贡献率将近 50%。

方解石和白云石的溶蚀作用分别表示如下：

$$CaCO_3 + H_2O + CO_2 \rightleftharpoons Ca^{2+} + 2HCO_3^-$$

$$CaMg(CO_3)_2 + 2H_2O \rightleftharpoons Ca^{2+} + Mg^{2+} + 4HCO_3^-$$

类似地，石膏溶解表示如下：
$$CaSO_4 + 2H_2O \rightleftharpoons Ca^{2+} + SO_4^{2-} + 2H_2O$$

溶解度受温度和压力控制，当溶解作用是吸热过程，溶解度随温度增加而增加；当溶解作用是放热过程，溶解度随温度升高而下降。

空气中和土壤生物活动产生的 CO_2，深部承压带盆地流体活动产生的 CO_2，连同 H_2S 等气体通过水动力活跃的开放断裂上升，都能促进碳酸盐矿物溶解。CO_2 溶解受温度和大气 CO_2 分压控制（Bakalowicz，2005），因此，气候条件是驱动岩溶作用的主要因素。

总之，相对于地质时代，岩溶作用是一种极为快速的地质过程。Bakalowicz（2005）认为，形成一个完整的岩溶网络需要几千年，一般不超过 5 万年。

2.4 岩溶类型和分布

2.4.1 类型

岩溶包括多种分类和区域类型，分类原则主要考虑岩溶的基本要素和驱动机制，包括岩性、岩溶形态、成因和气候条件等。茨维伊奇（Cvijić）将岩溶类型分为全岩溶（holokarst）、部分岩溶（merokarst）及二者的过渡类型。Sweeting（1972）在此基础上，将岩溶划分为全岩溶（充分发育的）（holokarst）、河流湖泊岩溶（fluvio karst）、冰川岩溶、热带岩溶以及干旱、半干旱岩溶。

Gvozdeckiy（1981）根据岩溶形态成因，将苏联境内的岩溶分为古岩溶（埋藏型）、覆盖型岩溶、残余热带岩溶、永久冻土岩溶以及海岸带岩溶；此外，他还按照岩性特征，将岩溶划分为灰岩岩溶、白云岩岩溶、大理岩岩溶、白垩和泥灰岩岩溶、石膏-硬石膏岩溶和岩盐岩溶。

Herak 等（1981）根据构造要素，将岩溶划分为造山带岩溶和造山带表层岩溶，造山带岩溶分为透镜状（造山构造的透镜体）岩溶；褶皱（复式背斜和复式向斜系统）岩溶，如阿尔卑斯山造山带（图 2.14，图 2.15）；切割岩溶（遭受强烈的构造扰动、断裂、侵蚀和溶蚀作用）（图 2.16）；叠加岩溶（山区发育坡立谷等大型岩溶形态、侵蚀基准面以下发育的深部岩溶）（图 2.17）。造山带表层岩溶包括覆盖于古老台地和造山带以上的陆缘岩石序列中发育的岩溶，如俄罗斯和阿拉伯前寒武纪台地、巴黎盆地等，包括水平岩溶、单斜岩溶、褶皱岩溶、盆地岩溶及深部岩溶等类型。

Klimchouk 等（2000）根据洞穴的主要成因条件，将岩溶类型分为大气淡水环境和非承压潜水环境的表生岩溶，以及深部承压环境下的深部岩溶。表生岩溶形态主要由大气淡水入渗形成，但深部岩溶的主要溶蚀动力仍然是年代较新的水流和气体。除此之外，海岸带年轻沉积岩中还发育岩溶洞穴。

很多岩溶类型划分中已考虑了特殊的岩溶作用、构造 侵蚀协同作用及特殊气候条件下的岩溶发育过程与岩溶形态。下文对这些岩溶类型进行简要解释。

图 2.14 伊拉克北部多坎（Dokan）湖坝附近强烈褶皱的灰岩

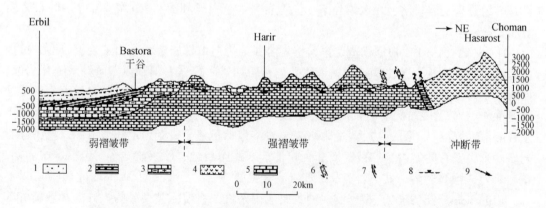

图 2.15 典型的褶皱岩溶：阿尔卑斯造山带背斜和向斜系统——从扎格罗斯（Zagros）山脉到伊拉克北部埃尔比勒（Erbil）平原和美索不达米亚（Mesopotamian）盆地的剖面
(Stevanović and Iurkiewicz, 2009)

1. 砂岩；2. 泥灰岩；3. 白云质灰岩；4. 火成岩；5. 灰岩；6. 逆断层；7. 逆冲断层；8. 地下水位；9. 地下水流向

图2.16 切割岩溶：伊拉克北部达尔班迪坎（Darbandikhan）地区构造扰动灰岩以及皮拉斯皮卡（Pila Spica）岩组近垂直的残留地层

(a) (b)

图2.17 叠加岩溶

(a) 西班牙苏伯提卡斯（Sierra Subeticas）山区纳瓦德卡夫拉（Nava de Cabra）小型坡立谷；
(b) 黑山科托峡（Boka Kotorska）海湾某一海底泉

外部岩溶（exokarst）是地表岩溶类型，而内部岩溶（endokarst）发育于可溶岩内部的非承压部分，隐藏岩溶（cryptokarst）是指承压岩溶，包括各种形成于土壤、冰碛层、残余黏土以及类似覆盖层之下的岩溶形态（Ford and Williams，2007）。

埋藏岩溶、古岩溶和化石岩溶是覆盖型岩溶的同义词，而剥蚀裸露型岩溶（exhumed karst）最初也是覆盖的，但形成和出露条件与覆盖型岩溶不同。

裸露型岩溶（bare karst）一般是指缺少植被覆盖的，过去发育一直延续至今的岩溶，然而，同一术语也常指由大块可溶岩体组成的，具有快速的垂向溶蚀作用，但不存在表层岩溶带的岩溶现象。表层岩溶带是指岩溶体中近地表的小型裂隙和已溶解破坏的部分，裸露型岩溶的同义词（naked karst）一般是指植被覆盖和表层岩溶带同时缺失的岩溶，或二者仅缺其一。

障壁岩溶（barré karst；barrier karst）由相对隔水岩体包围的隔绝性岩溶（Herak et al.，1981），或指岩溶过程因海水或湖水入侵而中断的岩溶，后者会导致早期的排泄出口浸没或者发生移位。

假岩溶（pseudo karst）是指非可溶岩中因其他作用形成与岩溶区类似的地貌形态（Ford and Williams，2007）。

一百多年以来，大量的著作和论文发表了岩溶水文地质学、地貌学、洞穴学及其他岩溶相关学科的进展。拉·莫罗（La Moreaux PE）等收集了相关著作，截至1993年，他编辑了五部带注释的岩溶书籍，其中三部已由国际水文地质学家协会出版（1986年，1989年，1993年）

2.4.2 全球分布

Ford 和 Williams（2007）指出，包括地表和近地表露头，可溶岩分布面积约占地球未被冰川覆盖的陆地面积的20%，但石膏和硬石膏等蒸发岩可能有90%以上并未出露；而岩盐几乎有99%并未出露，盐类可溶性极强（20℃时为360g/L），且质地极为柔软，在降雨后快速溶蚀（Zarei and Raeisi，2010）（图2.18）。岩溶强烈发育的地区面积可能不超过10%~15%。

图2.18 伊朗科纳西亚（Konarsiah）盐底辟山脚的咸水泉和沉积物

Ford 和 Williams（2007）提供了全球各区域岩溶分布的概略图，在新西兰的奥克兰大学网站（http://www.sges.auckland.ac.nz/sges_research/karst.shtm）上可查阅高分辨率碳酸盐岩分布图。

根据世界水文地质编图经验（WHYMAP，BRG 和联合国教科文组织，http://www.whymap.org/whymap/EN/Home/whymap_node.html），2012 年，启动了世界岩溶含水层分布图计划（WOKAM），目标是编制世界岩溶含水层分布图并建立数据库。成果图件将以详细的全球岩性图（GLiM）为基础，不仅显示裸露碳酸盐岩概况，而且还反映深部和承压岩溶含水层、岩溶大泉，包括热泉和矿泉、饮用水取水点以及精选的洞穴等（Goldscheider et al., 2014）。

在新西兰奥克兰大学网站上还可查询与碳酸盐岩露头分布面积相关的数据，除南极洲、格陵兰岛和冰岛以外的大陆地区，碳酸盐岩出露的总面积约为 1770 万 km^2，约占大陆总面积的 13.2%。中北美洲碳酸盐岩露头面积最大，约为 400 万 km^2；但中东和中亚的碳酸盐岩分布面积比重最大，约占陆地总面积的 23%。

2.4.3 区域分布

前述的岩溶分类方案已经考虑了区域和气候因素，尽管混合分类标准并不科学，但从应用的角度出发，一般按照岩溶分布的地理位置和主要岩溶现象划分基本的区域岩溶类型：地槽区碳酸盐岩岩溶、台地区碳酸盐岩岩溶、热带岩溶、深部及蒸发岩岩溶、冰川岩溶。

地槽区碳酸盐岩岩溶形成于大型沉积盆地，后期因造陆运动以及强烈的褶皱造山运动而隆升暴露。典型的地中海型岩溶的可溶岩形成于特提斯沉积盆地，分为三个亚类：滨海岩溶（littoral karst）、低山-山区岩溶（hilly-mountains karst）以及高山阿尔卑斯型岩溶（high alpine karst）。第一亚类主要包括北非和近东国家，土耳其、希腊、阿尔巴尼亚、意大利、法国、西班牙以及其他国家的岛屿、海岸线以及沿海地区（图 2.19）。第二亚类主要包括阿特拉斯山脉、比利牛斯山、普罗旺斯山、亚平宁山、迪那拉山、Pindes、希腊褶皱带（Hellenides）以及 Taurides 等地，岩溶地貌类型包括大量的岩溶坡立谷以及被宽谷所分隔的丘陵和山脉。高山阿尔卑斯型岩溶分布于阿尔卑斯山脉中部，包括奥地利、德国南部、瑞士南部、意大利北部以及斯洛文尼亚的北部（图 2.19），地貌上表现为地形陡峭以及岩层强烈褶皱。地中海盆地的气候条件具有丰富的多样性，包括从阿尔卑斯山脉顶部的冰川岩溶到北非和近东地区的干旱和半干旱岩溶。阿尔卑斯型岩溶系统一直延伸分布至高加索山脉、扎格罗斯山脉（伊朗西南部）以及喜马拉雅山脉，不同的海拔和气候条件影响岩溶发育强度，并形成各种类型的岩溶地貌和形态。

典型地中海全岩溶多数为造山带（褶皱）表生岩溶，发育于所有典型碳酸盐岩中。下文对典型地中海岩溶以及全球其他类似岩溶环境的岩溶形态进行了描述。

溶痕（德语 Karrens，法语 lapiés）是基岩表面溶蚀成因的厘米级小型规则线形岩溶形态（图 2.20）。溶痕密集分布则称为溶痕台原（karren field）（Ford and Williams, 2007）。全岩溶区常见的小型岩溶形态还包括溶槽（solution channels）、溶盘（kamenitze）、溶穴（tafoni）、微小溶沟（microrills）。

图 2.19　希腊扎金索斯（Zakinthos）滨海岩溶（a）与瑞士南部莫里茨
（Moritz）山高山型阿尔卑斯山岩溶（b）

图 2.20　黑山共和国斯库台（Skadar）湖畔及罗马尼亚西南部溶沟

漏斗（落水洞）是中小型圆形或椭圆形封闭岩溶洼地（Ford and Williams，2007），成因包括溶蚀、沉降或塌陷，但实际成因是多种因素的综合，Cvijić（1893）认为溶蚀为主要原因（图 2.21），同时将漏斗分为碗状、漏斗状及竖井状（图 2.22）。

图 2.21　塞尔维亚东部岩溶漏斗
（a）由茨维伊奇（Cvijić）于 1895 年拍摄；（b）由斯特万诺维奇（Stevanović）于 1985 年拍摄
（引自 Stevanović and Mijatović，2005，经允许再版）

图 2.22　奥地利拉克斯（Rax）山脉岩溶高原上多个小型浅碗状漏斗

干谷是指完全干涸的河床，由岩溶发育早期的地表河流发育而成，干谷与伏流（sinking stream）的区别是，伏流在年内存在暂时性水流。

盲谷（blind valley）是由永久性或暂时性水流形成的封闭谷地。盲谷末端通常位于可溶岩与低渗或低溶蚀性岩层的分界处，谷地末端通常发育落水洞。

伏流经长期侵蚀和溶蚀作用形成天生桥，随着岩溶发育过程持续深化和岩体逐渐溶蚀，河床与桥的顶部距离在地质时间尺度上迅速增加，形成规模宏伟的天生桥（图 2.23）。

图 2.23　塞尔维亚东部喀尔巴阡（Carpathian）岩溶山区侏罗系和白垩系灰岩中壮观的天生桥

溶蚀洼地/谷地（uvala）由洼地或谷地溶蚀扩展形成（图2.24），底部高低不平，分布大量漏斗，覆盖冲积物，溶蚀洼地的分布特征通常能指示古今地下水流的流向。

图2.24 黑山共和国普卢日内（Pluzine）第纳尔岩溶区谷地

坡立谷（polje）是最大型的地表岩溶形态，是构造-溶蚀作用形成的洼地，底部覆盖湖积物、冲积物或二者的混合物，被永久性或暂时性水流切割。坡立谷一端边缘通常为分布泉流或消溢水洞的地下水排泄区，而另一端则是汇集谷地内地表水向低位坡立谷或区域溶蚀基准面（海平面、盆地或河床）排泄的落水洞（图2.25），小型坡立谷面积一般在数平方千米，而最大可达上百平方千米。

图2.25 伊朗中南部扎格罗斯（Zagros）山脉达什特阿尔扬（Dasht Arjan）岩溶坡立谷边缘冲积型落水洞

岩溶高原或岩溶平原可溶岩裸露或覆盖薄层土壤，表面平坦或近水平的，一般位于较高海拔处，在古水流切割深谷地后（图2.26），常会形成残余岩溶高原。

图2.26　法国普罗旺斯（Provençale）岩溶区凡尔登（Verdone）峡谷左侧废弃的高原面和河曲

峡谷（canyons, gorges）是碳酸盐岩岩溶地区常见的深切地貌（图2.27），底部深切至隔水基岩，表明垂向岩溶作用已结束。

图2.27　塞尔维亚东部拉扎列夫（Lazarev）峡谷

竖井（shaft, pit, aven, abyss, pothole, jama）是垂向或近垂向的洞穴，通常是构造形态受入渗水流改造而形成，大部分竖井为古落水洞或仍在发育的落水洞，斯洛文尼亚阿尔卑斯山脉卡宁山弗拉维卡（Vrtoglavica）竖井和克罗地亚卢金娜（Lukina）竖井的深度可达500m，在波卡科多斯卡湾以上黑山的岩溶"石海"区，在8km^{2}的范围内分布的垂向竖井超过300个（Milanović，2005）。

洞穴是可供人进入开展探测的岩溶洞穴学形态（图2.28，图2.29），包括近水平或缓倾斜的单个洞穴，以及由洞穴和廊道组成的洞穴系统，由机械侵蚀和化学溶蚀作用共同形成。大体上，洞穴主要是完全或部分可供人类通行的，而小型洞穴也包括洞穴、通道以及孔洞等。传统的水文学或水文地质学将洞穴分为在常年水流作用下仍在发育的洞穴、部分洞段仍在发育的洞穴以及仅局部存在渗流的干洞。从成因上，可将一类表生环境的非承压岩溶洞穴分为落水洞、泉口，或二者的结合，即作为水流通道的落水洞-泉口洞穴；另一类则指深部热液和含H_2S及其他特殊微量组分的水流溶蚀形成的深成洞穴。

图2.28　塞尔维亚西部第纳尔岩溶区Potpeć洞穴巨型入口

《岩溶水文地质学词典》（*The Glossary of Karst Hydrogeology*）（Paloc et al., 1975）记录了上述术语以及岩溶学、洞穴学、岩溶水文地质学和地貌学的术语。另一部重要的词典《环境岩溶水文专业洞穴与岩溶术语词典》（EPA/600/R-02/003, 2002, EPA: Washington, DC. Speleogenesis Glossary）记录了岩溶水文环境学的洞穴和岩溶学术语。

台地区碳酸盐岩岩溶一般形成于大型台地环境的厚层复合沉积岩中，与地槽型岩溶相比，台地碳酸盐岩岩溶几乎不受褶皱影响，或以覆盖岩溶、古岩溶遭受剥蚀而暴露于地表，或作为埋藏型岩溶覆盖于新时代岩层之下。台地区碳酸盐岩岩溶共分四个主要类型：俄罗斯台地、尤卡坦-佛罗里达岩溶、埃德沃兹含水层以及英国和法国的白垩含水层。

 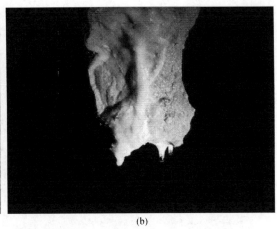

(a) (b)

图2.29 罗马尼亚西南部 Cloșani 洞穴化学沉积物
(a) 石笋；(b) 滴水石笋

俄罗斯台地岩溶是全球最大的岩溶系统之一，从整个俄罗斯平原一直向东延伸，包括乌拉尔山脉前缘及乌拉尔地区。除部分盆地外，俄罗斯台地岩溶主要发育于台地沉积环境，沉积历经前寒武纪到新近纪的漫长地质历史时期。其中，古生代和中新世沉积物占据绝对主导地位，发育碳酸盐岩相和蒸发岩相，通常被年轻的冰碛岩、冲积物–冰川沉积物覆盖，Maksimovich（1963）将其命名为"俄罗斯岩溶"。

尤卡坦–佛罗里达岩溶形成于年轻的古近系—新近系沉积碳酸盐岩地层中，更新世时期，沉积过程受加勒比海水振荡的强烈影响；同时，构造沉降也导致碳酸盐岩暂时下沉。这些强岩溶化基岩广泛暴露于地表，大量地下通道网络以及特殊岩溶形态——天然井（可见地下水流的垂向竖井，由洞穴顶板塌陷形成）遍布于整个墨西哥尤卡坦半岛，佛罗里达岩溶区分布大型岩溶泉，如沃库拉（Wakulla）系统由两个相邻的子系统构成，水下洞穴发育长度达50km。

埃德沃兹含水层横贯得克萨斯州中南部，分布于近250km长的弧形地带，由块状–厚层灰岩、白云质灰岩构成，总厚度100~250m（Eckhardt，2010）。漫长的陡崖与低洼海岸带平原将岩溶区分隔成丘陵和轻微波状起伏的岩溶地形。含水层露头面积超过3000km^2，但仅在边缘地带分布少量长流的承压大泉出口。

白垩含水层由纯碳酸钙组成，具有特殊的多孔孔隙结构，白垩中普遍存在燧石结核。白垩的原生孔隙度普遍高于其他碳酸盐岩，白垩纪沉积物在英国、法国西北部、丹麦以及德国分布最广。白垩沿海岸线广泛裸露，形成高峻陡崖。

此外，还有其他特殊的区域岩溶，Ford 和 Williams（2007）描述了澳大利亚西南部面积约20万km^{2}的纳拉伯平原。豪登组（Guateng Group）及其他白云岩地层在南非中北部发育较好，通常被年代较新的薄层岩层所覆盖。

热带岩溶包括各种亚热带类型，以波状起伏地形和陡峭山丘、残丘组合为主要地形特征。从气候因素上，尤卡坦–佛罗里达岩溶也是热带和亚热带岩溶，但由于地形平坦且缺失特殊的残留形态，已单独成一类型。

鸡窝状岩溶在牙买加和加勒比岛屿最为典型，一般在小型丘陵和彼此联系的狭长峰林间延伸（图 2.30），与漏斗的成因类似，但更多受热带潮湿气候影响。

图 2.30　鸡窝状岩溶形态素描图（山丘之间的长条谷地）

塔状岩溶主要分布于中国南部、越南北部，以及印度尼西亚、菲律宾等东南亚国家，因其特殊的残余地形而闻名（图 2.31，图 2.32）。山峰的形状规模各异，呈对称或不规则状，有时也称为尖峰岩溶或锥状岩溶，常用术语 cupola 和 hum 描述圆形和锥状残余岩溶形态。残留形态稀少时，称为残余岩溶。中文术语"峰林"表示独立的牙状岩溶形态，而"峰丛"则表示同一类型基岩中的峰体集合。峰林是指"石峰的丛林"，在中国、新几内亚岛、马来西亚和伯利兹形成了大量精彩的地质遗产地和地质公园，分布大型峰林和溶沟，未修建人工栈道时，其内部几乎无法通行。峰丛可认为是鸡窝状岩溶的同义词（Ford and Williams，2007）。

图 2.31　中国漓江沿岸的塔状岩溶——峰丛（a）与广西香桥岩溶国家地质公园（b）

图 2.32 塔状岩溶——越南下龙湾联合国教科文组织世界遗产地
[鲍里斯·普罗基克（Boris Prokić）摄影]

深部及蒸发岩岩溶多数形成于干旱和半干旱等特殊气候，不同于湿润气候岩溶区，温暖沙漠环境下，蒸发岩的强烈可溶性补偿了降水量和古水流的不足（图 2.33）。承压环境下深成岩溶和洞穴形成过程见《洞穴成因》一书详述（Klimchouk et al.，2000）。

图 2.33 索马里布霍德尔（Boohodle）附近卡尔卡尔（Karkar）地层非洲之角特殊的岩溶组合：
台地（构造）和蒸发岩（岩性）

石膏和硬石膏岩层中常形成极大型洞穴和长达数十千米的迷宫般地下通道系统,乌克兰、波兰、匈牙利、意大利和美国已经开展了大量洞穴探测工作(Klimchouk et al.,2000;Ford and Williams,2007)。此外,亚洲中部、中东和阿拉伯半岛广泛分布蒸发岩和岩盐,发育很多含硫洞穴及泉水。

冰川岩溶包括现代冰川运动形成的岩溶形态和第四纪冰期以前形成的古岩溶形态。除两极地区以外,在格陵兰岛、俄罗斯、加拿大以及阿根廷巴塔哥尼亚的高山广泛分布永久性冰盖区,Ford 和 Williams(2007)对冰川岩溶和地貌的形成机理做了极为精彩的论述。

参 考 文 献

Anthropological Museum of Petralona(http://www. petralona-cave. gr). Accessed 15 Jan 2014

Bakalowicz M(2005)Karst groundwater:a challenge for new resources. Hydrogeol J 13:148-160

Benson DJ(1984)Carbonate rocks and geological processes. Lithology. In:LaMoreaux PE, Wilson BM, Memon BA(eds)Guide to the hydrology of carbonate rocks. IHP studies and reports in hydrology, vol 41. UNESCO, Paris, pp 21-30

BRG and UNESCO. The world hydrogeological map. http://www. whymap. org/whymap/EN/Home/whymap_node. html. Accessed 12 Nov 2013

Cigna A(2005)Show caves. In:Culver DS, White WB(eds)Encyclopedia of caves. Elsevier, Academic Press, Amsterdam, pp 495-500

Cvijić J(1893)Das Karstphaenomen. Versuch einer morphologischen monographie, Geograph. Abhandlungen Band, V, Heft 3, Wien, p 114

Cvijić J(1914)Jedinstvo i psihički tipovi dinarskih i južnih slovena(Unity and psychology types of Dinaric and South Slaves). In:Lukić R(ed)Works of Jovan Cvijić, speeches and articles(1987)(Reprinted in Serbian). Serbian Academy Science and Arts, Belgrade, pp 237-294

Dunham RJ(1962)Classification of carbonate rocks according to depositional texture. In:Ham WE(ed)Classification of carbonate rocks. American Association of Petroleum Geologists, Memoires 1, pp 108-121

Eckhardt G(2010)Case study:protection of Edwards aquifer springs, the United States. In:Kresic N, Stevanović Z(eds)Groundwater hydrology of springs:engineering, theory, man-agement and sustainability. Elsevier, Amsterdam, pp 526-542

EPA(2002)A lexicon of cave and karst terminology with special to environmental karst hydrol-ogy. EPA/600/R-02/003, Washington DC. Speleogenesis glossary. Also available at the web site http://www. speleogenesis. info/directory/glossary/. Accessed 12 Jan 2014

Freeze RA, Cherry JA(1979)Groundwater. Prentice-Hall, Englewood Cliffs

Folk RL(1965)Petrology of sedimentary rocks. Hemphill Publications, Cedar Hill

Ford D, Williams P(2007)Karst hydrogeology and geomorphology. Wiley, England

Goldscheider N, Chen Z, WOKAM Team(2014)The world karst aquifer mapping project—WOKAM. In:Proceedings of international conference Karst without boundaries. Kukurić N, Stevanović Z, Krešic N(eds)DIKTAS, Trebinje, 11-16 June 2014, p 391

Gvozdeckiy NA(1981)Karst. Izdatelstvo Misl, Moscow, p 214

Herak M, Magdalenic A, Bahun S(1981)Karst hydrogeology. In:Halasi Kun GJ(ed)Pollution and water resources. Columbia University seminar series, vol XIV, part 1. Hydrogeology and other selected reports.

Pergamon Press, New York, pp 163-178

Klimchouk AB, Ford DC, Palmer AN, Dreybrodt W (eds) (2000) Speleogenesis: evolution of karst aquifers. National Speleological Society of America, Huntsville

LaMoreaux PE, Tanner JM, ShoreDavis P (1986) Hydrology of limestone terranes: annotated bibliography of carbonate rocks, vol 3. International contributions to hydrogeology, vol 2. Verlag Heinz Heise, Hannover

LaMoreaux PE, Prohic E, Zötl J, Tanner JM, Roche BN (1989) Hydrology of limestone terranes: annotated bibliography of carbonate rocks, vol 4. International contributions to hydrogeol-ogy, vol 10. Verlag Heinz Heise, Hannover

LaMoreaux PE, Assaad FA, McCarley A (1993) Hydrology of limestone terranes: annotated bibliography of carbonate rocks, vol 5. International contributions to hydrogeology, vol 14. Verlag Heinz Heise, Hannover

LaMoreaux PE, LaMoreaux J (2007) Karst:the foundation for concepts in hydrogeology. Environ Geol 51:685-688

Maksimovich GA (1963) Osnovii karstovedenia, vol I and II. Perm

Maran A, Stevanović Z (2009) Iraqi Kurdistan environment—an invitation to discover. IK Consulting Engineers and ITSC Ltd., Belgrade

Milanović P (2005) Water potential of south-eastern Dinarides. In:Stevanović Z, Milanović P (eds) Water resources and environmental problems in karst. Proceedings of international conference KARST 2005, University of Belgrade, Institute of Hydrogeology, Belgrade, pp 249-257

Paloc H, Zötl JG, Emplaincourt J et al (1975) Glossaire d'hydrogeologie du karst. Choix de 49 termes specifiques en Allemand, Anglais, Espagnol, Français. Italien, Russe et Yougoslave (Glossary of karst hydrogeology. A selection of 49 specific terms) In:Burger A, Dubertet L (eds) Hydrogeology of karstic terrains with a multilingual glossary. Publication of IAH and International Union of Geology Science, Paris

Solecki Ra (1955) Shanidar cave:a palaeolithic site in Northern Iraq and its relationship to the Stone Age sequence of Iraq. Sumer 11:14-38

Solecki Ra (1975) Shanidar IV, a Neanderthal flower burial in Northern Iraq. Science 190:880-881

Stevanović Z (2010) Utilization and regulation of springs. In:Kresic N, Stevanović Z (eds) Groundwater hydrology of springs:engineering, theory, management and sustainability. Elsevier, Amsterdam, pp 339-388

Stevanović Z (2012) History of hydrogeology in Serbia. In: Howden N, Mather J (eds) Hystory of hydrogeology. CRC Press and Balkema, Boca Raton, pp 255-274 (International contribution to hydrogeology)

Stevanović Z, Mijatović B (eds) (2005) Cvijić and karst/Cvijić et karst. Special edition of Board on Karst and Speleology, Serbian Academy of Science and Arts, Belgrade

Stevanović Z, Iurkiewicz A (2009) Groundwater management in northern Iraq. Hydrogeol J 17(2):367-378

Sweeting MM (1972) Karst landforms. Macmillan Press, London

University of Auckland School of Environment, New Zealand. World Map of carbonate rock outcrops v3.0. http://www.sges.auckland.ac.nz/sges_research/karst.shtm. Accessed 15 Dec 2013

Williams P (2008) World heritage caves and karst. IUCN, Gland, p 57

Wilson JL (1975) Carbonate facies in geologic history. Springer, New York

Wollast R (1990) Rate and mechanism of dissolution of carbonates in the system $CaCO_3$-$MgCO_3$. In: Sturmm W (ed) Aquatic chemical kinetics: reaction rates of processes in natural waters. Wiley, New York, pp 431-445

Zarei M, Raeisi E (2010) Karst development and hydrogeology of Konarsiah salt diapir. Carbonates Evaporites 25:217-229

第3章 岩溶含水层特征

佐兰·斯特万诺维奇（Zoran Stevanović）

正确认识含水层系统是地下水可持续开发利用和污染防护的先决条件，由于岩溶系统的复杂性和非均质性，甚至无法完全了解岩溶系统特征。近一个世纪以来，岩溶学研究取得了很多重要进展，如今我们比岩溶学奠基者更加深入了解岩溶系统。

认识天然岩溶系统与对人类的认知是否存在可比性？这个问题看起来有些奇怪，但二者确实存在某些相似性。起初，获得某些远程的"二手"信息，包括姓名、地址（位置）以及某些概况信息；随后，通过观察了解对象的规模和形状，形成较为全面的印象；最后，也是最关键的一步，通过调查和讨论，逐字逐句或采用各种方法收集个体或系统的行为信息。人类的外部形体特征与含水层分布特征也可进行类比。岩溶含水层系统的属性参数包括渗透性、储水性、水流类型和流向、补给和排泄过程、天然水质及其他属性，多数属性在时空上发生大幅变化，收集详细的必要信息是全面了解各岩溶含水层系统特征的基础。

如何理解含水层系统？含水层是指能储存、传输和排泄一定水量的孔隙介质（岩体）。在此处"一定水量"并不是指水量巨大，而是指能满足用户需求，且可以直接观测的水量。如果岩石介质内地下水量少，则不能称为含水层，应称为弱透水层或隔水层，隔水层岩体内几乎完全缺水。尽管多数压实固结的碳酸盐岩渗透性极低，但通常将岩溶系统作为含水层处理。"系统"属性代表了含水层的复杂性与功能性。

根据岩溶含水层的流量以及传输、储存的水量，可划分为高产水量、中等产水量和低-中等产水量岩溶含水层。有些岩溶系统的节理裂隙未在机械侵蚀和化学溶蚀作用下扩大，几乎不发育岩溶孔洞，如果产水量较低，将其定义为裂隙含水层，比定义为传统的岩溶含水层更为合适；同样，可将低-中等产水量含水层定义为岩溶-裂隙含水层，反之亦然。

根据主要岩石类型，可划分为灰岩、白云岩、大理岩、白垩、硬石膏、石膏以及岩盐含水层。Bakalowicz（2005）将碳酸盐岩含水层分为裂隙含水层、非岩溶含水层以及发育岩溶管道的真正岩溶含水层。

根据含水层结构和水动力特征还可分为非承压、承压以及半承压岩溶含水层。非承压岩溶含水层没有任何盖层，岩溶空洞内存在自由水位，水压与相应深度的大气压相等，空洞内与地表发生联系的水位代表了饱水带上界［图3.1（a）］。承压岩溶含水层位于隔水盖层之下，当钻孔揭露时，其水位压力或水头高到足以将地下水位抬升至上覆岩层的底板以上［图3.1（b）］。半承压岩溶含水层（过渡型）包括承压段和非承压段。上层滞水含水层一般是指弱透水层内部的含水层透镜体，或是在区域地下水位以上的，且分布范围有限的独立非承压含水层。在后一种情况下，上层滞水含水层以某些隔水层或非可溶岩与深部含水层分隔［图3.1（c）］。Younger（2007）认为，应谨慎区分上层滞水含水层和下部非承压含水层。

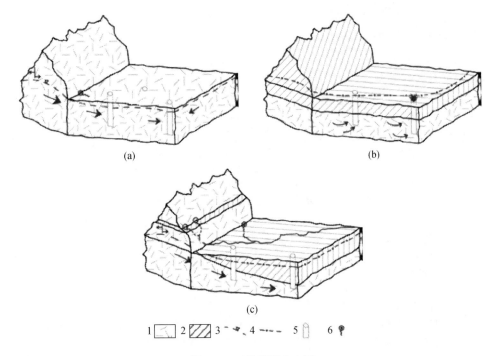

图 3.1 三种岩溶含水层
(a) 非承压岩溶含水层;(b) 承压岩溶含水层;(c) 半承压岩溶含水层,上层滞水含水层通过小型泉排泄
1. 岩溶含水层; 2. 不渗透岩层; 3. 地下水位; 4. 水头(测压); 5. 钻孔; 6. 泉

3.1 含水层结构和要素

含水层的规模受边界控制,边界包括侧向/水平边界和垂向边界,根据边界的渗透性,可分为渗透性、半渗透性和隔水边界;隔水边界是实质性的含水层边界,当边界的岩性破碎时,具有渗透或半渗透性,水流可穿越边界循环,则构成了相对隔水边界。欧盟水资源框架指令(EU WFD,2000 年)广泛引用的"地下水体"术语,考虑到两个或多个含水层在垂向或横向上发生联系。

在多数情况下,岩溶地下流域范围与地表边界范围不一致(图 3.2),Herak 等(1981)认为第纳尔岩溶区在克罗地亚境内采蒂纳(Cetina)河的实际汇水面积比地形边界范围多 2.7 倍,Bonacci(1987)的岩溶水文学著作 *Karst Hydrology with Special Reference to the Dinaric Karst*(《第纳尔岩溶区特殊的岩溶水文学》)讨论了该地区及其他岩溶区,在本书第 5 章也有论述。

岩溶含水层水平边界具有动态可变性,地下水位变化或水流方向的暂时性改变均会改变含水层的水平边界。Herak 等(1981)认为,多数岩溶含水层边界难以确定,即使开展大量的集中调查工作,也仅能近似确定其范围。

在垂向上,顶部边界通常是陆地地表或承压含水层上覆岩层的底板;底部边界一般是岩溶发育底界或下伏岩层的顶板,Milanović(1981,1984)认为岩溶基底是个模糊的概念,

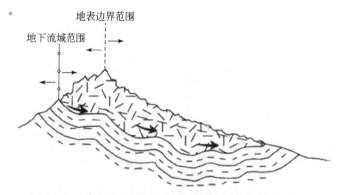

图 3.2 地表边界范围和地下流域范围不匹配的典型实例

是可溶岩与非可溶岩之间的过渡区。确定岩溶基底是水文地质调查的重要任务，但通常难以确定，甚至无法推测。钻孔岩心记录、井下摄像和地球物理测井等资料分析相结合，能在最大程度上推测该假想边界。

野外水文地质调查和示踪试验相结合，是了解岩溶含水层结构和边界的最基本方法，详见第4章讨论。在水文地质实践中，可以根据水均衡计算结果反推系统的分布范围，尽管会存在不确定性，但仍能大致了解含水层的结构，特别是对渗透性和储水性相似的可溶岩地层和含水层进行合理探测，在一定程度上可以建立二者的类比关系。本书 15.2 节讨论了应用非线性多元相关方法分析岩溶泉水文曲线，用以评价系统范围。

典型岩溶含水层自上而下一般包括顶面、表层岩溶带、渗流带、饱水带、岩溶基底。承压岩溶含水层可能仅发育饱水带，缺失前述的其他要素；如果缺失饱水带，实际上已不再构成含水层。非承压岩溶含水层模型如图3.3所示。

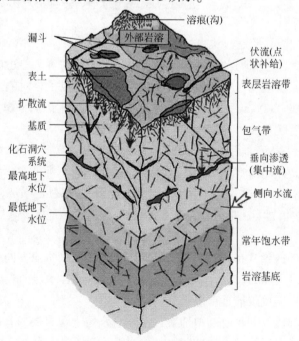

图 3.3 非承压岩溶含水层模型

顶面或外部岩溶（exokarst）包含各种功能的岩溶形态，有些促进补给入渗，而有些则相反，如漏斗具有双重功能，作为地形上的凹陷，能汇集水流向其底部循环，但是，漏斗底部被厚层隔水的洪积土壤覆盖时，水流将持留于土壤内，形成沼泽，直至最终蒸发（图3.4）。

图3.4 黑山共和国杜米托尔山岩溶高原上的漏斗——沼泽（a）
与保加利亚西北部弗拉昌斯基（Vrachanski）岩溶漏斗底部的耕地（b）

顶面包括风化作用形成或由人工引进的土壤层，在有些土壤稀少的岩溶区，当地村民持续破坏岩石，以扩大耕作（图3.4）。

非饱水带一般由两部分组成：上部区或表层岩溶带和下部的渗流带。

表层岩溶带是土壤覆盖层下方岩溶系统的表层，是向地表开放的系统（图3.5，图3.6），很多作者研究了表层岩溶带在岩溶系统中所起的作用，特别是其补给和排泄功能。Mangin（1974，1975）解释了表层岩溶带系统的功能，并提出了真正的岩溶含水层（eukarstic）术语。Atkinson（1977）是最早解释表层岩溶带排泄机理及其对整个泉流水文曲线影响的学者之一。Williams（1983，2008）将表层岩溶带称为皮下带（subcutaneous zone），并分析其在岩溶水文学和洞穴水文地质学中的作用，他强调表层岩溶带近地表部位的孔隙度和渗透性在总体上高于其下部区。

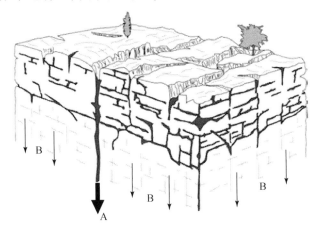

图3.5 表层岩溶含水层和表层裂隙区的概略图（Mangin，1975）
A. 通过大型裂隙的垂向排泄；B. 渗流

图 3.6　薄层土壤覆盖的表层岩溶带（a）与上层滞水含水层排泄的小泉（b）

Kiraly 等（1995）认为表层岩溶带的基底是含水层下部区的法拉第笼（Faraday cage），通过三维有限单元法进行水动力分析，结果表明，表层岩溶带对岩溶水文曲线形状、基流组分、管道网络和基岩内的水位波动，以及低渗基岩的补给都产生较大影响。

Klimchouk（2000）认为下部块状基岩的岩溶作用分散，而表层岩溶带内部裂隙化程度更高；同时，二者渗透系数的差异使表层岩溶带具备储水功能，并将水流向其基底集中。Trček（2003）进一步认为表层岩溶带提供的垂向分散补给随深度下降，并将水流向侧向汇聚。Perrin 等（2003）采用同位素数据分析了表层岩溶带的储水量，并建立了概念模型。Bakalowicz（2005）强调上部饱水区产生的 CO_2 是重要的溶蚀动力来源，并向深部含水层迁移。

Ford 和 Williams（2007）认为表层岩溶带厚度通常在 3~10m 之间，一般由灰岩强烈溶蚀的风化带构成，向下逐步过渡到完整基岩构成的渗流带主体。

渗流带最顶部的上层滞水含水层导致下渗水流发生延滞，受表层岩溶带的渗透性控制，滞后时间可达数天至数月。

表层岩溶带会缺失吗？Krešić 和 Mikszewski（2013）认为，表层岩溶带用于解释含水层的某些行为和功能具有随意性，在很多研究中，将表层岩溶带作为影响地下水动态的因素，而实际上该地区完全缺失表层岩溶带，并且不存在上层滞水含水层（图 3.7，图 3.8）。

可以得出结论，表层岩溶带（如存在）位于渗流带的最顶部，部分饱水时，能储存一定量的水，垂向入渗水流改变路径后进入含水层的深部饱水带；相反，在很多强岩溶发育区，降雨或伏流直接快速进入饱水带，而洞穴和化石管道（即已停止发育的岩溶管道）完全干涸，含水层的最上部完全缺水（见第 2 章）。因此，在水动力分析或岩溶地下水动态模拟之前，必须开展野外水文地质调查，并对上层滞水含水层、表层岩溶带的厚度和渗透性进行评价。

渗流带是岩溶含水层一定深度的过渡带，在垂向上以地下水位为终止位置，通常也称为非饱和带或包气带，包气带岩溶空间内含空气，气压与大气压力相当。渗流带内主要为垂向循环，但随着水流从顶面或表层岩溶带向地下水位转移，在局部形成水平水流，水流

第 3 章 岩溶含水层特征

图 3.7 表层岩溶带缺失的情形

块状灰岩中垂向裂隙的发育程度几乎同等。
(a) 斯洛文尼亚特里格拉夫峰 (Triglav); (b) 法国维尔多尼 (Verdone)

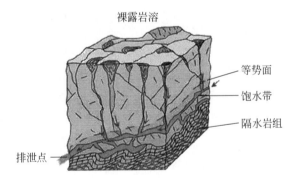

图 3.8 裸露型岩溶为主的岩溶地形

落水洞和洞穴深度极大,将水流向饱水带底部快速传输,在第纳尔地区极为典型

运移在很大程度上受岩溶空洞、管道的产状和角度控制。由此,在基岩、裂隙和洞穴中形成了水循环的优先通道。Parizek (1976) 提出了主要大型断裂和局部裂隙控制的水流通道之间的关系(图 3.9)。

饱水带是含水层的主体储水空间,厚度取决于多个要素,包括补给、渗透性和储水性、排泄点位置和规模、水头、地层产状、人工取水位置和取水量等,水流同时流经各种尺度的空洞、节理、裂隙和洞穴组成的互联空间系统,Drogue (1982) 解释了具有不同要素的水循环系统(图 3.10),根据孔洞、洞穴发育形态和规模,将岩溶含水层划分为不同的渗透性块体。

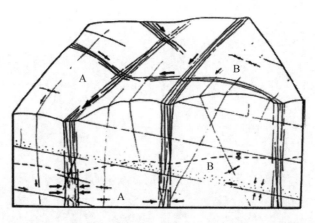

图3.9 大型断裂和局部裂隙分割的块状碳酸盐岩块体
A. 大型断裂控制的水流通道；B. 局部裂隙控制的水流通道（译者注）

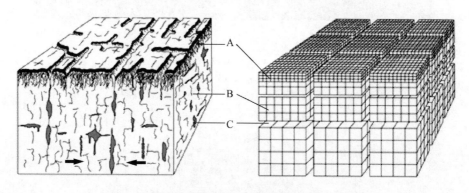

图3.10 岩溶块体概化图（根据Drogue，1982修改）
A. 渗透性极高，接受雨水入渗的最上部岩体被改造；B. 相对低渗的以裂隙和小型洞穴为主要组成要素的中部岩体；
C. 发育裂隙和洞穴的最深部岩体，局部分布能排空系统水流的大型洞穴

分布密度和垂向位置一致：第一层块体离地表最近，小型裂隙发育密度最大；第二层和最深的第三层块体的孔洞、洞穴规模之间存在本质差别，但是发育密度随深度下降。最深部的主排泄系统在集中侧向水流的机械侵蚀作用下规模扩大。前文已述，岩溶基底是位置相对不固定的含水层底部，深度有时可达数千米。在第纳尔岩溶区二叠系—三叠系碎屑灰岩中，在2236m深的勘探孔中发现洞穴发育（Milanović，1981）。对局部岩溶发育情况必须加以区分，如小型古溶洞与其他洞穴不再发生联系；而水循环活跃的现代岩溶作用则形成相互连通的洞穴。

3.2 渗透性和储水性

第2章论述了可溶岩类型及其溶解性差异，并讨论了孔隙和水流等物理、化学因素对岩溶发育所起的至关重要的作用。孔隙度是指孔隙体积占据岩石体积的比率，包括原生孔隙度和次生孔隙度。原生孔隙是成岩作用结果，次生孔隙则由构造作用、外生因素和岩溶作用共

同形成。理论上，岩溶作用的最终结果是将原生孔隙完全转化为次生孔隙。多数可溶岩，特别是灰岩和白云岩的原生孔隙度较低，也称为微观孔隙（microscopic porosity）（图 3.11）。Castany（1984）发现白垩由方解石颗粒组成，具有粒间孔隙（interstitial porosity），其同义词——溶蚀孔隙（vuggy porosity）与某些成分结构之间的可见孔隙有关（图 3.12）。

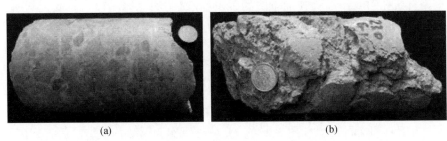

图 3.11　碳酸盐岩角砾岩
(a) 孔隙度较小的固结角砾岩；(b) 胶结程度较差的角砾岩

图 3.12　阿尔卑斯山岩溶区广泛分布的新生代孔隙灰岩
在伊朗命名为阿斯马里（Asmari）地层；在伊拉克命名为皮拉斯比（Pila Spi）地层；
在巴尔干国家命名为萨尔马蒂安（Sarmathian）地层

次生孔隙也称为宏观孔隙（macroscopic porosity），是胶结程度较差的或鲕粒碳酸盐岩的可见孔隙，主要包括层面、节理、裂隙、裂缝和洞穴，为溶蚀作用成因（图 3.13）。次生孔隙有利于重力水运移，如果孔洞之间不连通，含水层中无法形成自由水流系统。因此，水文地质学家必须区分总孔隙度与有效孔隙度。

图 3.13　发育受限的次生孔隙
灰岩岩心样本中孔洞被重结晶灰岩部分充填

总孔隙度是空隙体积占岩石（样品、岩心）总体积的比率，根据 Castany（1984）提出的公式：

$$P = V_v/V \tag{3.1}$$

式中，P 为总孔隙度；V_v 为空隙体积；V 为岩石总体积。

有效孔隙度是指相互联系的空隙体积与岩石总体积的比率：

$$P_e = V_e/V \tag{3.2}$$

式中，P_e 为有效孔隙度；V_e 为连通空隙的体积；V 为岩石总体积。

有些学者提出了形成超大型洞穴的第三孔隙度概念，各类型具体包括：基质孔隙，主要指原生孔隙；裂隙（裂缝）孔隙，指次生孔隙或第二孔隙；洞穴孔隙，作为第三孔隙度。

介质中同时存在两种及以上的孔隙称为双重孔隙，裂隙和洞穴等次生孔隙并不一直发生水流动态循环。特别是早期矿化水和热水等古岩溶水流形成的洞缝系统，后期被黏土、沙、砾石、方解石和文石充填（图 3.13）。充填物压实、固结并重结晶后，岩溶洞缝系统失去渗透性；如果沉积物未完全固结，持续的强力抽水或洪水产生的有压水流冲洗充填物，洞缝系统将再次被激活，岩溶出口（泉）水流浊度显著增加，岩溶含水层的水文地质参数随时间发生变化。

有效孔隙度通常与给水度（specific yield）相当，Castany（1984）指出了二者的差异：有效孔隙度是描述孔隙、洞穴等空间有效连通性的指标；给水度是指重力作用下，岩体中自由释放水量占岩石总体积的比例。Younger（2007）将给水度定义为初始饱水的单位体积岩体中，在单位水位下降时自由排水的体积。由于水流不能从孔洞和洞穴中完全释放，存在持水度（specific retention），因此，给水度一般小于有效孔隙度。

Younger（2007）通过分析岩石的有效孔隙度和入渗能力，提出了"可充水有效孔隙度"和"可疏干有效孔隙度"术语，考虑到有些附着水总会存留于含水层内，且"新"水仅能进入干燥孔隙、空洞和洞穴，他认为可充水有效孔隙度小于有效孔隙度。可疏干有效孔隙度与上文的给水度相近，等于有效孔隙度与持水度之差。

岩溶含水层具有各向异性和非均质性特征，各向异性是指某种物理属性随各方向发生变化，岩溶环境具有最为典型的各向异性特征。垂向上，裂隙和洞穴的分布与形态、规模差异巨大；水平方向上，致密基岩、小型裂隙和大型洞穴分布也存在极大的差异性，而后者主要是指非均质性，即同一地层的某一属性在不同位置均存在差异的现象。在非可溶岩中，渗透区非均质性指数一般为 1~50，而可溶岩将会增加至 1~1000000（Ford and Williams, 2007）。

岩溶含水层的非均质性和各向异性影响了渗透性和渗透系数、导水系数、贮水系数等标准水文地质参数。推荐参考文献包括 Meinzer（1923a）、Castany（1984）、Palmer 等（1999）、Kiraly（2002）、Ford 和 Williams（2007）、Worthington 和 Ford（2009）、Krešić（2013）等。本书将对各术语进行简要介绍。

渗透性是指流体在一定的压力梯度下通过含水层的能力，也代表岩石传输水流的能力。渗透性与有效孔隙度在概念上存在较大差异，有效孔隙度是指岩石标本或岩块中连通孔隙所占的体积比例，而孔隙与空洞间的通道尺寸对渗透性影响最大。尽管灰岩的孔隙度很小，一般小于 1%，但连通洞穴作为大量水流的优先传输通道，其渗透性极强；相反，白垩具有极高的有效孔隙度，但微小孔隙的持水度极高，导致渗透性较差。Younger

(2007)认为很多岩石同时具备较高的有效孔隙度和渗透性,任何情况下,有效孔隙度都是产生渗透性的先决条件。

水头是某点实测水压和大气压之和,水头或水位压力差驱动水流。等水位面(potentiometric pressure)是理论上的假想表面,由含水层(承压)释放的所有水流可能上升的点构成。如果水位上升使井水自由出流,则该井称为自流井(artesian well),自流压力也用于代表该位置的水压[该术语来自比利时阿图瓦(Artois)一处古老的自流井,由于自流井还有其他成因,目前已很少采用该术语]。

一定距离的水位压力差称为水力梯度(hydraulic gradient),是水流运动的先决条件,但流速在很大程度上仍取决于含水层的渗透性和有效孔隙度,如果微观孔隙太小,水流速度将极为缓慢。当岩溶管道充填沉积物时,分子扩散作用强于自然水力梯度脉冲,也会发生上述情况(Younger,2007)。Darcy(1856)认为,流经均质孔隙含水层的水量与水压差(水力梯度)成正比,由于岩溶介质的各向异性和非均质性,达西定律并不适用于岩溶区。Krešić(2007)、Krešić和Mikszewski(2013)对此做出解释:各段管道断面不同,水头也随之发生变化。

以基质孔隙为主的含水层,或者渗透率较低,仅存在层流的裂隙岩溶系统,或者以溶蚀孔隙为主,分布层流和分散水流的白垩含水层等,均可概化为均质介质,适用等效孔隙介质方法(EPM)。但存在洞穴等水流优先通道时,应用EPM数学模型会产生很多负面结果。

渗透系数等于地下水流量(Q)除以水力梯度(i)与水流断面积(A)乘积:

$$K = Q/(i \cdot A) \tag{3.3}$$

$$i = \Delta H / L \tag{3.4}$$

式中,ΔH为两观测点的水头差(能量损失);L为两观测点之间的距离。

渗透系数K的单位和流速(m/s)一致。由于渗透系数是直接表示均质孔隙含水介质的均匀性参数,即导水性,是否适合应用于非均质岩溶含水层最受质疑。实际应用中,最可行的是考虑三维方向上的导水系数(K_x、K_y、K_z),但无论采取何种详细调查手段,都难以查清岩溶系统所有要素的空间分布情况,如层面或孔洞的位置以及各条裂隙的产状(倾向和走向)等(图3.14,图3.15)。

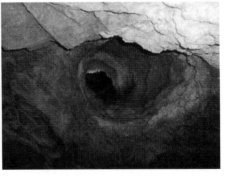

图3.14 渗透性总体较差的上白垩统灰岩中近水平岩溶管道作为地下水流的单一传输通道

图 3.15　阿尔及利亚乌姆布瓦吉（Oum el Bouaghi）地区 Ourkiss 坝址勘探孔岩心
图罗尼亚（Turonia）灰岩的岩性差异巨大：裂隙化程度、结构、杂质；有将近 1m 长的
钻孔段未取得岩心，表明该段发育溶洞

导水系数（transmissivity，T，或可透水性，单位 m^2/s）等于渗透系数（K）与饱水带厚度（h）的乘积：

$$T = K \times h \tag{3.5}$$

渗透系数和饱水带厚度越大，含水层提供的水量越多。承压含水层饱水带的厚度稳定，除非在强烈抽水条件下，压力下降，承压层变为非承压状态；反之，非承压含水层饱水带厚度受水位变化控制，导水系数动态可变。岩溶含水层水位动态通常发生快速变化，加上含水介质的各向异性特征，采用导水系数也无法描述含水层属性。实验室和现场测试通常需要计算 K 和 T，目前还没有评价岩溶水力特征的其他替代参数，因此，在水文地质实践中仍不可避免地采用上述参数，但在应用时应倍加小心，而且需将各处的计算结果进行对比。

岩溶含水层有效储水量取决于含水层分布面积、厚度、有效孔隙度、最大水位和岩溶基底特征（Issar，1984）。非承压含水层的贮水系数（storage coefficient，S，ε）等于给水度（Castany，1984）。尽管贮水系数同时应用于承压和非承压含水层，但 Younger（2007）认为承压含水层的贮水系数与给水度之间差异极大。Ford 和 Williams（2007）以及 Krešić（2013）认为，承压含水层中，单位储水量（specific storage，S_s）是指单位体积含水层由于水头变化，在单位面积上储存或释放的水量，单位为 m^{-1}。承压含水层的贮水系数等于单位储水量（S_s）和含水层厚度（h）的乘积：

$$S = S_s \times h \tag{3.6}$$

S 为一无量纲数，通常以岩石总体积的百分比表示。

很多岩溶储水性研究的专家认为存在两种岩溶系统（Atkinson，1977；Bonacci，1993；Padilla et al.，1994；Panagopoulos and Lambrakis，2006），一种岩溶发育强度较弱，以分散

水流为主,储水性强;另一种岩溶含水层发育大型管道,储水能力有限。尤卡坦地区灰岩岩溶发育强烈,很多大型饱水带并未按上述标准进行评价和分类(Stevanović et al.,2010)。该地区很多岩溶含水层的有效孔隙度、渗透率和储水性能均较高,库容较大,充分饱水时,新入渗水流的脉冲传导至排泄点的速度缓慢;有些岩溶含水层深部发育虹吸管,通过上升泉排泄,这种滞后效应会更加突出。这种现象在一定程度上与大型地表水库相似,当上游河流来水量缓慢增加,水流脉冲缓慢传递至其最终点——大坝。

3.3 水流类型和模式

在达西推导著名的达西定律的十年之前,Poiseuille(1846)在研究小型管道水流时发现,单位断面的单位流量与管道两端的水头损失成正比(Ford and Williams,2007),重力加速度、流体密度、动力黏滞度和水力梯度也会影响单位流量。

达西定律以层流作为假设条件,水流流经的管道或孔隙系统的直径近似为常数,假设水流粒子在流向上沿稳定的平行线运动。当流速和管道直径增加,流线扰动,水粒子开始波动并产生横向混合,出现紊流(turbulent flow)。雷诺数(Re)通常用于确定临界流速,受管道直径(d)、流体速度(v),以及由泊肃叶(Poiseuille)提出的流体密度(ρ)和动力黏滞系数(μ)等控制:

$$Re = \rho \times v \times d / \mu \tag{3.7}$$

其他标准水力学公式和伯努利(Bernoulli)方程、谢才(Chézy)方程和曼宁(Maning)方程等很多数学确定性模型也适用于特殊岩溶地下水流,详情请参阅相关文献。

Krešić(2013)注意到,传统的管道流(管道、明渠)水力学以连续水流为假设条件(图3.16),即管道沿途无水流出入,单元管流量(Q,单位 m^3/s)与断面积(A)和水流平均流速(V_{av})成正比:

$$Q = A \times V_{av} \tag{3.8}$$

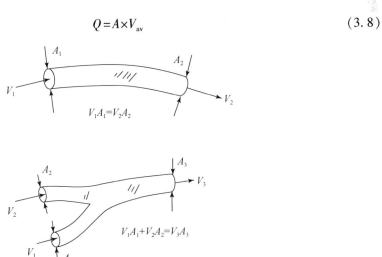

图3.16 流管和水流连续性规则[Krešić,2013,经麦格劳–希尔(McGraw-Hill)同意翻印]

Krešić(2013)同时指出,岩溶含水层基本上不存在理想管道,岩溶主管道和基岩之间频繁发生水流交换，同一管道的流入、流出水量受压力控制，如果管道完全饱水，水流将向基岩流动；在流量衰减期间，水流反向流动，基岩水流排泄进入管道，并存在自由水面（图3.17）。

图 3.17　广西桂林甑皮岩泥盆系碳酸盐岩中暂时干涸的喉状管道（a）
和塞尔维亚兹拉蒂博尔（Zlatibor）地区 Stopića 洞内管道中紊流（b）

Krešić（2007）认为，造成天然岩溶管道水流计算复杂的四个主要因素包括：同一管道内压力不一致，如某些管道段有压，而其他段具有自由水面；管道壁不规则，需要估算粗糙系数，并插入水流方程；管道断面在极短距离内发生大幅变化；同一管道的断面积、管道壁粗糙度、水流流速发生变化，导致水流不断发生层流和紊流的交替变化。

无论是否以取水还是防渗为目的，只要岩溶系统内存在水流优先通道，调查的首要目标都是确定主管道的位置，这对提高工程的成功率极为关键。Bakalowicz（2005）认为地球物理探测和现场裂隙测量能有效提高钻孔的定位精度，Goldscheider 和 Drew（2007）编写的 *Methoda in Karst Hydrogeology*（《岩溶水文地质学方法》）与 Milanović（1981）可作为此项工作的参考书。White（1969）根据岩溶发育强度从低到中等，提出含水层系统的水流分类方案：

（1）分散流（diffuse flow），存在于原生孔隙度较高的含水层或裂隙分布均匀的泥质灰岩或结晶白云岩含水层。

（2）自由流（free flow），存在于厚层、块状可溶岩中，沿层面、节理、裂隙或褶皱轴发育管道，形成于上层滞水含水层或非承压含水层的一定深度内。

（3）承压流（confined flow），包括分散流或自由流，形成于自流含水层或被低渗岩层夹持的"三明治式"含水层。

通过分析水流从表层岩溶带向渗流带的运移过程，可以从下部大型裂隙排泄出口水流中区分出上部渗流（图3.5）。大量的小型入渗水流汇合形成垂向渗流，多个垂向渗流合并再形成垂向集中排泄水流，这种情形再次验证了岩溶含水层双重或多重孔隙介质属性。非承压含水层的饱水带最低部位的水流运动遵循前述的水力学规律，但水位线在排泄点或侵蚀基准面附近略向上倾斜。Cvijić（1918）在水循环理论中论述了此种情形，他在连续性水流过程推导中提出，特定水流动态由三种水流叠加构成：系统的最上部水流以垂向重力循环为主，而深部饱水带水流以（近）水平和（或）上升循环为主要特征，其他水流则具有二者的过渡特征。Cvijić 认为饱水带的永久性下降是岩溶动态自然演化的结果（图 3.18）。

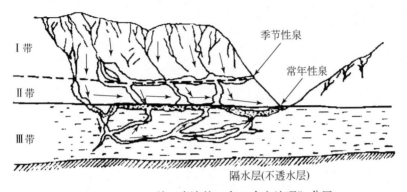

图 3.18　Cvijić 关于岩溶的三个"水文地理"分区

Ⅰ带．干涸区，仅发生入渗；Ⅱ带．水位波动的过渡区，不仅产生垂向入渗，也产生重力水流排泄；
Ⅲ带．静水区，虹吸管和管道内完全饱水，水流上升

Mangin（1975）认为渗流带存在两种水流类型，分别与前文的分散流和集中流基本相当。图 3.19 显示雨水和伏流的入渗过程，入渗速度取决于含水层特征。

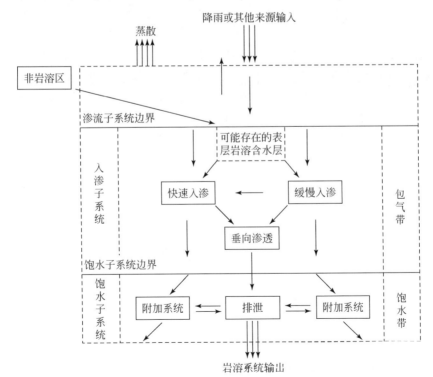

图 3.19　岩溶含水层功能示意图（Mangin，1975）

Tóth（1999，2009）按水流分级提出了另一种分类方案，即区域水流（regional flow）、过渡水流（intermediate flow）和局部水流（local flow）。非承压汇水盆地重力驱动水流的 Tóth 概念模型见图 3.20 所示。各类型水流动态分别为超静水压力、静水压力和低静水压力状态。17.5 节介绍了该理论在地下深部设施和承压含水层方面的应用。

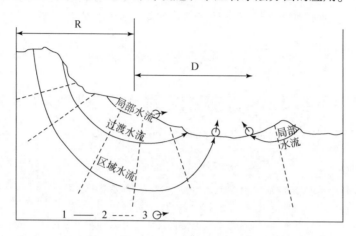

图 3.20　非承压汇水盆地重力驱动水流的 Tóth 概念模型
1. 流线；2. 等水位线；3. 泉。R：补给区；D：排泄区

图 3.20 表明，同一水力场的岩溶通道网络在垂向和横向上都是分级组织的叠加系统。野外试验表明，岩溶管道的地位、作用各不相同，包括起主导作用的主管道（principal, dominant）和起次要作用的次级管道（peripheral）（Milanović，1981）。图 3.21（c）是示踪试验中浓度－时间的曲线，第一、第二峰值分别代表示踪剂首次通过主管道和次级管道的时间。各岩溶管道的作用常发生交替变化，流量衰减阶段，含水层压力降低，洞穴（管道）内有压水流开始转换为自由水流，上部洞穴疏干，而底部次要管道在水流排泄过程中开始起主导作用。地下水袭夺，水流变化形成新的流域或流向改变等在全年内均可发生。岩溶含水层演化的最终结果是水流适应侵蚀基准面。消溢水洞的双重功能（泉-落水洞）、含水层暂时性袭夺、短期内水流流向改变等，所有这些现象都是岩溶持续发育的标志。

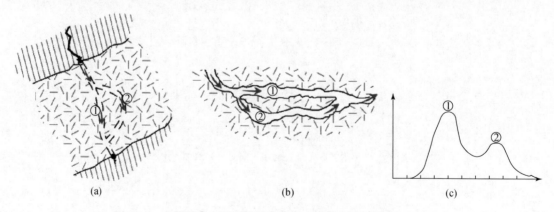

图 3.21　主管道①、次级管道②以及连通落水洞与泉之间的水流
(a) 平面图；(b) 断面图；(c) 示踪剂浓度曲线

3.4 含水层补给

含水层补给主要包括天然和人工补给两种类型，本书主要关注天然补给过程。Lerner 等（1990）将天然补给定义为入渗水流到达地下水位，导致含水层储量增加。天然补给包括降水、地表水（伏流、湖泊和海水等）以及相邻流域的地下水。

（1）降水包括雨水、融雪水及凝结水，在南北纬 60°之间的大陆内部，除高山地区以外，多数地区的全年主要补给要素是降雨；融雪水补给的历时较短，通常在泉流量水文曲线上产生峰值；形成凝结水需要空气和土壤之间存在温度和湿度差，对含水层补给量最小。

雨水、融雪水以及达到一定水平的凝结水入渗均能产生分散水流。实际上，水流特征更多还是受土壤覆盖层、岩组和构造裂隙的规模控制。雨水的分散入渗量尽管很少，但也是不可忽略的因素，特别是发生暴雨或集中快速融雪时，分散水流将转化为集中水流。

（2）通过伏流和近圆形落水洞水流补给是典型的集中补给，也称为点状补给。落水洞消水能力是指岩组在单位时间内吸收的水量，与泉流排泄相当，但过程相反。某些巨型落水洞，能在 1s 内吸收并传输上千立方米水流，但现代具有这种消水能力的落水洞已极为罕见，因此，巨型落水洞（图 3.22）是地质历史时期岩溶强烈发育的证据。

(a)　　　　　　　　　　　　　　(b)

图 3.22　喀尔巴阡（Carpathian）和狄那里克（Dinaric）岩溶区活跃的落水洞洞穴
(a) 罗马尼亚伦库（Runcu）谷地的苏荷多（Sohodol）；(b) 斯洛文尼亚拉科夫什科詹（Rakov Škocjan）

很多河床底部的小型裂隙作为伏流渗漏补给通道，确定伏流的唯一办法是，在河流不同断面上同时开展水文观测，寻找水流漏失的证据（见第 6 章）。

滨岸岩溶含水层的渗透性较高，常发生湖泊补给和海水入侵补给（见 16.4 节）。

（3）文献中关于相邻含水层和流域的地下水补给的记录较少，这种补给方式对地下水均衡分析和资源量评价较为重要。侧向水流流入或上覆含水层的持续渗漏补给（图 3.23），会改变流域范围；含水层渗漏补给受相邻含水层之间的水压差和水位波动控制，有时仅在有限时段内发生。

岩溶流域内部的补给水流通常称为直接补给或内源补给；非岩溶区水流补给岩溶区，

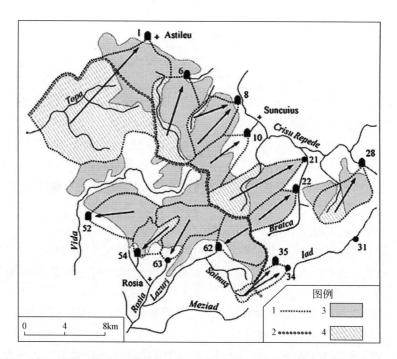

图 3.23 罗马尼亚克雷乌利森林（Padurea Craiului）山区大面积的非岩溶区为岩溶含水层提供外源补给
（经 Oraşeanu and Iurkiewicz，2010 允许后复制）
1. 地下水分水岭；2. 流域边界；3. 岩溶区；4. 非岩溶区

则称为间接补给或外源补给。仅存在可溶岩和内源补给的岩溶系统也称为一元岩溶系统，而二元岩溶系统则同时包括岩溶区和相邻非岩溶区（Marsaud，1997；Bakalowicz，2005）。

多数仍在发挥作用的落水洞位于可溶岩与隔水（低渗）岩层接触带附近，落水洞将水流向含水层的补给点汇聚（图 3.24）。在岩性接触带上，分布大量的干涸盲谷，根据这些早期岩溶发育证据可重建古水文条件。

有效入渗是指到达地下水位并有效储存的水量，大气降水入渗补给受气候和水均衡要素控制，包括降雨强度、蒸发蒸腾、风和其他要素等，见第 6 章讨论。

3.4.1 非地质因素

地形：坡度是主要因素，坡度较大易产生地表径流，地形坡度较缓则有利于地下水补给，洼地（uvala）和落水洞（doline）有利于水流稳定入渗。数字高程模型、地形图以及遥感可用于坡度分析。

土壤覆盖层：土壤覆盖层缺失，有利于形成有效入渗；厚层土壤会降低有效入渗。土壤分布图、土壤覆盖图和遥感技术结合可用于此类评价。

土壤湿度：土壤湿度平衡是影响入渗量的重要因素。如果土壤在前期降雨、融雪或洪水过程中充分饱水，则径流和蒸散作用在水均衡中仍占主导作用，入渗量较少；干旱岩溶区或在长期干旱、土壤湿度低的大孔隙或裂隙会促进入渗（图 3.25）。

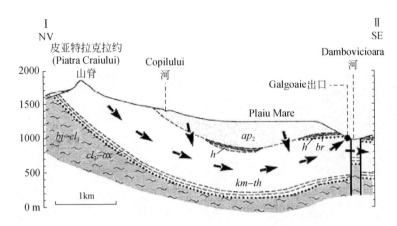

图 3.24 罗马尼亚珀杜雷亚克拉约（Padurea Craiului）山区达姆博维奇亚拉（Dambovicioara）
地下水流通道模型（经 Oraşeanu and Iurkiewicz，2010 允许后复制）
水流自上覆的最新沉积物（灰色）向下渗透进入新生代碳酸盐岩岩溶含水层（白色）

图 3.25 碳酸盐岩-膏盐混合地层的垂向剖面
干旱环境下，土层较薄，地层干燥，有利于获得土壤覆盖层水流补给［索马里胡顿-索勒（Xudun-Sool）
高原拉斯戈赖（Laasqoray）地区的 Taalex 地层］

植被：植被类型和分布密度在水循环中占据重要的地位。草地、耕地和林地的水分消耗量较大，这些植被类型分布面积较大时，会增加蒸腾作用，降低有效入渗水量。此外，经验证明，古老的密集森林在生长季节，叶面和植被会拦截雨量，小于 3mm/d 的小型降雨基本不会到达地表形成入渗。

3.4.2 地质因素

岩性：各类可溶岩的入渗性存在差异，可溶性强且原生孔隙度大的蒸发岩更有利于水流入渗。上覆厚层隔水层以及不纯碳酸盐岩时，入渗量将大幅降低。

构造格局：是主要的地质因素，如果表层裂隙规模较小或缺失，且层面近水平，入渗条件较差，则仅轻微发育表层岩溶形态；相反，发育垂向洞穴的表层岩溶带及裸露岩溶区有利于形成强烈入渗。垂向或陡倾地层也有利于沿层面形成入渗（图3.26）。

图3.26　有利于水流入渗和传输的地层结构

(a) 中国南方泥盆系岩溶区层面裂隙；(b) 加拿大安大略省埃拉莫萨（Eramosa）白云岩岩溶区广泛分布的开放裂隙；
(c) 西班牙南部尼夫斯山脉（Sierra de la Nieves）陡倾碳酸盐岩地层

含水层饱水性：如果含水层完全饱水，地下水位到达地表时，降水主要形成地表径流，不会向地下补给。

图3.27展示了典型非承压岩溶含水层的天然补给要素，降雨多数在表层岩溶带（E）产生缓慢入渗的分散补给，或者形成伏流全部进入大型落水洞，并到达地下水位（P），最终与含水层远端和其他相邻含水层水流汇聚形成水平侧向流（L）。当垂向空洞足够大，能吸收汇聚所有伏流，点状补给将大于表层岩溶带分散水流：$P>E$，类似地，$P>L>E$。

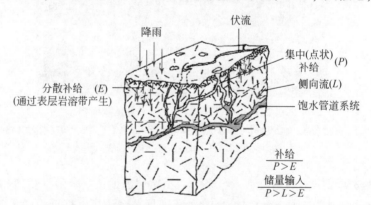

图3.27　非承压岩溶含水层天然补给要素示意图

在孔隙介质中，多数工程干预措施诱发增加地下水补给，人工补给与含水层工程调蓄概念基本等同。这种方式并不适用于岩溶系统，最简单的原因是岩溶系统水流通过大量未知通道流失，人工干预效果极不理想。但在工程实践中，通过整治河床或改变地表水流向等人工干预手段，使水流补给其他流域的落水洞。人工补给在台地型岩溶区应用前景较好，佛罗里达州采用补给井汇聚浅层水流，补给下伏佛罗里达（Floridian）地层岩溶含水层。

人工补给也能在非人为故意条件下发生，如土壤灌溉或灌溉渠渗漏会增加地下水补给。Younger（2007）指出，沙特阿拉伯瑞达（Ryadh）地区，输水管线、化粪池渗漏以及公园集中灌溉增加地下水补给，灌溉水入渗补给也称为灌溉水回归。

岩溶区城镇是理想的含水层补给区，输水管线渗漏损失可达10%，不发达城市地区甚至高达60%~70%，大量漏失水流会再次补给含水层。Sharp 和 Garcia-Fresca（2004）估算了得克萨斯州奥斯汀（Austin）饮用水渗漏量约为7.7%，折算为21mm/a，作为有效入渗进入了爱德华兹（Edwards）含水层，该含水层天然补给量为30~100mm/a，因此，该渗漏补给量相当可观。此外，在城市地区，污水池和管道、下水道、化粪池都是常见补给源。

有效入渗为一变量，在水文学实践中，如果以入渗水量占大气降水的百分比表示有效补给量，则需要考虑时间因素，也就是有效补给历时。水均衡法、输入-输出统计模型、同位素方法、Cl⁻平衡以及地理信息系统（GIS）方法等很多方法可用于估算岩溶含水层补给量，表 3.1 中列出了某些岩溶含水层有效补给率的估算值。

表 3.1 某些岩溶含水层有效补给率的估算值

岩溶含水层岩性	位置	有效补给率/%	文献	数据源（参考书）
白垩纪白垩	英格兰伦敦盆地	20~35	Anon, 1972	Lerner et al., 1990
古生界白云岩	南非 Ghaap 高原	2~25	Smith, 1978	Lerner et al., 1990
始新世 Taalex 石膏	索马里 Ceerigaboo	30	Stevanović et al., 2012	
上新世—更新世灰岩	摩洛哥	14~19.5	Bolelli, 1951	LaMoreaux et al., 1984
早白垩世阿普第期—阿尔布期灰岩	阿尔及利亚 Oum el Bouaghi 的 Dj. Sidi Rheriss	38	Stevanović et al., 1985	
始新世灰岩	突尼斯 Dyr el Kef	33.2~90	Schoeller, 1984	LaMoreaux et al., 1984
白垩纪森诺世和侏罗纪灰岩	突尼斯 Dj. Chounata	33~53	Tixernot et al., 1951	LaMoreaux et al., 1984
中白垩统灰岩	以色列 Na'am 泉盆地	53	Mero, 1958	LaMoreaux et al., 1984
三叠系 PilaSpi 地层灰岩	伊拉克北部 Dohuk	35	Stevanovic, 2003	
白垩系 Bekhme 地层灰岩	伊拉克北部 Harir	40	Stevanovic, 2003	
中生界灰岩	希腊 Lilaia 泉	51.6	Aronis et al., 1961	LaMoreaux et al., 1984
中生界灰岩	意大利 Monte Simbriuni	69	Boni and Bono, 1984	Burger and Dubretret, 1984
中生界灰岩	意大利 Monte Lepini	78	Boni and Bono, 1984	Burger and Dubretret, 1984
侏罗系和白垩系灰岩	塞尔维亚东部 Kučaj-Beljanica 山脉	47	Stevanović et al., 1995	
中生界灰岩	斯洛伐克 Malé Karpaty	24.4~52.4	Kullman, 1977	Burger and Dubretret, 1984

3.5 含水层排泄

岩溶水开发利用和水患防治规划工程中，必须考虑岩溶含水层排泄这一关键要素，排泄点可以直接取用地下水的位置，也是岩溶水文地质研究的主要对象。很多情况下，在排泄点附近开展工作受地形和通行条件控制；尽管很多泉点位于山脚或平地区，但流域范围可能在高山区、冰盖或密集的热带雨林区。

岩溶含水层排泄分天然排泄和人工排泄两种类型（Stevanovic，2010b），天然排泄指地表出露的泉、水下泉、消溢水洞和地下排泄等；人工排泄包括取水井、集水廊道和渠道或其他类似取水设施。

第 11 章将讨论人工排泄和岩溶水开发问题。按照水均衡的观点，含水层天然排泄还包括岩溶区地表径流和蒸腾散失等，将在第 6 章讨论。地下径流作为一种重要的排泄方式，对岩溶工程建设极为重要，将在第 6 章和 15.5 节讨论。下文主要讨论天然排泄及影响因素。

水力梯度控制了地下水排泄强度和流速，地下水位越倾斜，水力梯度越大，驱动水流的能量也越大（Fiorillo，2011）。有效排泄的主要控制因素是排泄点空间大小，小型孔洞会无法快速排泄水流，而大型出口能疏干整个含水层。旱季时，水位和水头随时间下降，流量也随之下降，但水流可能维持很长时间，直至含水层完全疏干（图 3.28）。流量系数也称为衰减系数（α），是描述不同含水层的储水性参数。

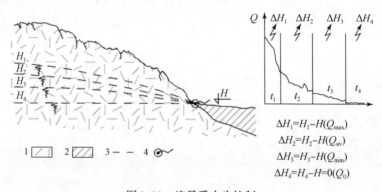

图 3.28　流量受水头控制

t_1 期间水头最大值（ΔH_1）时产生最大流量；t_4 期间，泉干涸（$\Delta H_4 = 0$，$Q = 0$）。

1. 岩溶含水层；2. 不渗透基岩；3. 水位或水头；4. 泉。Q：流量；t：时间

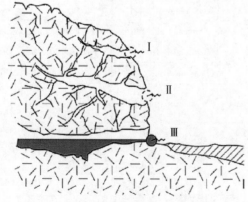

图 3.29　岩溶含水层的演化及其排泄点
适应侵蚀基准面的过程

陡崖上的 I、II 点为早期的排泄点；
III 为深部上升的实际排泄点

地下水流到达含水层的最低排泄点，通常也是局部或区域侵蚀基准面。侵蚀基准面是地形的最低点，水流仍会发生溶蚀作用，侵蚀基准面在地质历史时期不断发生变化，岩溶演化就是不断适应基准面下降的过程。现代很多干涸洞穴曾是早期泉口，峡谷两侧悬崖上多层大型洞穴是岩溶演化过程的证据（图 3.29）。

侵蚀基准面（erosional base）是控制岩溶地貌发育和地下水深切的主要因素（Ford and Williams，2007），但侵蚀基准面并不等同于岩溶基底（karstification base），在成熟岩溶系统中，在实际侵蚀基准面以下的深部

仍可发育岩溶。

区域基准面（regional base level）是区域地下水流将要适应的主要河流、湖泊、海洋等。局部侵蚀基准面（local erosional base）包括岩性边界、含水层内部的隔水层、断裂、背斜倾伏端、洼地或其他地质地形元素，促使地下水就近排泄。

含水层地下水流自泉口出流，泉口向地表开放，并具有一定的空间规模。岩溶地下水多数在泉口集中排泄，很少以分散水流的方式排泄。

很多作者对含水层的出口——泉进行分类，Meinzer（1923b）描述分析了美国主要大泉，并按流量进行分类。Bögli（1980）提出了简易的综合性分类方案。Herak 等（1981）根据含水层属性、含水层和隔水层/弱透水层的接触关系、气候和植被覆盖条件论述了泉的特征。Ford 和 Williams（2007）将泉分为自由排泄、壅塞排泄（dammed）和承压排泄等类型，并列举了全球主要大泉。Krešić（2010）在 Groundwater Hydrology of Springs（《泉的地下水文学》）中总结了泉的类型与分类方法，Stevanović（2010b）在同一书中提出了泉的开发利用和管理方法。

表 3.2 列出了现有的岩溶泉分类标准中最为常见的 10 个。各分类标准难免会发生重叠，如从不同角度描述，同一泉的类型会随着不同季节水文条件而改变，因而难以进行分组和归类。

Krešić（2010）认为不可见的渗漏也是一种排泄类型，渗漏区通常地表土壤湿润。此类排泄通常称为渗漏泉（seepage spring）。岩溶区以集中水流排泄为主，仅在湿地、淹没岩溶区或沿次生泉的排泄带可见分散排泄水流。

Ford 和 Williams（2007）根据泉的水流来源推断，将泉分为来源不明的出露泉（emergence）、已知伏流的再现泉（resurgence）以及内源水入渗形成的外露泉（exsurgence）。根据泉与海岸线的位置关系，可分为大陆泉和海岸带泉。图 3.30 是各类典型泉的照片，有些泉因其景观美丽而举世闻名。

含水层系统水位波动和压力变化取决于补给强度、渗透性、实际饱水度（储水）以及补给点和排泄点之间的水头差等多个要素。泉的类型与含水层的排泄动态密切相关：上升泉动态更为稳定，包括凹陷、断裂带泉和热泉等承压泉的压力变化小或泉口较小，流量动态更为稳定；而重力下降泉流量动态变化更大。

泉流量水文曲线是地表与含水层系统内部各种水流过程的综合结果，当补给主要来自地表伏流，泉与地表河的水文过程线形状类似；当补给主要来自雨水或融雪水入渗时，则最大补给过程和排泄峰值之间的时间差代表水流在含水层的滞留时间或水流传输时间，是了解含水层特征的必要参数。泉流量水文过程线统计分析与降水量-泉流量相关图包含了岩溶含水层的特征信息，时间序列分析、自相关分析以及交叉相关分析方法可用于研究岩溶含水层特征（Mangin，1984；Bonacci，1993；Krešić，2013），15.1 节和 15.2 节将介绍自相关和交叉相关分析方法。

Krešić（2013）以 Jevdjević（1956）对单一水文曲线的解译为基础，分析了复杂形状的水文曲线。单一水文曲线显示了输入函数（大气降水）和输出函数（排泄）之间的转化过程。补给波可能会快速通过系统，也可能在系统的流量长期衰减后，储水量严重亏损时，补给波在系统内发生简单累积。实际上，常见的复杂水文曲线是各降雨过程简单水文

表 3.2 10 个最为常见的现有的岩溶泉分类标准

标准	类型	同义词/别名	简介	断面示意图
1. 含水层内部水流类型与压力	1.1 下降泉	重力泉	自由排泄含水层,含水层饱水带地下水位向排泄点倾斜;重力向下的水流	
	1.2 上升泉	自流泉、承压泉、上升泉	承压含水层,压力驱动水流;向上水流	
	1.3 溢流泉		一般是自由排泄含水层,通常是含水层上部出口短期发挥作用,地下水位轻微倾斜或近水平;水流越过障碍溢流	
2. 阻水部位和类型	2.1 接触带泉	潜水、层状泉	受岩性控制,水流在低渗非可溶岩的接触带出流	
	2.2 断裂泉	断层泉	构造控制水流,水流自开放的破碎带、裂隙或其他线型构造出流	

第 3 章 岩溶含水层特征

续表

标准	类型	同义词/别名	简介	断面示意图
2. 阻水部位和类型	2.3 悬挂泉		岩性或构造构成局部阻水体，水流自区域侵蚀基准面的上部出流，一般为上层滞水含水层排泄	
	2.4 背斜泉		构造控制，水流自背斜倾伏端（构造边缘）出流	
	2.5 凹陷泉		受地形控制，由河流切割形成。地形低洼切穿地下水位，含水层水流自由排泄，承压含水层被切穿同样如此	
	2.6 淹没泉	水下泉、海底泉、淹没泉	排泄点被湖水、河水淹没，或位于海平面以下（完全淹没或位于潮间带），在侵蚀基准面以下发生岩溶作用，缺失阻水体	
3. 泉与含水层的关系	3.1 原生泉		水流直接从最初的岩溶含水层出流	如 1.1～1.3
	3.2 次生泉		水流自侧向接触的含水层出流，或从最初排泄点附近的基岩角砾中出流	

续表

标准	类型	同义词/别名	简介	断面示意图
4. 排泄点形态	4.1 洞穴泉		水流自洞穴中出流	图3.30 (i)
	4.2 虹吸泉		水流自虹吸管或吸储库中出流，一般为上升水流	图3.30 (j)
	4.3 湖泉	洞泉	水流自湖中出流，强烈上升水流溶蚀形成的垂直烟囱状管道向深部延伸。法国 Avignon 附近著名的 Fontaine de Vaucluse 泉是该类类型所有泉命名的起源	
	4.4 池泉		与上同，但水流自更小的浅层盆地或漏斗出流，常称为含水层"之眼"，在墨西哥 Yucatan 指有水出流的溶井（并非静水）	图3.30 (k)
5. 周期性	5.1 常流泉	常年泉、稳定泉	永久排泄的泉	图3.30 (l)
	5.2 间歇泉	不定期泉	临时出流的泉，一般在强降雨、洪水和融雪水之后排泄	
	5.3 周期性泉	韵律泉、涨落泉	特殊的水力学机理，含水层内通过虹吸管联系的水压和水位变化，引起间断性排泄	
	5.4 休眠泉	化石泉、古泉	干涸泉，由于岩溶作用降低了地下水位，泉口不再出流。钙华沉积物作为泉曾经存在的证据。如果是附近抽水井强力抽水为影响，泉还能恢复	
	5.5 消溢水洞		同时起落水洞（伏流补给点）和泉（排泄点）的作用	
6. 流量	6.1 大泉		最低流量>100L/s	
	6.2 中等泉		最低流量 10～100L/s	
	6.3 小泉		最低流量<10L/s	
	6.4 一级、二级等		根据平均流量，Meinzer (1923b) 将泉分为 8 个等级：>10000L/s，1000～10000L/s，100～1000L/s，10～100L/s，1～10L/s，0.1～1L/s，0.01～0.1L/s，0<0.01L/s	

第3章 岩溶含水层特征

续表

标准	类型	同义词/别名	简介	断面示意图
7. 流量动态	7.1 极端不稳定泉		$Q_{min}:Q_{max}>1:100$	
	7.2 不稳定泉		$1:10<Q_{min}:Q_{max}<1:100$	
	7.3 稳定泉		$Q_{min}:Q_{max}<1:10$	
8. 取水	8.1 已开发的泉		采用简单结构收集泉流，并进行污染防护，不改变天然水流，包括现场利用和管道引流进行集中供水	
	8.2 未开发的泉		天然排泄点周围无任何干预措施	
	8.3 调整水流	人为调整流量	采用复杂的取水设施，维持或增加供水（储水柜、抽水、井等）	
9. 水质	9.1 淡泉	冷泉	溶解固体总量（TDS）<1000ppm*，$T<20℃$	
	9.2 矿泉	酸性泉、含硫泉、冒气泉	含矿物质，TDS>1000ppm，根据主要离子、特殊组分和排泄机理命名	
	9.3 温泉	微温泉、低热泉	温度 20~100℃，微温泉、低热泉水温 20~30℃	
	9.4 热泉	高温泉	水温超过100℃	
10. 用途	10.1 饮用水		符合饮用水标准	
	10.2 瓶装水		无需净化，即符合饮用水标准	
	10.3 技术用水		非饮用泉水	
	10.4 医疗		用于医疗或娱乐，医疗用水必须含活性药物成分	
	10.5 灌溉		非饮用水，倡导充足的低矿化度水，还包括牲口饮水	
	10.6 水力发电		一般用于小型电站的水力发电	
	10.7 加热/冷却		通过热泵直接利用	

* 1ppm=1mg/L。

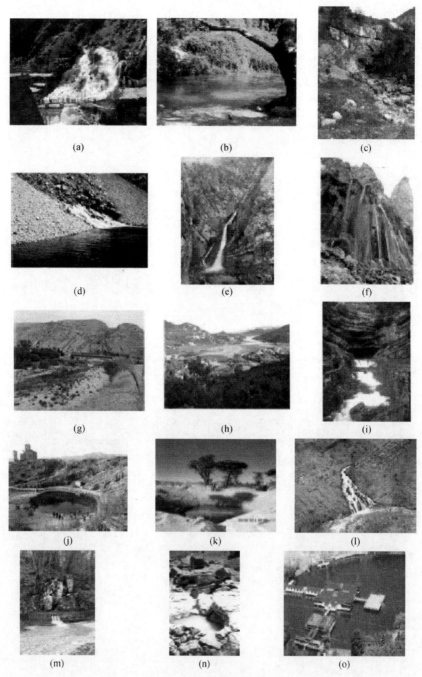

图 3.30 全球典型岩溶泉

(a) 伊拉克北部重力泉 Bekhal；(b) 阿尔巴尼亚南部 "蓝眼" Syri Kalter 上升泉；(c) 保加利亚斯沃盖 (Svoge) 地区 Iskrz 泉溢流出口；(d) 塞尔维亚 Meosija 地区三叠系灰岩-侏罗系蛇绿岩接触带 Istok 泉；(e) 斯洛文尼亚博希尼 (Bohinj) 地区 Sava 河的断层重力泉；(f) 伊朗设拉子 (Shiraz) 悬挂的瀑布泉 Malgon；(g) 伊朗 Kazeroon 背斜洼地 Soosan 泉；(h) 黑山斯库台湖 (Skadar) 湖底淹没泉 Karuč；(i) 法国侏罗山洞穴泉；(j) 克罗地亚南部采蒂纳河 (Cetina) 河虹吸泉；(k) 索马里 Laas Caanood 池内泉眼；(l) 伊拉克杜坎 (Dokan) 间歇泉 (照片由 A. Holm 提供)；(m) 塞尔维亚西部动态稳定的小型 Stapari 泉，局部被开发利用；(n) 伊拉克桑高 (Sangaw) "白水"——矿物硫酸泉 Awa Spi；(o) 匈牙利温泉湖 Heviz

曲线叠加的结果（图 3.31）。

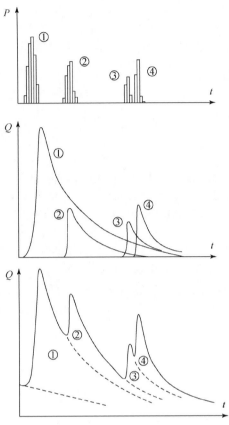

图 3.31　多个降雨过程（①~④）形成的复杂泉流量水文过程线 ［Jevdjević，1956，由 Krešić，2013 修改，经麦格劳·希尔（McGraw-Hill）授权］

P：降水量；Q：泉流量

　　Mangin（1984）、Padilla 和 Pulido-Bosch（1995）对法国和西班牙多处岩溶泉进行了相关分析和交叉频谱分析，并试图对单个泉的水文过程线分析结果进行推广。可以假设的参数是响应时间和平均延迟时间，响应时间体现快速流、过渡流和基流的差异。他们表示，该方法为岩溶含水层划分和对比提供了定量的客观标准。Mangin（1984）提出的四个不同记忆效应的典型单一水文过程线（对补给进行延长）（图 3.32），已广泛作为类似水文过程线的标准曲线。

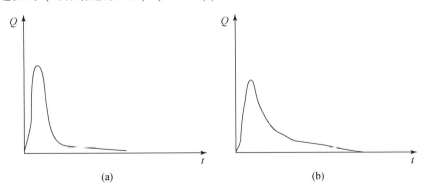

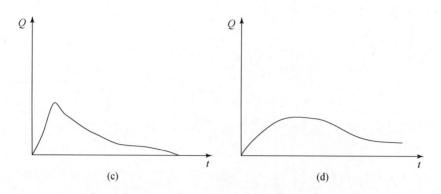

图 3.32 Mangin (1984) 提出的四个泉的标准单一流量曲线
(a) Aliou 泉 (记忆效应：衰减时间较短，约 5 天)；(b) Baget 泉 (记忆效应：衰减时间中等，10~15 天)；
(c) Fontestorbes 泉 (记忆效应：衰减时间较长，50~60 天)；(d) Torcal 泉 (记忆效应：衰减时间极长，约 70 天)

Padilla 和 Pulido-Bosch (1995) 还检验了其中三个标准水文过程线，并确定了滞后时间，即含水层对降雨的响应时间。Aliou 和 Baget 泉响应迅速，而 Torcal 泉在 12~35 天响应。

Iurkiewicz (2003) 在罗马尼亚巴纳特 (Banat) 山脉，提出了各种单一水文过程线作为泉的单位阶跃响应函数。图 3.33 是中央分隔层 (Miniş-Nera 区域) 的结果。

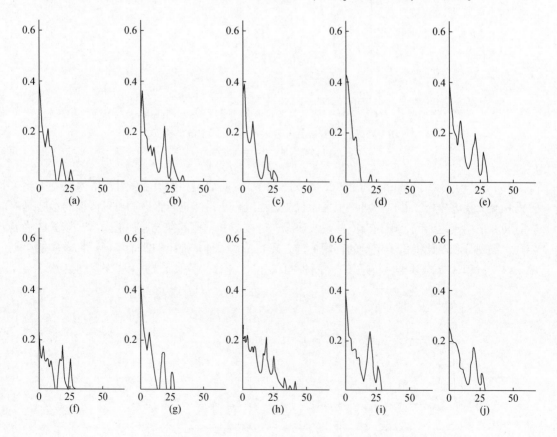

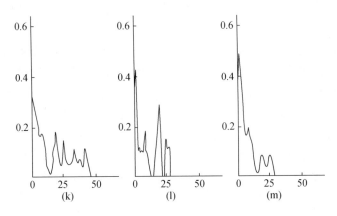

图3.33 罗马尼亚Miniş-Nera区域岩溶泉单一水文曲线（Iurkiewicz, 2003）

利用随机方法和建立输入-输出信号之间的关系，可填补时间数据序列的数据缺失（未观测），并预测不同气候条件下的流量。例如，在做出岩溶泉开发的技术决定之前，可以评价长期干旱条件下（补给有限或者无补给）岩溶含水层的排泄特征。图3.34是塞尔维亚喀尔巴阡岩溶区Veliko-Vrelo泉水文过程线和随机模拟结果以及预测的年平均流量。日降雨量-泉流量函数作为泉流量长期预测的参数之一。利用偏差校正的区域气候模型E-obs，预测降水量和气温，获取Veliko-Vrelo泉直到2100年的年平均流量时间序列（Stevanović et al, 2012a）。结果表明，在预测的气候条件下，地下水储量将减少15%~20%。

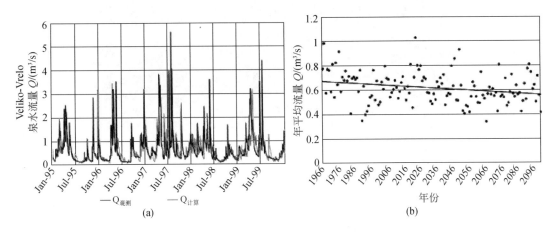

图3.34 Veliko-Vrelo泉水文过程线和随机模拟结果以及预测的年平均流量
（包括截至2100年末的总体趋势）（Stevanović et al., 2010, 2012a）

岩溶泉普遍作为饮用水源，据了解，岩溶地下水为全球20%以上的人口供水（Ford and Williams, 2007），但目前还没有统计数据显示这些水源是直接来自泉水还是有其他取水设施。15.5节将讨论天然泉无序开发带来的问题和隐患。

有些国家仅有岩溶泉可供利用，但很多国家已经意识到优质岩溶泉水的供水重要性。东南欧（阿尔卑斯和喀尔巴阡山山脉）、地中海盆地、近东和中东、阿拉伯半岛和非洲、东南亚、北非、加勒比盆地和中美洲、美国南部等地区，岩溶含水层供水比例很高。

岩溶泉供水可以从数百万城市人口的区域规模，到仅一户或数户居民的局部规模。区域规模供水需要极大规模的含水层和泉流量；而对局部规模供水来说，水量一般不成问题。随着人口增长和供水需求增加，很多大城市以泉供水为基础，结合地表水及其他含水层供水，早期供水系统被逐步取代或升级改造（Stevanović et al., 2010）。

表 3.2 和开发利用导则列举了很多岩溶水开发利用实例。例如，在近东和中东干旱区，普遍开发岩溶泉并修建重力输水渠用于耕地灌溉。开放渠道系统会因渗漏和蒸发而导致水量损失，采用管道输水能大大提升供水效率。泉水也多用于牲畜饮水，优质水源能保障牲口健康成长，在乡村环境中，能经常看到大量牲口占据泉口或其附近的池塘和沼泽（图3.35）。

图 3.35　索马里邦特兰（Puntland）省骆驼聚集在 Taalex 地层出流泉周围

目前欧洲仅有奥地利、瑞士的阿尔卑斯山区利用高水头岩溶水进行水力发电，很多地方还开发利用了岩溶水和泉的热能。全球瓶装水产业年产值约 130 亿美元，其中多数来自岩溶泉，岩溶含水层水源几乎领衔瓶装水源的榜单。

欠发达地区普遍存在岩溶水开发利用导致的利益冲突，优质岩溶水的分配是产生分歧的可能因素之一。

3.6　岩溶地下水水质

岩石溶解和水-岩直接接触时间决定了排泄点地下水质，岩溶水矿物组分取决于水流渗透流经的岩石组分：HCO_3^--Ca^{2+} 型水来自碳酸钙溶解，是灰岩区主要水质类型；而

HCO_3^--Mg^{2+} 型水分布范围较小，通常与白云岩有关。

Langmuir（1984）列举了含水层地下水质的主要控制和影响因素，包括大气降水入渗水组分；地下水补给和浅层地下水的蒸散损失；补给水流的酸性和不饱和度；是否存在碳酸盐岩以及与之相关的卤盐、膏盐等；基岩溶解速率和水-岩接触时间；水文过程，如最新补给水的稀释作用、不同组分地下水混合等；人为作用，如地下水污染和土壤水淋溶等。

碳酸钙在存在 CO_2 时极易溶于水，水溶液中浓度一般为 200~300mg/L，岩盐和膏盐溶解会增加水中氯化钠和硫酸钙含量，改变水的感官特性，影响供水（Stevanovic and Papic，2008）。2.3节讨论了基岩溶解问题，不同岩溶含水层的化学组分和主要水质特征见表3.3。

表3.3 不同岩溶含水层的化学组分和主要水质特征（Stevanovic and Papic，2008，修改）

岩溶含水层	岩性	矿物	化学组分	水质	评语（作为饮用水时的水质问题）
碳酸盐岩	灰岩	方解石	重碳酸根、钙	低矿化度（0.3g/L），pH：7~7.5	水质问题：浊度、微生物、硝酸盐
	白云岩	白云石	重碳酸根、钙、镁	中矿化度（0.5g/L），pH：约8	水质问题：硬度、铁离子
	大理岩	方解石（白云石、石英）	重碳酸根、钙（镁、硅、铁）	低矿化度，pH：约8，含铁	水质问题：硬度、铁离子、浊度、微生物
蒸发岩	石膏	石膏	硫酸根、钙	矿化度较高（2~3g/L），pH：约6	水质问题：苦味
	岩盐	盐	氯、钠（硫酸根、钙）	矿化度极高，盐水	水质问题：咸、苦味

灰岩裂隙中存在黏土矿物时，常因离子交换作用而改变地下水质。例如，最初的 HCO_3^--Ca^{2+} 型水可能变为 HCO_3^--Na^+ 型水，这是硬的含钙水在天然条件下被含钠水软化的典型案例。Herak 等（1981）认为即使较小的透镜体或夹层都可能对水化学特征产生强烈影响，因此，并不存在岩溶水的通用组分。

Younger（2007）分析水-岩作用过程指出，由于饱水带地下水流速较低，可使某些低速地球化学反应能长期持续，从而大幅改变地下水化学组分。实验室条件下，碳酸钙能在24小时内达到溶解平衡，由于饱水带内水-钙接触时间长达数年乃至数个世纪，灰岩含水层达到溶解平衡是普遍现象而不是例外情况，因此，即使入渗水和可溶岩接触时间较短，也会对地下水质造成显著影响。

开放岩溶系统水流交换强烈，且入渗补给迅速，地下水矿化度通常较低；而含水层深部因水流循环较慢导致矿化度升高。天然条件下，岩溶含水层普遍存在这种规律性，但在污染等特殊条件下，会发生显著改变。类似地，传统上将泉分为重力泉和上升泉，由于上升泉水流主要来自深部缓循环带，水质更为稳定可靠。同一岩溶含水层中，当排泄区由管道重力水流和虹吸管上升水流组成时，局部水质可能存在差异，因此，需对管道中不同来源水流开展水质监测。

浅层含水层最深部水质最佳，特别是基准面及其以下部位，以及地下水向相邻含水层发生侧向补给的部位。尽管这些部位地下水矿化度会略有上升，但水体自净能力最强，仍能保持最佳水质。以上部位不包括水流交换极为缓慢的深部含水层，而且在自然增温或地热梯度异常等情况下，地下水温会升高。

综上所述，可以认为岩溶地下水流和水化学特征具有"分区"特征。分区1：与高位岩溶管道相对应，水流交换和传输迅速，水化学条件以及对细菌污染的防护条件最差；分区2：水流交换缓慢，以水平水流或虹吸管循环为主，包括地下水排泄区，水质一般最佳；分区3：深部水流缓慢交换区，水温、矿物含量较高，或包含某些微量特殊组分，不适于供水。

Langmuir（1984）注意到，同一含水层内，井内抽水的矿化度高于附近泉水，主要原因是泉水来自宽大孔隙，而随机布设的抽水井水流主要来自低渗基岩。

根据^2H、^{16}O、^{18}O、^{13}C等稳定环境同位素以及^3H、^{14}C等来自核爆的放射性人工同位素分析，可评价地下水来源、接触时间、补给条件和流域规模。

开放型岩溶含水层地下水流快速循环，稀释能力极低，对污染尤为脆弱。而且污染物极易快速入渗，很多示踪试验结果显示，在有利条件下，污染物可在24小时内迁移1km直线距离。地表和地下水之间的水力联系极为活跃，特别有利于污染物迁移，遥远非岩溶区的有害成分随水流迁移，通过入渗到达泉口排泄。

因此，碳酸盐岩岩溶区的天然水质优良，全球很多无人山区的岩溶水极为纯净，仅在极少数情况存在少量细菌污染；但如果非承压岩溶含水层范围内存在污染源，水质则会发生严重污染。

图3.36列举了污染物直接影响含水层的岩溶管道类型，描述单个岩溶管道或虹吸管结构对污水的净化功能。图3.36（a）、（c）、（e）管道内存在有压水流，水位线位于管道之上，图3.36（b）、（d）、（f）为非承压状态，存在重力自由水流；此外，图3.36（a）、（b）管道内无沉积物充填，图3.36（c）、（d）管道被沉积物部分充填；图3.36（e）、（f）管道末端被来自相邻孔隙含水层的细粒沉积物所密封，各种情况都会形成特定的水质，影响水-岩接触时间的因素还包括水位压力、管道长度、倾角、沉积物的渗透性和水黏度等。

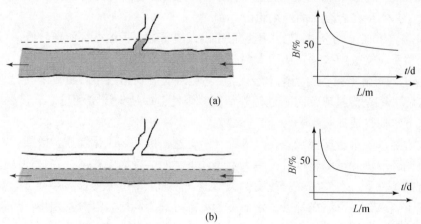

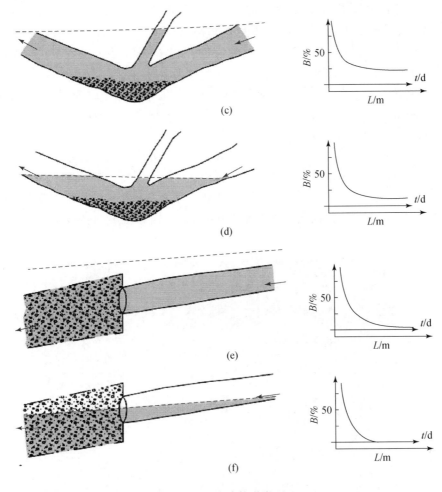

图 3.36 岩溶管道类型

(a) 有压的孔管道；(b) 非承压空管道；(c) 膝弯状有压管道，沉积物部分充填；(d) 非承压膝状管道，沉积物部分充填；(e) 有压管道，与相邻孔隙含水层连通；(f) 非承压虹吸管道，与相邻孔隙含水层连通。右侧图为细菌含量 (B) 对应停留时间 (t) 和管道长度 (L，即输入点和输出点之间的距离) 的衰减百分比

图 3.36 右侧图是各种环境水中细菌浓度的预期下降情况。根据试验确定各种细菌在岩溶环境的生命周期，对确定污染的发生时间极为重要。受环境条件控制，常温条件下，大肠杆菌生命周期最短，为 70~210 天；低温条件下 (4~8℃)，沙门氏菌 (水中污染浓度每升达 10^5 个细菌) 寿命约为 40 天，肠球菌寿命约为 120 天 (水中污染浓度达每升 10^8 个细菌) (Gavich, 1985)。管道内水流流速较低，且水-岩接触时间较长时，可降低系统内细菌浓度。图 3.36 (a) 水质最差，管道内没有沉积物，且处于有压状态。从水体净化角度看，其他各条件下均优于图 3.36 (a)，而水质改善最大甚至能完全消除细菌污染的是图 3.36 (f)——与细粒孔隙沉积物发生侧向联系的非承压虹吸管道，与次生岩溶泉相似，该类型泉多分布于全球各地山脚，以阿尔卑斯山脉地区最为著名，且开发利用程度较高。法国莱芒 (Le Mans) 湖北部边缘的泉，靠近依云 (Evian) 矿泉水水源地，这些泉自湖相-冰川沉积物中出流，部分水流来自相邻的阿尔卑斯高山岩溶区，流域分布高程达到

2000m。每个岩溶含水层都是独一无二的个体,但具备以下共性特征。

可探索性:多数泉,甚至包括深埋虹吸管都可以通过人工或潜水导航设备进行探测,采用新技术手段(扫描仪、声波测井、浮动传感器、纳米技术或其他技术)可追踪主要和次要管道,并确定地下水路径。

时空差异性:岩溶含水层是非均质的各向异性系统,各处特征均不相同。在高渗透性洞穴附近,可能是完全固结的隔水基岩。岩溶含水层系统水流随时间动态变化极大,泉流量在洪水期极大,经长期衰减之后,可能完全干涸。

不可预测性:基于以上时空分布不均匀特征,研究方法不当或研究不充分,会导致很多工程建设失败。在岩溶设施建设之前,必须开展合理的调查和工程设计,以降低风险。

水质优良:以 HCO_3^- 和 Ca^{2+}、Mg^{2+} 为主要离子的低矿化度水是人类的理想水源,灰岩或白云岩含水层可提供这种优质天然水源(图3.37),全球很多未受污染地区,仅采用氯化处理即可供水。

图 3.37 西班牙南部 Sierra delas Nieves 地区 Genal 洞穴泉纯净的低矿化水
水化学变化极大,源自与 B. 安德烈(B. Andreo)的私人通信

脆弱性:由于大型孔洞等水流优先通道内产生紊流,岩溶地下水易受污染,且污染物能快速远距离迁移,受污染风险远高于其他含水层,而更为严重的是岩溶系统稀释能力有限(见第8章和17.1~17.4节)。

审美价值高:岩溶环境中形成了很多自然景观,有些已经得到保护,而很多亟待进一步开展评价,以决定能否列入国际或区域保护名录。

参 考 文 献

Ali SS, Stevanović Z, Jemcov I(2009)The mechanism and influence on karstic spring flow—Sarchinar spring case example, Sulaimaniya, NE Iraq. Iraqi Bull Geol Min Baghdad 5(2):87-100

Atkinson TC(1977)Diffuse flow and conduit flow in limestones terrain in the Mendip Hills, Somerset(GB). J

Hydrol 35:93-110

Bakalowicz M(2005) Karst groundwater:a challenge for new resources. Hydrogeol J 13:148-160

Bonacci O(1987) Karst hydrology with special reference to the Dinaric karst. Springer, Berlin

Bonacci O(1993) Karst spring hydrographs as indicators of karst aquifers. Hydrol Sci J 38(1):51-62

Bonacci O(2007) Analysis of long-term (1878-2004) mean annual discharges of the karst spring Fontaine de Vaucluse(France). Acta Carsologica 36(1):151-156

Bögli A(1980) Karst hydrology and physical speleology. Springer, Berlin

Blavoux B, Mudry J, Puig JM(1992) The karst system of the Fontaine de Vaucluse(Southeastern France). Environ Geol Water Sci 19(3):215-225

Burger A, Dubertret L(eds)(1984) Hydrogeology of karstic terrains. Case histoires. International contributions to hydrogeology, IAH, vol 1. Verlag Heinz Heise, Hannover

Castany G(1984) Hydrogeological features of carbonate rocks. In:LaMoreaux PE, Wilson BM, Memon BA(eds) Guide to the hydrology of carbonate rocks. IHP Studies and reports in hydrology, vol 41. UNESCO, Paris, pp 47-67

Cognard-Plancq AL, Gévaudan C, Emblanch C(2006) Historical monthly rainfall-runoff database on Fontaine de Vaucluse karst system:review and lessons. In:Duran JJ, Andreo B, Carrasco FY(eds) Karst, Cambio Climatico y Aguas Subterraneas. Proceedings of 3rd international symposium on karst "Groundwater in the Mediterranean Countries", Malaga, Spain, IGME Publications, vol 18, pp 465-475

Cvijić J(1918) Hydrographie souterraine et evolution morphologique du karst. Recueil Trav Inst Geogr Alpine, Grenoble 6(4):40

Darcy H(1856) Les fontaines publiques de la ville de Dijon. Dalmont, Paris

Drennig A (1973) Die I. Wiener Hochquellenwasserleitung. Magistrat der Stadt Wien, Abteilung 31—Wasserwerke, Wien, p 303

Drogue C(1982) L'aquifère karstique:un domain perméable original. Le Courier du CNRS, March 1982 44:18-23

Ford D, Williams P(2007) Karst hydrogeology and geomorphology. Wiley, Chichester

Fiorillo F(2011) Tank-reservoir emptying as a simulation of recession limb of karst spring hydrographs. Hydrogeol J 19:1009-1019

Gavich IK(ed)(1985) Metody ohrany podzemnyh vod od zagrjaznenija i istošćenija. Nedra, Moscow

Goldscheider N, Drew D (eds) (2007) Methods in karst hydrogeology. In: International contribution to hydrogeology, IAH, vol 26. Taylor & Francis/Balkema, London

Herak M, Magdalenic A, Bahun S (1981) Karst hydrogeology. In: Halasi Kun GJ (ed) Pollution and water resources. Columbia University seminar series, vol XIV, part 1, Hydrogeology and other selected reports. Pergamon Press, New York, pp 163-178

Issar A(1984) Storage volume in karstic aquifers. In:LaMoreaux PE, Wilson BM, Memon BA(eds) Guide to the hydrology of carbonate rocks. IHP studies and reports in hydrology, vol 41. UNESCO. Paris, pp 264-265

Iurkiewicz A(2003) Analiza sistemică în investigarea hidrodinamică acviferelor carstice(Systemic analysis in hydrodynamic research of karstic aquifers). Ph. D. thesis, University of Bucharest, Bucharest

Jevdjević V(1956) Hydrology, part I(in Serbian). Institute for development of water research"J. Č erni", Belgrade

Kiraly L(2002) Karstification and groundwater flow. In: Gabrovšek F (ed) Evolution of karst: from Prekarst to Cessation. Institut za raziskovanje krasa ZRC SAZU, Postojna—Ljubljana, pp 155-190

Kiraly L, Perrochet P, Rossier Y(1995) Effect of the epikarst on the hydrograph of karst springs: a numerical approach. Bull d'Hydrogéologie 14:199-220

Klimchouk A(2000)The formation of epikarst and its role in vadose speleogenesis. Speleogenesis: evolution of karst aquifers. National Speleological Society Inc., Huntsville, pp 91-99

Komatina M(1983)Hydrogeologic features of Dinaric karst. In: Mijatovic B(ed)Hydrogeology of the Dinaric karst, Field trip to the Dinaric karst, Yugoslavia, 15-28 May 1983. "Geozavod" and SITRGMJ, Belgrade, pp 45-58

Krešić N(2007)Hydrogeology and groundwater modeling. CRC Press, Taylor & Francis Group, Boca Raton

Krešić N(2010) Types and classification of springs. In: Kresic N, Stevanović Z(eds)Groundwater hydrology of springs. Engineering, theory, management and sustainability. Elsevier Inc., Amsterdam, pp 31-85

Krešić N(2013)Water in karst. Management, vulnerability and restoration. McGraw Hill, New York

Krešić N, Mikszewski A(2013)Hydrogeological conceptual site model: data analysis and visualization. CRC Press, Boca Raton

Langmuir D(1984) Physical and chemical characteristics of carbonate water. In: LaMoreaux PE, Wilson BM, Memon BA(eds)Guide to the hydrology of carbonate rocks. IHP studies and reports in hydrology, vol 41. UNESCO. Paris, pp 264-265

LaMoreaux PE, Wilson BM, MemonBA(eds)(1984)Guide to the hydrology of carbonate rocks. IHP studies and reports in hydrology, vol 41. UNESCO, Paris

Lerner DN, Issar AS, Simmers I(eds)(1990) Groundwater recharge. A guide to understanding and estimating natural recharge. International contributions to hydrogeology, IAH, vol 8. Verlag Heinz Heise, Hannover

Maillet E(ed)(1905)Essais d'hydraulique soutarraine et fluviale. Herman et Cie, Paris 1: 218

Mangin A (1974) Contribution a l'étude hydrodynamique des aquifères karstiques, 2eme partie. Concept méthodologiques adoptés. Systèmes karstiques étudiés. Ann Spéléol 29(4): 495-601

Mangin A(1975) Contribution a l'étude hydrodynamique des aquifères karstiques, 3eme partie. Constitution et functionnement des aquifères karstiques. Ann Spéléol 30(1): 21-124

Mangin A(1984) Pour une meilleure connaissance des systèmes hydrologiques à partir des analyses corrélatoire et spectrale. J Hydrol 67: 25-43

Marsaud B(1997) Structure et fonctionnement de la zone noyée des karsts à partir des résultats expérimentaux (Structure and functioning of the saturated zone of karsts from experimental results). Documents du BRGM 268, Editions de BRGM, Orleans

Meinzer OE(1923a) Outline of groundwater hydrology with definitions. USGS water supply paper, 494, p 71

Meinzer OE(1923b) The occurrence of ground water in the United States. USGS water supply paper, 489

Mijatović B (1968) Metoda ispitivanja hidrodinamičkog režima kraških izdani pomoću analize krive pražnjenja i fluktuacije nivoa izdani u recesionim uslovima(Method of hydrodynamic analyses of karst aquifer regime based on discharge and groundwater fluctuation curves from recession periods). Vesnik Geozavoda, ser. B, vol 8, Belgrade

Milanović P(1981) Karst hydrogeology. Water Resources Publications, Littleton

Milanović P(1984) Water resources engineering in karst. CRC Press, Boca Raton

Milanović P(2006) Karst of eastern Herzegovina and Dubrovnik littoral. ASOS, Belgrade

Milanović S(2007) Hydrogeological characteristics of some deep siphonal springs in Serbia and Montenegro karst. Environ Geol 51(5): 755-760

Oraseanu I, Iurkiewicz A(2010) Karst hydrogeology of Romania. Belvedere Publ., Oradea

Padilla A, Pulido-Bosch A, Mangin A(1994) Relative importance of baseflow and quickflow from hydrographs of karst spring. Ground Water 32(2): 267-277

Padilla A, Pulido-Bosch A (1995) Study of hydrographs of karstic aquifers by means of correlation and crossspectral analysis. J Hydrol 168:73-89

Palmer AN, Palmer MV, Sasowsky ID(eds) (1999) Karst modeling. Special Publication 5, Karst Water Institute, Charles Town, WV

Panagopoulos G, Lambrakis N (2006) The contribution of time series analysis to the study of the hydrodynamic characteristics of the karst systems: application on two typical karst aquifers of Greece(Trifilia, Almyros Crete). J Hydrol 329:368-376

Parizek R(1976) O prirodi i značaju tragova i površinskih obilježja lomova u karbonatnim i drugim terenima(On nature and importance of traces and surficial records of fractures in carbonate and other terrains). In: Hydrology and water richness of karst. Proceedings of the Yugoslav—American symposium, Dubrovnik, June 1975. Zavod za hidrotehniku Gradjevinskog fakulteta, Sarajevo, pp 39-79

Pekaš Ž (unpublished) Hydrogeological overview. In: Transboundary diagnostic analysis country report, Croatia. http://dinaric.iwlearn.org/. Accessed 20 Dec 2013

Perrin J, Jeannin PY, Zwahlen F(2003) Epikarst storage in a karst aquifer: a conceptual model based on isotopic data, Milandre test site. Switz J Hydrol 279:106-124

Petrič M (2002) Characteristics of recharge—discharge relations in karst aquifer. Carsologica, Institut za raziskovanje krasa ZRC SAZU, Postojna, Ljubljana

Petrik M(1976) Karakteristike voda na Dinarskom kršu(Water characteristics in Dinaric karst) In: Hydrology and water richness of karst. Proceedings of the Yugoslav—American symposium, Dubrovnik, June 1975. Zavod za hidrotehniku Gradjevinskog fakulteta, Sarajevo, pp 30/1-30/9

Poiseuille JML (1846) Recherches expérimentales sur le mouvement des liquides dans les tubes de très petits diameters. Académie des Sci Paris Memoir Sav Etrang 9:433-545

Radovanović S(1897) Podzemne vode; Izdani, izvori, bunari, terme i mineralne vode(Ground waters; aquifers, springs, wells, thermal and mineral waters), vol 42. Srpska književna zadruga. Belgrade, p 152

Raeisi E(2010) Sheshpeer spring, Iran. In: Kresic N, Stevanović Z(eds) Groundwater hydrology of springs. Engineering, theory, management and sustainability. Elsevier Inc., Amsterdam, pp 516-525

Sharp JJ, Garcia-Fresca B (2004) Urban implications on groundwater recharge in Austin, Texas (USA). In: Proceedings of XXXIII IAH congress "Groundwater flow understanding from local to regional scale". Zacatecas, published on CD—T5-31

Stevanović Z (2010a) Regulacija karstne izdani u okviru regionalnog vodoprivrednog sistema "Bogovina" (Management of karstic aquifer of regional water system "Bogovina", Eastern Serbia). University of Belgrade, Faculty of Mining and Geology, Belgrade

Stevanović Z(2010b) Utilization and regulation of springs. In: Kresic N, Stevanović Z(eds) Groundwater hydrology of springs. Engineering, theory, management and sustainability. Elsevier Inc. BH, Amsterdam, pp 339-388

Stevanović Z (2011) Annual consultancy report for 2011. DIKTAS project documents. http://dinaric.iwlearn.org/. Accessed 16 Nov 2013

Stevanović Z, Papic P (2008) The origin of groundwater. In: Dimkić M, Brauch HJ, Kavanaugh M (eds) Groundwater management in large river basins. IWA Publishing, London, pp 218-246

Stevanović Z, Iurkiewicz A(2009) Groundwater management in Northern Iraq. Hydrogeol J 17(2):367-378

Stevanović Z, Milanović S, Ristić V(2010) Supportive methods for assessing effective porosity and regulating karst aquifers. Acta Carsologica 39(2):313-329

Stevanović Z, Ristić Vakanjac V, Milanović S(eds) (2012a) Climate changes and water supply. Monograph. SE Europe cooperation programme. University of Belgrade, Belgrade, p 552

Stevanović Z, Balint Z, Gadain H, Trivić B, Marobhe I, Milanović S et al(2012b) Hydrogeological survey and assessment of selected areas in Somaliland and Puntland. Technical report no. W-20, FAO-SWALIM(GCP/SOM/049/EC) Project, Nairobi. http://www.faoswalim.org/water_reports

Theis CV(1935) The relation between lowering of the piezometric surface and rate and duration of a discharge of a well using ground-water storage. Trans Am Geophys Union 16:519-524

Torbarov K(1976) Proračun provodljivosti i efektivne poroznosti u uslovima krša na bazi analize krive recesije(A calculation of permeability and effective porosity in karst on the basis of recession curve analysis). In:Hydrology and water richness of karst. Proceedings of the Yugoslav—American symposium, Dubrovnik, June 1975. Zavod za hidrotehniku Gradjevinskog fakulteta, Sarajevo, pp 97-106

Tóth J (1999) Groundwater as a geologic agent: an overview of the causes, processes, and manifestations. Hydrogeol J 7:1-14

Tóth J (2009) Gravitational systems of groundwater flow theory, evaluation, utilization. Cambridge University Press, Cambridge

Trček B(2003) Epikarst zone and the karst aquifer behaviour: a case study of the Hubelj catchment, Slovenia. Geološki zavod Slovenije, Ljubljana

Vlahović V(1975) Karst Nikšićkog Polja i njegova hidrogeologija(Hydrogeology of karst of the Nikšićko Polje). Društvo za nauku i umjetnost Crne Gore, Podgorica

Water Framework Directive WFD of the European Union (2000) Act 2000/60/EC. Official J EU, L 327/1, Brussels. http://ec.europa.eu/environment/water/water-framework/. Accessed 14 Jan 2014

White WB(1969) Conceptual models for carbonate aquifers. Ground Water 7(3):15-21

Williams PW(1983) The role of the subcutaneous zone in karst hydrology. J Hydrol 61:45-67

Williams PW(2008) The role of the epikarst in karst and cave hydrogeology: a review. Int J Speleol 37(1):1-10

Worthington SRH, Ford D(2009) Self-organized permeability in carbonate aquifers. Ground Water 47(3):319-320

Younger P(2007) Groundwater in the environment: an introduction. Blackwell Publishing, Malden, MA

Zötl JG(1974) Karsthydrogeologie. Springer, New York

第4章　岩溶水文地质学方法回顾

尼科·戈德沙伊德（Nico Goldscheider）

4.1　岩溶含水层的双重性与调查方法

与孔隙介质相比，岩溶含水层具有完全不同的水力结构和行为特征，因此，需要采用特殊的调查方法（Goldscheider and Drew，2007）。如第3章所述，岩溶含水层具有极高的非均质性和不连续性，导致其补给、入渗、孔隙、水流和储存具有双重性（Bakalowicz，2005；Ford and Williams，2007）。补给包括来自岩溶区的内源补给，或相邻非岩溶区的外源补给。入渗包括土壤和表层岩溶带的分散入渗，或通过漏斗、落水洞的集中入渗。岩溶含水层具有双重或三重孔隙度，包括粒间孔隙和裂隙（通常总称为基质孔隙）以及溶蚀管道。管道和洞穴网络内水流通常为快速紊流，而基质水流一般为慢速线性水流（图4.1）。基质和管道均可储水，但基质水流比管道水流的滞留时间多几个数量级（Kovacs et al.，2005）。

图4.1　法国侏罗山 Cirque de Consolation 岩溶泉反映岩溶的双重性
管道内快速紊流，而相邻基岩中孔隙度和渗透性极低。这种双重性需要采用双重调查方法

选择合适的调查方法时，必须考虑岩溶系统的非均质性和双重性特征。岩溶系统的多数调查方法与孔隙介质水文地质学方法并无本质不同，但需要对具体方法的应用、组合以及成果解译进行针对性调整。

岩溶含水层的双重性（基质和管道）也导致调查方法的双重性：人工示踪试验是研究管道网络快速水流要素的理想工具（Goldscheider et al.，2008），而稳定或放射性同位素等天然示踪剂可以获取基质中慢速长期储存水流的信息（Geyer et al.，2008；Maloszewski et al.，2002）。

岩溶系统水力结构产生高度变异性，岩溶系统通常对降雨或融雪过程产生快速而强烈的响应。管道内水位或水头变幅可达数十米，甚至超过100m。据记录，管道水流流速变幅可达数十倍，岩溶泉流量也发生急剧变化。对岩溶泉而言，数小时或数天内流量变化超过几个数量级是普遍现象。伴随着水位、流量变化，岩溶地下水或泉水的物理、化学和微生物组分也呈现出显著变化（Ravbar et al.，2011）。

这种变化给岩溶水资源开发利用和管理带来了巨大挑战，也需要对其方法进行调整。单一的观测永远不足以刻画岩溶系统特征。水位、泉流量和水质持续监测是必不可少的岩溶研究手段。只有持续、长期和基于降雨等事件的观测才可能捕捉岩溶系统动态（Pronk et al.，2006；Savoy et al.，2011）。因此，岩溶系统研究中，需对监测和取样方法进行必要的调整。同样原因，应该在不同水流条件下重复应用示踪试验、水均衡分析以及其他方法，以获取系统水流流速、流向和分水岭的变化情况（Göppert and Goldscheider，2008）。

以下各节回顾了岩溶含水层系统结构、水力双重性和动力学的研究方法。数值模型和其他数学方法在第10章以及其他综述性论文（Hartmann et al.，2014）和文献（Kovacs and Sauter，2007）章节介绍。本章重点介绍针对岩溶环境下的各种试验和现场调查方法，以及对各方法的调整与联合应用。更多水文地质学方法参见Fetter（2001）等参考书。

4.2 岩溶水文地质学方法汇总

岩溶水文地质学适用的方法包括地质学、地球物理学、洞穴学、水文学和水力学、示踪试验方法（同位素、水化学参数等天然示踪剂以及人工示踪试验）（Goldscheider and Drew，2007）。如何选择合适的方法与方法组合，取决于实际需求或科学研究的需要，也取决于前期认知水平，还包括时间、经济、人工和设施的可行性。以下各节简短介绍岩溶水文地质学中最重要的方法，同时讨论各方法的优势、应用领域和局限性（见表4.1）。

表4.1 岩溶水文地质学方法总结（根据Goldscheider and Drew，2007修改）

方法组合	应用领域和优势	不足和缺陷
地质学方法	含水层系统外部和内部结构	地质数据与地下水流并不总是直接相关
	潜在水流通道的分布和特征	深部和承压环境的数据可靠性有限
	潜在水力属性，如岩溶化和孔隙度	
地球物理方法	确定地质构造和覆盖层厚度	通常不是地下水的直接清晰数据
	定位裂隙区和其他优先水流通道	结果非唯一性
	比钻探成本低	分辨率随深度增加而降低
	可获取大范围的数据	噪声问题和各种方法的局限性

续表

方法组合	应用领域和优势	不足和缺陷
洞穴学方法	过去和现代管道网络的定位和测绘 在含水层内部开展直接观测和试验 掌握岩溶系统的时间演化	很多情况下，仅可进入管道系统的局部，不具备代表性
水文学方法	建立输入、输出、储存之间的动态水均衡 建立泉流量水文曲线，刻画系统行为特征	由于要素未知和流域边界复杂，水均衡通常存在问题
水力学方法	确定水力参数和边界条件 确定给水流流向和水位变动情况	水力特征的尺度效应导致数据代表性有限 传统水力学方法以线性（达西）流假设为基础
水化学方法	水质和污染问题信息 作为水流来源、运移和混合过程以及水岩交互作用的天然示踪剂	具有时间变异性，需要开展基于事件的采样或持续监测
同位素方法	作为水流来源、运移和混合过程以及水岩交互作用的天然示踪剂 确定水流的滞留时间和水的年龄	通常无法精确了解时空输入函数 数据解译成果非唯一性
人工示踪试验	确定连通性和线性水流流速 确定流域范围 污染物传输信息 信息通常极为可靠、精确和唯一	成果解译非唯一性 不适用于传输时间较长的区域系统 某些示踪剂颜色可见或有毒性

4.3 地质学和地球物理学方法

由于地层序列和地质结构决定了岩溶含水层系统的外部边界和内部结构，岩溶水资源评价和管理需要详细掌握地质背景。裂隙和褶皱轴通常决定了洞穴结构和岩溶水流通道。每一个水文地质概念模型和数值模型需要以地质模型作为基础，因此，地质图和剖面图是岩溶水文地质学调查研究的必要基础。多数情况下，必须根据地质野外工作目标对现有地质信息进行补充完善。岩溶区的地质学方法和传统地质学方法相近，在此不赘述，读者可以参考 Goldscheider 和 Andreo（2007）。

在深部和承压岩溶水文地质环境下，以及在缺少天然基岩露头的低地区，必须通过钻孔获取直接的地质信息。然而，钻孔成本昂贵，需要大量钻孔定位确定管道或裂隙区等线性要素时，地球物理方法将发挥作用。

勘探地球物理学是无须开挖或钻探即可透视地球内部的科学（Bechtel et al.，2007）。地球物理方法可以帮助建立岩溶系统地质结构，也可以用于确定裂隙区或大型管道等水力学相关构造。

重力法、电阻率法、声波波速法等不同地球物理学方法测定不同的物理属性。地球物理方法可以归类为主动方法和被动方法，被动方法利用已有的地球物理场，如地球天然重力场；而主动方法向地球输入信号，如爆炸产生的地震波。

地球物理探测异常可以解译为地质非均质性和结构，这种所谓的数据反演代表了所有地球物理调查的主要工作步骤和挑战。非唯一性是地球物理数据反演的关键问题：不同地质非均质性可以产生相同的地球物理异常，这意味着任何观探测异常都可以用各种不同的方法来解释。克服非唯一性的方法包括联合应用多种地球物理方法，或通过精选的少量钻孔对解译成果加以验证。地球物理方法另一普遍性问题是在调查深度和分辨率之间权衡：深度越大，分辨率越低。地球物理方法与详细钻孔勘探相比，主要优点是能快速、低成本覆盖调查场地。尽管钻探可以提供有限点位的精确但昂贵的数据，但地球物理可以提供更大范围的低廉但精度较低的数据。在岩溶区，地球物理方法特别适用于确定钻井定位和覆盖层厚度制图，也可用于岩土工程勘察，如确定建筑用地下部分的潜在落水洞危害(Bechtel et al., 2007)。

Bechtel 等（2007）总结了大量的岩溶地球物理方法。地震方法包括测量和评估不同类型声波的传输时间。地震波折射特别适用于确定覆盖层厚度分布图，地震波反射法通常用于油气勘探和提供地下深部构造的详细图像。

重力法需要精确的位置控制和各种校正。微重力法适用于岩溶区，如探测重力负异常的地下洞穴，或沉积覆盖层之下重力正异常的基岩凸起。

电法和电磁法包括很多方法，尽管各种方法的运行规则各有差异，但均对地下电性和/或磁性敏感（Bechtel et al., 2007）。在岩溶和地下水研究中，这些方法特别适用于探测孔隙度、饱水度和水化学差异产生的电阻率异常。应用实例包括确定海岸带含水层咸水–淡水界面、定位裂隙区或洞穴等。

钻孔地球物理方法（测井）是钻孔分析必不可少的补充方法。利用钻孔岩心可以详细分析岩石学、矿物学、地球化学和古生物学信息，而钻孔地球物理方法可以研究更多的现场地下物理属性信息。温度测井是一种简单的钻孔地球物理方法，与之相关的地下属性无法通过钻孔岩心获取。Bechtel 等（2007）总结了岩溶和水文地质学研究的钻孔地球物理方法及其适用性。

4.4　洞穴学方法

洞穴提供了进入岩溶系统含水层包气带，并直接观测研究水流及其传输的机会(Jeannin et al., 2007)。很多可进入的洞穴代表了排泄网络不再活跃的古老部分，而大部分活跃水流系统通常发育在深部饱水管道，仅有潜水员可以进入，有些部位太过狭窄，人无法进入（Palmer, 1991）。此外，洞穴探险揭示了大量岩溶系统信息，逐渐成为岩溶水文地质调查的宝贵信息。尽管存在上述重要限制因素，洞穴学家可以精细制图，详细描述岩溶管道的几何结构。

4.5　水文学和水力学方法

水文学方法主要用于建立定量的动态水均衡（Groves, 2007）。水均衡的一般形式如下：
$$输入 = 输出 \pm 储存 \tag{4.1}$$

定量化岩溶含水层系统的输入要素需考虑补给的双重性，需要同时监测土壤的分散补给和落水洞的集中补给。前者主要取决于降雨和融雪，但是必须考虑在土壤和雪堆中的水流储存以及蒸腾耗损；后者可以通过在伏流开展水流持续监测确定。输出要素定量化可以通过在泉口开展持续流量监测确定。然而，很多情况下，并不是所有的地下水流都流向监测泉点，而是流向相邻地表水或其他含水层。这些情况下，水均衡难度加大，需要更为复杂的水文地质学方法（详见第6章讨论）。水流可以储存于水文系统的很多部位，如土壤、非饱和带或含水层，因此需要更多不同的方法加以确定。含水层内各种储量可以通过观测井和测压计观测水位确定（水力学方法，见下文）。

岩溶泉的持续流量观测不仅可以建立动态水均衡，还可以建立岩溶水文地质学研究最重要的工具——水文曲线，与水化学曲线（各种物理化学参数或化学参数的时间序列）联合运用（Grasso and Jeannin，2002；Hartmann et al.，2013），可以刻画岩溶系统的整体特征（Kovacs and Perrochet，2008），并更好地了解岩溶系统在洪水过程（Winston and Criss，2004）或旱季（Fiorillo，2009）的行为特征。

流网是地下水流的二维表达形式，由等势线和流线构成。实际的地下水流一般是三维过程，以等势面和流线表达（Fetter，2001）。等势面由水头相等的各点位构成，可以通过测压计观测。然而，由于岩溶含水层具有非均质性、水力不连续性和各向异性，很难建立有意义的流网或流场。因此，岩溶含水层测压数据解译和流网建立需要加倍小心，预测水流流向必须经过示踪试验检验，并且还需对照地质和洞穴信息。

钻孔水力学方法，包括抽水试验和微水试验，是定量确定冲积物含水层水力特性（导水系数和储水性）以及水力学边界条件的重要方法。在岩溶区开展水力学试验，必须对操作方法和成果解译进行针对性改进（Kresic，2007）。例如，岩溶含水层抽水试验的时间降深曲线通常表现为离散岩溶裂隙或层面连续排水产生的特征性过程。抽水井附近的充水岩溶管道可以产生准稳态条件，类似于冲积含水层的等水位边界（湖泊或河流）（图4.2）。

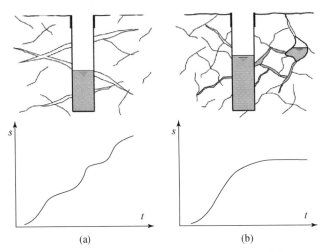

图4.2 岩溶含水层抽水试验的典型时间（t）-降深（s）曲线（未按比例）
(a) 3个分散岩溶裂隙或层面连续排水形成的阶梯曲线；(b) 邻近充水岩溶管道产生的准稳态条件
[根据 Kresic，2007 修改，版权：伦敦巴尔克马（Balkema）地区泰勒-弗朗西斯出版集团]

4.6 水化学和同位素方法

水化学和同位素方法既可以用于解决水质和污染问题，也可以作为"天然示踪剂"，确定含水层系统水流传输时间、不同类型水流来源和混合过程以及水文学或生物地球化学过程。由于岩溶系统具有高度变异性，最好是采用持续监测或基于事件的高频率取样。Hunkeler 和 Mudry（2007）将参数分为 5 类：降雨相关参数、土壤相关参数、碳酸盐岩相关参数、其他类型岩石相关参数和人为来源组分。岩溶泉的物理化学和水化学参数监测的主要成果是所谓的水化学曲线。如上所述，水化学曲线与水文曲线联合应用，可获取岩溶系统的行为特征，特别是对集中降雨事件或旱灾的响应过程（Grasso et al., 2003；Raeisi et al., 2007）。

稳定和放射性同位素通常用作岩溶水文地质学的天然示踪剂（Criss et al., 2007）。氚（D 或 ^{2}H）和 ^{18}O 是最重要的降雨相关参数。将降雨与岩溶泉的 D、^{18}O 季节性变化进行对比，可以定量确定平均传输时间（Maloszewski et al., 2002）。氚的半衰期为 12.3 年，可以确定地下水的年龄。其他放射性同位素，如氡可以定量确定排泄区的混合过程（Eross et al., 2012）或用作其他目的。上文提及的各种水化学参数也具有类似作用。

4.7 人工示踪试验方法

采用荧光染料等人工示踪剂开展示踪试验，是岩溶含水层系统调查的主要方法，该方法可以确定落水洞和泉之间或洞穴系统内部的连通性，确定岩溶泉域范围、线性流速和其他相关参数，获取污染物传输和净化过程信息等（Benischke et al., 2007；Goldscheider et al., 2008）。

示踪试验的基本原理很简单：在特定的时间和地点，将某种特定物质（如人工示踪剂）注入水文地质系统，在其他位置，一般是泉点或抽水井，监测示踪剂到达情况。与大多数其他水文地质学方法不同，示踪试验不是提供间接信息，而是提供地下连通的清晰定量证据。示踪试验可应用于所有类型的水文（地质）环境，但特别适用于地下径流通道长、复杂且难以预测的岩溶含水层，管道网络的水流速度快，难以合理确定采样周期（Benischke et al., 2007；Goldscheider et al., 2008）。

很多物质可以作为人工示踪剂（Käss, 1998），但是有些特定的荧光染料由于其优良特性，是目前最重要的水文地质示踪剂，如：极低的检出限，在自然水体中缺失，试验用量较少；水溶性强；对人和环境无毒性；多数性质保守，也就是微生物学和化学性质稳定。最好的且最重要的荧光染料包括荧光素钠、氨基罗丹明 G、曙红和萘磺酸钠；硫罗丹明 B 也是一种很好的水示踪剂，但具有生态毒理学限制。荧光素钠的检出限低至 0.005μg/L，这也意味着投入量 10～100g 就足以开展径流距离数千米的大型示踪试验（Goldscheider et al., 2008）。

盐也可以作为人工示踪剂，然而，盐在水流中存在天然背景值，而且检出限远高于荧光染料，因此，在远距离示踪试验需要注入大量食盐（>100kg）。不同类型的颗粒物，如胶体和微生物物质（噬菌体），也可以作为水示踪剂（Goldscheider et al., 2007），本节仅关注荧光染料应用。

在泉点或其他观测位置对注入示踪剂开展取样监测，主要包括三种方法：综合采样、离散采样和连续监测。使用荧光染料时，综合采样可以在水中放置木炭包接收器，一般以数天为采样周期。荧光染料在木炭中累积，随后在实验室中洗脱并分析。该项技术成本低廉，且节约时间，但只能提供是或否的定性结果。因此，可用于大量的小型采样点，如重要性较低的小型泉点。

分散取样是指以指定的时间间隔人工或自动取样。样品在实验室中定量分析，提供系列的时间浓度数据。该取样方法极为可靠，且可重复，但需要耗费大量的人工或自动取样器。

采用野外荧光计持续监测荧光示踪剂，有不同的型号可供选择，如最多有四个光学通道的井下或流动式荧光计，可以同时监测几种荧光示踪剂和浊度变化（Schnegg, 2002）。紫外通道也可以监测有机碳（Pronk et al., 2006）。示踪试验的主要成果是示踪剂对应时间的穿透曲线（BTC）（图4.3）。对于确定地下连通性而言，一个记录完备的穿透曲线比单个木炭包或少量水样的分析成果能提供更有说服力的证据。此外，通过穿透曲线可以直接获取很多水流和传输相关参数，如示踪剂首次到达时间、峰值时间和最大浓度。浓度可以按绝对值（如μg/L）绘制曲线，或者在多示踪剂试验中，将浓度与注入总量进行归一化，以便进行穿透曲线对比。

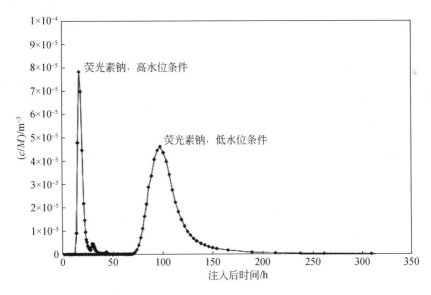

图4.3 对同一管道系统在低水位和高水位条件下开展示踪试验的穿透曲线

反映岩溶含水层水流流速和稀释作用的变化。浓度（c）已与注入总量（M）进行归一化，以便进行明确对比（Göppert and Goldscheider, 2008）

投入点与取样点之间的线性距离除以相应的传输时间即可求取线性流速。示踪剂回收率可按下式计算：

$$M_{\mathrm{R}} = \int_{t=0}^{\infty} (Q \cdot c) \mathrm{d}t$$

式中，M_{R} 为示踪剂回收量；Q 为天然流量或抽水流量；c 为浓度，t 为时间。

采用各种分析、随机或数值模拟方法，可以获取更多传输参数。一般程序是将理论穿透曲线与实测数据拟合（最佳拟合与反向模拟）。最传统的方法是一维 ADM（Kreft and Zuber，1978），该模型也可以预测示踪剂传输过程（正演模拟），因此可以确定最佳注入量和采样方案（Field，2003）。一些计算机代码可用于直接和反向模拟示踪剂传输过程，如 CXTFIT（Toride et al.，1999）。

参 考 文 献

Bakalowicz M(2005)Karst groundwater：a challenge for new resources. Hydrogeol J 13：148-160

Bechtel TD, Bosch FP, Gurk M(2007)Geophysical methods. In：Goldscheider N, Drew D(eds)Methods in karst hydrogeology. International Contribution to Hydrogeology, IAH, vol 26. Taylor and Francis/Balkema, London, pp 171-199

Benischke R, Goldscheider N, Smart CC(2007)Tracer techniques. In：Goldscheider N, Drew D(eds)Methods in karst hydrogeology. International Contribution to Hydrogeology, IAH, vol 26. Taylor and Francis/Balkema, London, pp 147-170

Criss R, Davisson L, Surbeck H, Winston W(2007)Isotopic methods, In：Goldscheider N, Drew D(eds.), Methods in karst hydrogeology. International Contribution to Hydrogeology, IAH, vol 26. Taylor and Francis/Balkema, London, pp 123-145

Eross A, Madl-Szonyi J, Surbeck H, Horvath A, Goldscheider N, Csoma AE(2012)Radionuclides as natural tracers for the characterization of fluids in regional discharge areas, Buda Thermal karst, Hungary. J Hydrol 426：124-137

Fetter CW(2001)Applied hydrogeology, 4th edn. Prentice Hall, Upper Saddle River

Field MS(2003)A review of some tracer-test design equations for tracer-mass estimation and sample-collection frequency. Environ Geol 43：867-881

Fiorillo F(2009)Spring hydrographs as indicators of droughts in a karst environment. J Hydrol 373：290-301

Ford D, Williams P(2007)Karst hydrogeology and geomorphology. Wiley, Chichester

Geyer T, Birk S, Liedl R, Sauter M(2008)Quantification of temporal distribution of recharge in karst systems from spring hydrographs. J Hydrol 348：452-463

Goldscheider N, Andreo B(2007)The geological and geomorphological framework, In：Goldscheider N, Drew D (eds.)Methods in karst hydrogeology. International Contribution to Hydrogeology, IAH, vol 26. Taylor and Francis/Balkema, London, pp 9-23

Goldscheider N, Drew D(eds)(2007)Methods in karst hydrogeology. International Contribution to Hydrogeology, IAH, vol 26. Taylor and Francis/Balkema, London

Goldscheider N, Haller L, Poté J, Wildi W, Zopfi J(2007)Characterizing water circulation and contaminant transport in Lake Geneva using bacteriophage tracer experiments and limnological methods. Environ Sci Technol 41：5252-5258

Goldscheider N, Meiman J, Pronk M, Smart C(2008)Tracer tests in karst hydrogeology and speleology. Int J Speleol 37：27-40

Göppert N, Goldscheider N (2008) Solute and colloid transport in karst conduits under low-and high-flow conditions. Ground Water 46:61-68

Grasso DA, Jeannin PY (2002) A global experimental system approach of karst springs' hydrographs and chemographs. Ground Water 40:608-617

Grasso DA, Jeannin PY, Zwahlen F (2003) A deterministic approach to the coupled analysis of karst springs' hydrographs and chemographs. J Hydrol 271:65-76

Groves C (2007) Hydrological methods, In: Goldscheider N, Drew D (eds) Methods in karst hydrogeology. International Contribution to Hydrogeology, IAH, vol 26. Taylor and Francis/Balkema, London, pp 45-64

Hartmann A, Goldscheider N, Wagener T, Lange J, Weiler M (2014) Karst water resources in a changing world: review of hydrological modeling approaches. Rev Geophys 52(3):218-242

Hartmann A, Weiler M, Wagener T, Lange J, Kralik M, Humer F, Mizyed N, Rimmer A, Barbera JA, Andreo B, Butscher C, Huggenberger P (2013) Process-based karst modelling to relate hydrodynamic and hydrochemical characteristics to system properties. Hydrol Earth Syst Sci 17:3305-3321

Hunkeler D, Mudry J (2007) Hydrochemical methods. In: Goldscheider N, Drew D (eds) Methods in karst hydrogeology. International Contribution to Hydrogeology, IAH, vol 26. Taylor and Francis/Balkema, London, pp 93-121

Jeannin PY, Eichenberger U, Sinreich M, Vouillamoz J, Malard A, Weber E (2013) KARSYS: a pragmatic approach to karst hydrogeological system conceptualisation. Assessment of groundwater reserves and resources in Switzerland. Environ Earth Sci 69:999-1013

Jeannin PY, Groves C, Häuselmann P (2007) Speleological investigations, In: Goldscheider N, Drew D (eds) Methods in karst hydrogeology. International Contribution to Hydrogeology, IAH, vol 26. Taylor and Francis/Balkema, London, pp 25-44

Käss W (1998) Tracing technique in geohydrology. Balkema, Brookfield, p 581

Kovacs A, Perrochet P (2008) A quantitative approach to spring hydrograph decomposition. J Hydrol 352:16-29

Kovacs A, Perrochet P, Kiraly L, Jeannin PY (2005) A quantitative method for the characterisation of karst aquifers based on spring hydrograph analysis. J Hydrol 303:152-164

Kovacs A, Sauter M (2007) Modelling karst hydrodynamics. In: Goldscheider N, Drew D (eds.) Methods in karst hydrogeology. International Contribution to Hydrogeology, IAH, vol 26. Taylor and Francis/Balkema, London, pp 201-222

Kreft A, Zuber A (1978) Physical meaning of dispersion equation and its solution for different initial and boundary conditions. Chem Eng Sci 33:1471-1480

Kresic N (2007) Hydraulic methods. In: Goldscheider N, Drew D (eds.) Methods in karst hydrogeology. International Contribution to Hydrogeology, IAH, vol 26. Taylor and Francis/Balkema, London, pp 65-91

Lauber U, Ufrecht W, Goldscheider N (2014) Spatially resolved information on karst conduit flow from in-cave dye tracing. Hydrol Earth Syst Sci 18:435-445

Maloszewski P, Stichler W, Zuber A, Rank D (2002) Identifying the flow systems in a karstic-fissured-porous aquifer, the Schneealpe, Austria, by modelling of environmental O-18 and H-3 isotopes. J Hydrol 256:48-59

McDonald J, Drysdale R (2007) Hydrology of cave drip waters at varying bedrock depths from a karst system in southeastern Australia. Hydrol Process 21:1737-1748

Palmer AN (1991) Origin and morphology of limestone caves. Geol Soc Am Bull 103:1-21

Pronk M, Goldscheider N, Zopfi J (2006) Dynamics and interaction of organic carbon, turbidity and bacteria in a karst aquifer system. Hydrogeol J 14:473-484

Pronk M, Goldscheider N, Zopfi J(2007)Particle-size distribution as indicator for fecal bacteria contamination of drinking water from karst springs. Environ Sci Technol 41:8400-8405

Pronk M, Goldscheider N, Zopfi J, Zwahlen F(2009)Percolation and particle transport in the unsaturated zone of a karst aquifer. Ground Water 47:361-369

Raeisi E, Groves C, Meiman J(2007)Effects of partial and full pipe flow on hydrochemographs of Logsdon river, Mammoth Cave Kentucky USA. J Hydrol 337:1-10

Ravbar N, Engelhardt I, Goldscheider N(2011)Anomalous behaviour of specific electrical conductivity at a karst spring induced by variable catchment boundaries:the case of the Podstenjsek spring, Slovenia. Hydrol Process 25:2130-2140

Savoy L, Surbeck H, Hunkeler D(2011)Radon and CO_2 as natural tracers to investigate the recharge dynamics of karst aquifers. J Hydrol 406:148-157

Schnegg PA(2002)An inexpensive field fluorometer for hydrogeological tracer tests with three tracers and turbidity measurement. In: XXXII IAH and ALHSUD congress Groundwater and human development, Oct 2002, Balkema, Rotterdam, Mar del Plata, Argentina, pp 1484-1488

Smart CC(1983)The hydrology of the Castleguard karst, Columbia Icefields, Alberta, Canada. Arct Alp Res 15:471-486

Smart CC(1988)Artificial tracer techniques for the determination of the structure of conduit aquifers. Ground Water 26:445-453

Toride N, Leij FJ, van Genuchten MT(1999)The CXTFIT code for estimating transport parameters from laboratory or field tracer experiments. US Salinity Laboratory, USDA, ARS, Riverside

Winston WE, Criss RE(2004)Dynamic hydrologic and geochemical response in a perennial karst spring. Water Resour Res 40(W05106):11

中 篇
岩溶含水层调控与保护的工程问题

第5章 岩溶区地表水和地下水

奥格年·博纳奇（Ognjen Bonacci）

5.1 引　言

　　岩溶通常是指灰岩或白云岩等碳酸盐岩地区因溶解作用形成的地貌，发育落水洞、伏流、封闭洼地、地下河和洞穴等典型形态（Field，2002）。岩溶区地表通常分布大量的封闭洼地，地下充分发育水流系统，地表水和地下水发生强烈的相互作用。与非岩溶区相比，岩溶区渗透率极高，特别是裸露型岩溶区，很少分布地表水流。

　　碳酸盐岩比其他岩类更易溶解，受风化作用和碳酸盐岩溶蚀等一系列地貌作用控制，各种壮观的地表形态对难以预测的地下管道、裂隙和洞穴可起到指示作用，但有时地表也会完全缺乏岩溶地貌显示。岩溶作用是受自然因素和人为干预控制的持续性过程，岩溶系统随时空发生快速变化，每个系统都各具特征，应开展针对性的调查。

　　岩溶区地下水和地表水组成了统一的动态系统，大量的岩溶形态控制并促进地表与地下的水流交换，使二者之间产生水力联系（Katz et al.，1997）。多数岩溶系统内，岩溶管道系统之间以及含水层与隔水层之间发生复杂的相互作用。地下水与地表水之间通过岩溶管道、地表河流、天然湖泊、新建人工水库以及相邻或远距离含水层发生水流交换，岩溶区的地表水流通常会发生不同程度的水流漏失（Bonacci，1987）。

　　de Marsily（1986）认为水循环或水文学研究在广义上可分为三个独立的学科：气象学、陆表水文学、水文地质学或地下水文学。三者之间到底有何差异，而且到底什么才是明确的岩溶水文学和岩溶水文地质学？UNESCO 和 WMO（1992）提出了水文地质学和陆表水文学的定义：水文地质学是地质学的分支学科，主要研究地下水，特别是地下水的形成过程；陆表水文学是研究处理陆地表层水文循环各环节的科学，该定义很难严格区分两个学科。在工程实践中，区分二者的依据是：陆表水文学研究地表水问题，而水文地质学研究地下水问题，但这种强制性区分不利于两个学科的发展，特别是岩溶水循环调查，应将地表水和地下水作为统一的系统，将水文地质学和陆表水文学的方法相结合。

　　含水层在水力梯度下，能传输一定水量的地质单元，水文地质学主要考虑含水层中地下水形成与循环过程；而陆表水文学主要关注水量平衡，用来解释流域或含水层内水流出入和储存问题。实际上，二者无法严格区分，而且也无必要区分。

　　以 Atkinson（1986）的评述作为引言的结语：与其他地区相比，可溶岩地区唯一可以预见的是其不可预见性。

5.2 岩溶流域

流域是一个完整的地质单元体,能汇聚泉、河流、湖泊、含水层和湿地等所有水流,流域内所有的地表水或地下水径流可汇聚到同一剖面、出口或水体。

岩溶流域是复杂的水流传输系统,作为水流循环和储存空间,地表和地下岩溶形态具有非均质性,导致岩溶流域的水流探测和定量化研究难度极大。岩溶地下水通过各种地表、地下岩溶形态发生难以预知的水力联系,而且这种联系随时间发生变化。地下水流通道随时间发生变化的原因主要包括降雨的空间分布不均,地表不同位置的地下水补给条件存在差异;岩溶含水层各部位地下水位不同,且随时空发生快速变化;人为因素影响;外力和内力地质作用(Bonacci, 2004)。

确定流域边界和面积是所有水文分析的前提,也是岩溶区水资源保护、管理和水循环模拟的基础,但此项工作困难且复杂,而且通常难以实现(Bonacci, 1987)。岩溶区地形边界与地下分水岭差异较大,流域的地形数据对水文、水文地质分析以及水资源管理意义并不大。由于地下岩溶管道和岩溶含水层特征未知,且与地表岩溶形态发生联系,所以难以确定岩溶流域范围;而且,岩溶含水层的特征和管道等参数随时空变化,确定流域范围变得更为复杂。

图 5.1 是岩溶含水层水位变化的实例,1 为最低地下水位,2 为平均地下水位,3 为最高地下水位,岩溶洼地(多数为坡立谷)在最高地下水位时淹没。岩溶泉标为 A;落水洞标为 B,在洪水期间成为泉,该情况下,B 称为消溢水洞(estavelle)。非饱和带和饱水带的空间参数与水力参数均存在极大的非均质性。由于岩溶含水层内水位快速涨落,两区带的边界随时空发生快速变化。

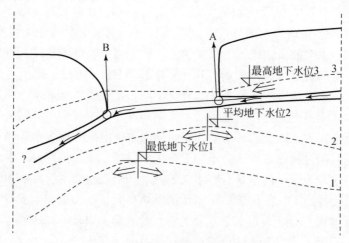

图 5.1 岩溶含水层水位变化的实例

充分查明岩溶管道网络是确定岩溶流域范围和保护水资源的重要途径,某些情况下,强降雨导致水位暴涨,岩溶泉排泄量有限(Bonacci, 2001a)或落水洞消水能力有限,已停止发育的上层管道再次充水,水流溢流补给其他流域,重新分配流域的地下水流

(Roje-Bonacci and Bonacci, 2013)。

岩溶区发生地震时，地表（落水洞）和地下岩溶形态（洞穴和大型管道）崩塌，会瞬时改变流域水循环条件，重新分配流域水流；特别是近年来岩溶区流域调水、筑坝和水库建设、地下抽水以及公路和铁路建设等人为活动，通常以不可预期的方式强烈改变局部水动力条件，甚至改变区域水文和水文地质的天然动态特征（Bonacci and Andrić, 2010）。

图 5.2 从概念上解释岩溶泉泉 a 和泉 b 水循环及其地形汇水范围 A 和 B 之间的关系。来自汇水范围 B 的泉 b 能通过地表流向汇水范围 A 或其他汇水范围；汇水范围 B 内落水洞的伏流能在汇水范围 B、A 及其他流域重新出流地表。汇水范围 A 落水洞的伏流可在汇水范围 A 或其他流域重新出流，但不会出现在汇水范围 B。

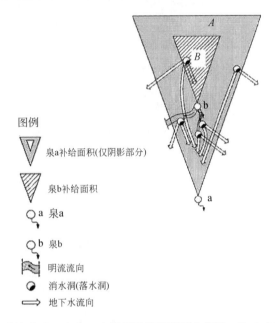

图 5.2　岩溶泉泉 a 和泉 b 水循环及其地形汇水范围 A 和 B 之间的关系

图 5.3 给出了岩溶泉泉 a 和泉 b 的水循环以及地形流域范围之间可能存在的 7 种关系，泉 a 和泉 b 的流域水文边界分别定为 A_a 和 A_b。而实际情况极有可能是其中某些关系的组合。这些实例说明了落水洞、地表水流以及伏流等岩溶现象控制了流域范围的变化。

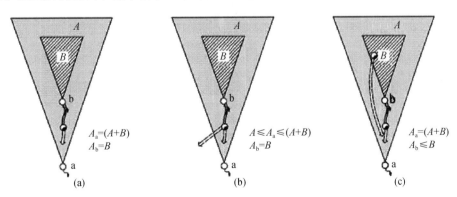

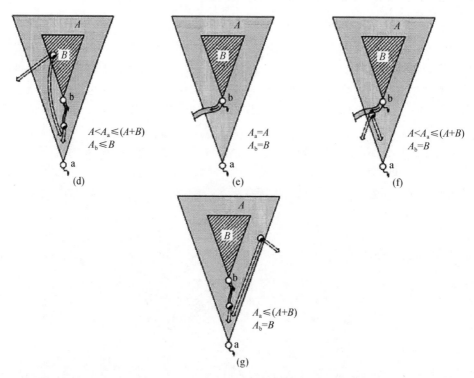

图5.3 图5.2中岩溶泉泉a和泉b及其地形汇水范围A、B之间的7种可能存在的关系

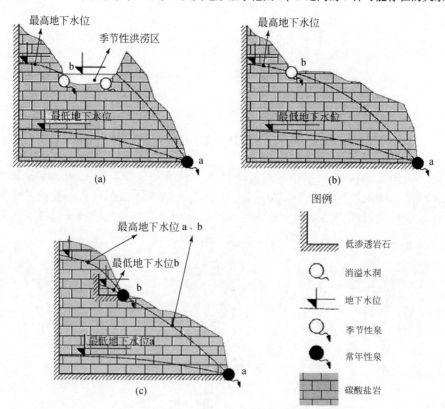

图5.4 地下水位变化对岩溶泉水文特征的影响

图 5.4 解释了地下水位变化影响岩溶泉水文功能的过程，图 5.4（a）解释了消溢水洞的功能及岩溶洼地（坡立谷）洪涝情况，如果泉 b 高于泉 a，当地形分水岭范围内地下水位低于泉 b 出口 [图 5.4（a）、(b)]，泉 b 将成为间歇性泉；图 5.4（c）解释了地质背景，如低渗基岩对泉 b 水文功能的影响机制。

5.3 岩溶含水层

含水层是能容纳、持留一定量水流的岩组（White, 2002），岩溶含水层的特殊性在于其内部存在各种规模的溶蚀-侵蚀成因的永久性岩溶孔洞。岩溶含水层与非岩溶含水层的地下水循环特征之间存在极大差异，岩溶含水层内水流通过裂隙、孔洞和管道组成相互联系的网络汇聚，多重孔隙和各向异性特征导致岩溶含水层具有极高的非均质性（Ford and Williams, 2007）。

基岩孔隙、裂隙和裂缝、管道构成了岩溶含水层的三重渗透性特征，具有极高的非均质性和各向异性。水流持续溶蚀围岩，扩大了孔、洞等水流优先通道的规模。岩溶作用随时间而变化，且速率高于一般的地质过程。每个岩溶含水层都具有各自独特的水文地质、水文和水力学特征。岩溶含水层一般分为三种类型：仅发育大型岩溶管道的、仅分布狭窄岩溶节理的，以及岩溶强烈发育且由相互联系的大型岩溶管道和狭窄岩溶裂隙共同组成的含水层（Bonacci, 1993）。与非岩溶含水层相比，岩溶含水层内不存在代表性单元体（REV）。

由于无法查明岩溶含水层的管道网络空间分布特征以及高渗管道与低渗基岩之间的相互作用，岩溶含水层的渗透系数具有极高的各向异性和非均质性。岩溶含水层的管道孔隙从厘米级的由溶蚀孔扩大的节理、层面裂隙，到米级的大型不规则管道范围之间变化。

岩溶含水层一般作为水力连续体处理，但内部发育的洞穴、裂隙、断裂、隔水岩层、岩溶管道等大量地下岩溶形态，在很大程度上影响了岩溶含水层的连续性，特别是地下水位暴涨期间，岩溶含水层不能作为连续介质处理。岩溶含水层最重要的特征是其水力条件的高度非均质性，连续发育的裂隙、裂缝、节理、层面和管道等地下水流通道，可使岩溶含水层的发育深度达数百米。调查发现，岩溶管道分布以及垂向水流的分布和流速都具有高度非均质性特征。由于难以预测岩溶含水层地下水的流向和运移时间，可以说岩溶含水层是最为复杂和最难解译的系统。大型岩溶管道的快速紊流与小型岩溶裂隙、节理、裂缝、层面的缓慢分散层流并存，而且两种水流之间持续发生强烈的相互联系，给岩溶含水层调查带来了特殊的挑战。

地表与地下岩溶形态的巨大差异、含水层和隔水层之间发生相互作用以及岩溶地下水位快速大幅升降，导致分属不同岩溶水体的岩溶含水层之间不断发生联系。近一百年间，特别是近年来，岩溶区人为活动导致水流在地表水和地下水之间进行快速重新分配，也改变了岩溶泉含水层与其他水体之间的联系（Bonacci, 2004）。De Waele（2008）解释了苏戈洛贡（Su Gologone）岩溶泉群受下游水库水位的影响。Milanović（1986）发现波黑的第纳尔岩溶区特雷比奇（Trebišnjica）淹没岩溶泉影响了岩溶含水层的动态和疏干过程，并改变了多个岩溶泉的流域范围。

地下水流向受相邻含水层的水位差控制，如前文所述，岩溶含水层各处的地下水位时空变化极大，地下水位线形状受流域内强降雨的空间分布控制，岩溶泉流域面积可超过 $100km^2$，而导致地下水位快速上升的集中强降雨分布范围则一般在 $5\sim10km^2$，也就是仅在岩溶流域的局部产生地下水位上升（Eagleson，1970；Dahlström，1986），每次强降雨过程中，含水层的各部分表现特征均不同。

图 5.5 是相邻岩溶泉含水层之间发生水力联系的示意图，泉 b 含水层向泉 a 含水层的排泄流量计为 Q_{a-b}，受地下水流域范围、水文地质和水力学条件等控制；地下水位线坡度为 i。图 5.6 描述了三种岩溶地下水流类型：承压流、表面自由流以及基岩孔隙水层流。受水–岩接触面的岩层结构和大型地下岩溶形态控制，多数情况下，三种水流并存。岩溶管道断面形态和直径变化范围极大，水流在管道的某段为部分有压状态，而在另一段可能为自由流，这些特征很大程度上影响了地下水向泉口的运移时间以及在含水层内部的滞留时间。在以大型管道为主的含水层中，水流停留时间为数小时，而在以小型岩溶节理为主的含水层中停留时间有时可达数十年。

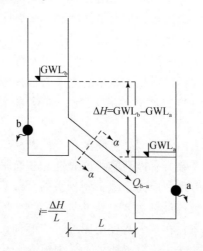

图 5.5　相邻岩溶泉含水层之间联系的示意图

GWL 为地下水位

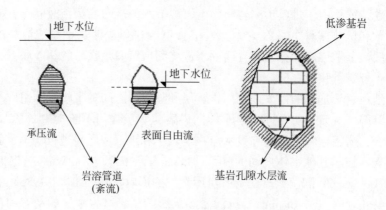

图 5.6　岩溶地下水流的三种类型

图5.7是马其顿、希腊和阿尔巴尼亚之间的普雷斯帕（Prespa）湖和奥赫里德（Ohrid）湖区岩溶地质剖面图，普雷斯帕湖水流通过地下岩溶空间流入奥赫里德湖（Popovska and Bonacci，2007）。

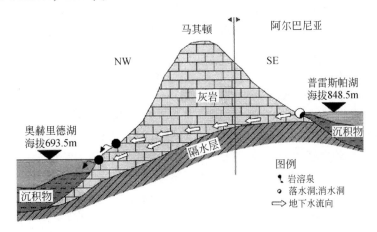

图5.7　普雷斯帕湖和奥赫里德湖区岩溶地质剖面图

可溶岩的渗透系数受基岩裂隙的分布密度和宽度控制；裂隙可能会闭合或在天然和人为干预下拓宽，岩溶块体的渗透系数 K 变化范围为 $10^{-4} \sim 10^{-1}\,\mathrm{m/s}$，并且随深度而下降（Perrin et al.，2011）。

5.4　岩　溶　泉

岩溶泉是指地下水流由岩溶地层中水文动态活跃的裂隙自然出流至地表或地表水体而形成的水点。地形切割至地下水位或由于基岩断层、裂隙、凹陷将地下水位抬升至地表，均可形成泉。Lehmann（1932）指出水流进入可溶岩内部的位置多，而出流的岩溶泉数量偏少，存在较大的岩溶水文过程反差。

与非岩溶泉的水文学特征不同，岩溶泉的最小流量与最大流量相差极大。岩溶泉水流多数来自地下水（Rimmer and Salingar，2006），与地表流域大小无关，是贡献地下水流的总面积的函数。

不同高程的岩溶形态不同，而岩溶泉的出水能力也存在差异。地表水和地下水径流特征受复杂且特殊的地表、地下岩溶形态控制，从而形成各种类型的岩溶泉。如本书第3章所述，按照水文学、水文地质学、地貌学、地球化学、地理学等各种学科观点，对岩溶泉进行各种定义、分类和描述（Bögli，1980；Bonacci，1987；Smart and Worthington，2004），目前还无法解释岩溶泉形成的复杂机理。

岩溶泉包括永久性和间歇性（暂时性、短暂性、季节性）泉，永久性泉全年有水出流，而间歇性泉与降雨的季节性变化有关，以不固定的周期出流，间歇性泉在年内会多次干涸，甚至在大部分时间干涸。季节性泉仅在潮湿雨季等特定的季节出流，而短暂性泉仅在强降雨后短时间内出流。岩溶区以出流周期不定的间歇性泉为主，地下水位埋深受大气降雨的季节性变化控制。多数情况下，短暂性岩溶泉在强降雨之后仅能持续数天甚至数个小时。韵律泉（多潮泉）是仅形成于岩溶地区的特殊间歇性泉（Bonacci and Bojanić，1991）。

由于含水层各部分水文地质和水文条件的差异，有些部分能永久补给岩溶泉，而其他部分仅提供暂时性补给。Andreo 等（2009）、Ravbar 和 Goldscheider（2009）划分了岩溶含水层和岩溶泉的三个补给区及其关联方式：内部区、中间过渡区和外部区。内部区是指系统内与岩溶泉发生直接水力联系的部分，能持续补给岩溶泉；外部区主要是指岩溶系统的地貌抬升部分，暂时性补给岩溶泉，对泉流量贡献率一般少于1%；中间过渡区介于内部区的外围和外部区之间，是二者的过渡区。

岩溶泉能间接反映含水层内部较大时空尺度的地质和水文过程信息（Manga，2001），通过同位素示踪、水化学、流量、水温、电导率等技术方法，可确定水流的平均滞留时间，推断地下水流的空间模型和分布范围，评价流域尺度的水力特征。上述方法与地下水位持续密集监测相结合，可确定岩溶泉的边界范围。

泉流量主要受流域范围和降水量控制，岩溶孔洞大小、含水层与上覆土壤层的水力特征、水头、泉口大小与形态等因素对泉流量也产生一定影响。

修筑大坝、水库以及流域内调水工程等人工干预措施，能瞬时改变泉流量，特别是最小和最大流量。例如，增加抽水量降低了含水层的水压，会降低地下水位和泉流量；水库蓄水提升天然地下水位，会形成新的泉或增加已有泉的特征流量（最小、平均和最大流量）（Bonacci and Jelin，1988）。

5.5 落 水 洞

落水洞（ponor，swallow hole，sinkhole）是指洼地底部或边缘发育的洞穴等开放空间，地表水经落水洞进入岩溶地下水系统；封闭洼地底部或边缘的落水洞通常与地下岩溶管道直接连通（Field，2002）。Milanović（1981）根据形态特征，将发育于坡立谷末端的落水洞分为四类：大型坑穴、大型裂隙和空洞、狭窄裂隙系统、冲蚀型落水洞。实际上，包括岩溶管道、洞穴甚至层面等所有地下岩溶形态均能作为落水洞。溶洞型落水洞是地表水与地下岩溶发生快速直接接触的通道。

消溢水洞（estavelle）是具有双重水文功能的特殊类型落水洞，旱季时，其周围岩体内的地下水位低于洞口，消溢水洞作为落水洞；雨季时，地下水位升高，消溢水洞又成为泉（Bonacci，1987）。

落水洞消水能力 PQO（单位 m³/s）是岩溶淹没区（坡立谷）水位 H 的函数。当岩溶主管道内水流为无压状态时（$H<H^*$），落水洞流量曲线如图5.8所示，PQO = $f(H-H_1)$；当岩溶主管道水流为有压状态时（$H>H^*$），流量曲线发生突变（图5.8中的 H^* 和 Q^* 点处），落水洞的消水能力仅取决于坡立谷水位 H 和泉口水位 H_3 之差（ΔH_3），该情况下，落水洞流量曲线方程如下：

$$PQO = c \times A \times [2g \times (H-H_3)]^{0.5} \tag{5.1}$$

式中，c 为流量系数，在0.7~0.9之间变化；A 为主管道平均断面积（m²）；g 为重力加速度（m/s²）；$\Delta H_3 = H-H_3$，为水位差（m）。

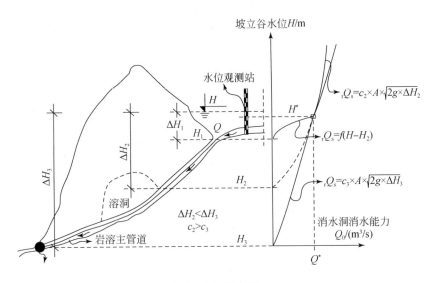

图 5.8 落水洞消水能力图解

如果大型洞穴系统从未完全充水，也就是说，水流在抵达泉口的全程均为无压状态，那么，水位差 $\Delta H_2 < \Delta H_3$，流量系数 c_2 与 c_3 不同，一般 $c_3 > c_2$。

当落水洞不受围岩地下水位影响时，以上解释有效。当地下水位（GWL）超过坡立谷水位（H）时，落水洞作为泉；当地下水位（GWL）低于坡立谷水位（H）时，落水洞消水，消水能力取决于水位差（$\Delta H = H - \mathrm{GWL}$）（Bonacci，2013）。

5.6 岩溶区河流

岩溶区河流动态主要取决于地下水与地表水之间的相互作用（Bonacci，1987），岩溶地下水位动态主要受含水层基岩有效孔隙度控制，而不同层位之间的地下水，以及地下水与地表河流之间的联系，取决于岩溶管道的形态和规模。岩溶管道接受河流补给或向河流排泄，补给与排泄过程交替一般受地下水排泄基准面控制。岩溶作用对各河川径流的影响程度均不相同，因此，需谨慎总结。

岩溶区地表河流经常多次消失于地下，并在多个泉点重现地表。伏流、漏失河流和地下河是岩溶区极为常见的典型现象（Hess et al.，1989；Yuan，1991；Bonacci，1999；Potié et al.，2005；Bonacci and Andrić，2008；Prelovšek et al.，2008；Cavalera and Gilli，2009；Bonacci and Andrić，2010；Bonacci et al.，2013）。入渗河流（influent stream）与伏流、漏失河流等类似，是重要的岩溶水文学和水文地质学研究对象。

地表河流在向下游径流过程中，局部区段水流通过河床裂隙补给岩溶地下水系统，发生水流漏失。有些河流段的漏失量巨大，而有些河流段的少量漏失需要开展精确观测才能发现。河流漏失段是下伏岩溶含水层的重要补给区，河水位高于地下水位时，发生漏失；反之，潜水补给河流。由于岩溶区地下水位快速升降，地表河的水流漏失与潜水补给河流的过程在某些河段交替发生。图 5.9 对漏失河流进行概化，漏失段的入渗水流可能进入其他流域，也可能在下游某段重新出现［图 5.9（b）的泉 B］。

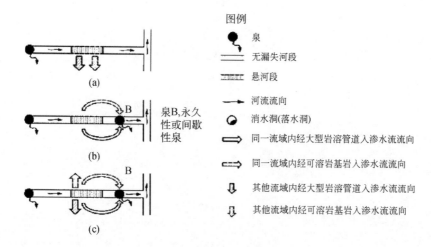

图 5.9　地表河流漏失示意图

少数永久性河道的水位可高出区域地下水位 50m 以上，Bonacci（1987，1999）将这些河流段称为悬河（suspended/perched）。

地表河流伏流是指地表河溪进入岩溶区后，通过落水洞完全消失于地下，有些会在下游再次出流。伏流入渗是岩溶含水层最快速的补给方式（Hess et al.，1989）。伏流是可溶岩中管道和洞穴水流发育演化的结果，也是地表水进入极为敏感脆弱的岩溶地下水系统的最直接通道。全球多数著名的大型岩溶洞穴和岩溶泉，都是河流伏流大量集中补给形成的结果（Ray，2005）。图 5.10 是地表河流伏流示意图，河流伏流能通过大型岩溶泉在地表再现［图 5.10（a）］，或者在大范围内分布大量分散的永久性和间歇性岩溶泉。

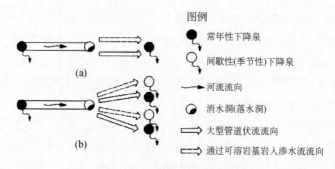

图 5.10　地表河流伏流示意图

地下河（underground streamflow，subterranean streamflow）是指流经洞穴、空洞、岩溶管道和大型廊道等岩溶通道系统的地下水流，具有地表河流的主要特征。地下河系统与某些已停止发育的岩溶管道直通，污染物可在几乎不经任何过滤的情况下，通过伏流和漏失河流迅速进入岩溶地下水，导致下游水体快速发生大范围污染，对环境产生负面影响。

5.7 测压孔——岩溶信息的重要来源

测压孔是所有与岩溶水循环动态调查相关的重要信息来源。确定水头是岩溶区地下水位观测的主要目标任务之一，也是了解地下水流、定量研究含水层属性和校验水力模型的基础（Post and von Asmuth，2013）。地下水位和其他参数的动态观测能清楚阐明水流介质特征，揭示岩溶区水循环机理（Bonacci，1988）。观测地下水位和水温、水化学组分及电导率等参数，对如下调查工作至关重要：调查岩溶含水层的渗透性结构，研究复杂岩溶系统地下水径流特征（Bonacci and Roje-Bonacci，2012）；了解地表水与地下水之间的相互作用；地下水位变动对流域面积和边界的影响；建立地下水流模式；确定含水层对抽水或补给的响应特征；了解灌浆对地下水活动的影响；确定水文地质单元。

布设密集的测压网络，获取并处理地下水位的长观数据，是岩溶区重要的调查手段。但在实际上很难实现，除了成本高昂外，很多情况下，难以确定合适的测压位置。根据文献数据（Drogue，1980；Bonacci，1999；Bonacci and Roje-Bonacci，2000；Worthington，2003），仅有秒级的测压数据才能反映岩溶水循环和含水层特征的必要信息；而且，超过半数的钻孔会布设于岩溶含水层的相对隔水层、固结层或低渗部分，这些部位的地下水流动态极为缓慢。

水位观测是了解含水层内部特征的途径，了解程度主要取决于研究者的技术能力，而不仅仅单纯依靠先进技术（Bonacci and Roje-Bonacci，2012）。获取可靠的地下水位观测数据是所有水文地质调查的基础，Post 和 von Asmuth（2013）认为水头观测并不是简单地将测绳下放到钻孔水位，在其研究成果中还定量分析了误差来源。

参考文献

Andreo B, Ravbar N, Vias JM(2009)Source vulnerability mapping in carbonate(karst)aquifers by extension of the COP method:application to pilot sites. Hydrogeol J 17:749-758

Atkinson TC (1986) Soluble rock terrains. In: Fookes P, Vaughan PR (eds) Handbook of engineering geomorphology. Chapman and Hall, New York, pp 241-257

Bögli A(1980)Karst hydrology and physical speleology. Springer, Berlin

Bonacci O(1987)Karst hydrology with special references to the Dinaric karst. Springer, Berlin

Bonacci O(1988)Piezometer—the main source of hydrologic information in the karst. Vodoprivreda, Belgrade 20(115):265-278

Bonacci O(1993)Karst springs hydrograph as indicator of karst aquifer. Hydrol Sci J 38(1-2):51-62

Bonacci O(1999)Water circulation in karst and determination of catchment areas:example of the River Zrmanja. Hydrol Sci J 44(3):373-386

Bonacci O(2001a)Analysis of the maximum discharge of karst springs. Hydrogeol J 9:328-338

Bonacci O(2001b)Heterogeneity of hydrologic and hydrogeologic parameters in karst:example from Dinaric karst. IHP-V Techn Doc in Hydrol 49(II):393-399

Bonacci O(2004)Hazards caused by natural and anthropogenic changes of catchment area in karst. Nat Haz Earth Syst Sci 4(5/6):655-661

Bonacci O (2013) Poljes, ponors and their catchments. In: Shroder JH (ed) Treatise on geomorphology 6.

Academic Press, San Diego, pp 112-120

Bonacci O, Andrić I(2008) Sinking karst rivers hydrology: case of the Lika and Gacka(Croatia). Acta Carsologica 37(2-3):185-196

Bonacci O, Andrić I(2010) Impact of inter-basin water transfer and reservoir operation on a karst open streamflow hydrological regime: an example from the Dinaric karst(Croatia). Hydrol Proc 24:3852-3863

Bonacci O, Bojanić D(1991) Rhytmic karst springs. Hydrol Sci J 36(1):35-47

Bonacci O, Jelin J(1988) Identification of a karst hydrological system in the Dinaric karst(Yugoslavia). Hydrol Sci J 33(5):483-497

Bonacci O, Roje-Bonacci T(2000) Heterogeneity of hydrological and hydrogeological param eters in karst: examples from Dinaric karst. Hydrol Proc 14:2423-2438

Bonacci O, Roje-Bonacci T(2012) Impact of grout curtain on karst groundwater behaviour: an example from the Dinaric karst. Hydrol Proc 26:2765-2772

Bonacci O, Željković I, Galić A(2013) Karst rivers particularity: an example from Dinaric karst(Croatia/Bosnia and Herzegovina). Envi Earth Sci 70:963-974

Cavalera T, Gilli E(2009) The submarine river of Port Miou(France), a karstic system inherited from the Messinian deep stage. Geoph Res Abs 11, EGU 2009-5591

de Marsily G(1986) Quantitative hydrogeology, groundwater hydrology for engineers. Academic Press, San Diego

Dahlström B(1986) Estimation of areal precipitation. Nordic hydrological programme report, No 18

De Waele J(2008) Interaction between a dam site and karst springs: the case of Supramonte(Central-East Sardinia, Italy). Engin Geol 99:128-137

Drogue C(1980) Essai d'identification d'une type de structure de magasine carbonates, fissures. Mém Hydrogéol Série Soc Géologique de France 11:101-108

Eagleson PS(1970) Dynamic hydrology. McGraw Hill, New York

Field MS(2002) A lexicon of cave and karst terminology with special reference to environmental karst hydrology. USEPA, Washington DC

Ford D, Williams P(2007) Karst hydrogeology and geomorphology. Wiley, Chichester

Herold T, Jordan P, Zwahlen F(2000) The influence of tectonic structures on karst flow patterns in karstified limestones and aquitards in the Jura Mountains, Switzerland. Eclog Geolog Helvet 93:349-362

Hess JW, Wells SG, Quinlan JF, White WB(1989) Hydrogeology of the South-Central Kentucky karst. In: White WB, White EL(eds) Karst hydrology concepts from the Mammoth Cave area. Van Nostrand Reinhold, New York, pp 15-63

Katz BG, DeHan RS, Hirten JJ, Catches JS(1997) Interactions between ground water and surface water in the Suwannee river basin. Florida. J Am Wat Res Assoc 33(6):1237-1254

Lehmann O(1932) Die Hydrographie des Karstes(Karst hydrography). Enzyklopädie Bd. 6b, Leipzig-Wien

Manga M(2001) Using springs to study groundwater flow and active geologic processes. Annual Rev Earth Plan Sci 29:201-228

Milanović P(1981) Karst hydrogeology. Water Resources Publication, Littelton

Milanović P(1986) Influence of the karst spring submergence of the karst aquifer regime. J Hydrol 84:141-156

Perrin J, Parker BL, Cherry JA(2011) Assessing the flow regime in a contaminated fractured and karstic dolostone aquifer supplying municipal water. J Hydrol 400(3-4):396-410

Potié L, Ricour J, Tardieu B(2005) Port-Mioux and Bestouan freshwater submarine springs(Cassis-France) investigations and works(1964-1978). In: Stevanović Z, Milanović P(eds) Water resources and environmental problems in karst, Proceedings of international conference KARST 2005. University of Belgrade, Institute of Hydrogeology, Belgrade, pp 266-274

Popovska C, Bonacci O(2007) Basic data on the hydrology of Lakes Ohrid and Prespa. Hydrol Proc 21:658-664

Post VEA, von Asmuth JR (2013) Review: hydraulic head measurements-new technologies, classic pitfalls. Hydrogeol J 21:737-750

Prelovšek M, Turk J, Gabrovšek F(2008) Hydrodynamic aspect of caves. Internat J Speleol 37(1):11-26

Ravbar N, Goldscheider N(2009) Comparative application of four methods of groundwater vulnerability mapping in a Slovene karst catchment. Hydrogeol J 17:725-733

Ray JA (2005) Sinking streams and losing streams. In: Culver DC, White WB (eds) Encyclopedia of caves. Elsevier, Amsterdam, pp 509-514

Rimmer A, Salingar Y (2006) Modelling precipitation-streamflow processes in karst basin: the case of the Jordan River sources, Israel. J Hydrol 331:524-542

Roje-Bonacci T, Bonacci O (2013) The possible negative consequences of underground dam and reservoir construction and operation in coastal karst areas: an example of the hydroelectric power plant (HEPP) Ombla near Dubrovnik (Croatia). Nat Haz Earth Sys Sci 13:2041-2052

Smart C, Worthington SRH (2004) Springs. In: Gunn J (ed) Encyclopedia of caves and karst science. Fitzroy Dearborn, New York, pp 699-703

UNESCO, WMO(1992) International glossary of hydrology. WMO, Geneve & UNESCO, Paris

White WB(2002) Karst hydrology: recent developments and open questions. Eng Geol 65(2-3):85-105

Worthington SRH(2003) A comprehensive strategy for understanding flow in carbonated aquifer. In: Palmer AN, Palmer MV, Sasowsky ID(eds) Karst modelling. Special Publ 5. The Karst Waters Institute, Charles town, pp 30-37

YuanD(1986) On the heterogeneity of karst water. IAHS Publ 161:281-292

Yuan D(1991) Karst of China. Geological Publishing House, Beijing

第6章 岩溶地下水均衡和资源评价

佐兰·斯特万诺维奇（Zoran Stevanović）

天然岩溶含水层会受到很多人为干扰，包括地下水开发利用作为饮用水、供暖、灌溉，以及矿坑和建筑工地排水等。为此必须建立岩溶含水层概念模型，评价地下水补给、流向、流量等水均衡要素，了解地下水均衡特征和地下水储量，服务工程规划建设。

6.1 均衡方程和参数

均衡一词来自拉丁术语"bilanx"，原指具有两个平衡托盘的称量仪器。地下水均衡是确定或评估各输入（补给）和输出要素（排泄）的过程，与经济收支平衡基本类似（Leontief，1986；Miller and Blair，2009）。均衡方程可以简化如下：

$$输入=输出±储量 \tag{6.1}$$

Ranković（1979）提出了如下均衡原则：
（1）明确均衡周期；
（2）输入/输出参数的计算方法一致；
（3）尽可能消除可能偏离结果的主观因素。

上述原则也适用于地下水均衡，任何流域或含水层系统均符合如下均衡方程：

$$补给=排泄±储量 \tag{6.2}$$

均衡周期可以是月、季或年等短时尺度，也可以是多年的中等尺度，甚至可以是历史尺度。短时观测周期内，输入、输出要素和储水量会经常发生变化，因此，在条件许可的情况下，为消除气候变化和人类活动等外部因素影响，并取得理想的计算结果，应尽可能建立较长周期的均衡关系。

很多学者论述了地下水均衡及其要素（Brown et al.，1969；Yevjevich，1981；Boni and Bono，1984；Boni et al.，1984；Stevanović，1984；Bonacci，1987；Scanlon et al.，2002；Healy，2007；Kresic，2007）。图6.1显示了具有开放（非承压）和半承压结构的岩溶含水层地下水均衡要素，均衡方程如下：

$$P+I_s+I_g=R_f+E_t+E_g+Q_s+Q_{sb}+Q_a±R±E \tag{6.3}$$

式中，P 为降水量；I_s 为地表流入量；I_g 为地下流入量，可能包括深源流体；R_f 为径流量；E_t 为蒸散量；E_g 为水面蒸发量；Q_s 为泉流量；Q_{sb} 为地下水排泄量；Q_a 为人工取水（抽水）量；R 为地下水储量变化量；E 为误差。

此外，其他输入、输出要素对水均衡也会产生影响，如水库渗漏或人工补给是重要的

第 6 章 岩溶地下水均衡和资源评价

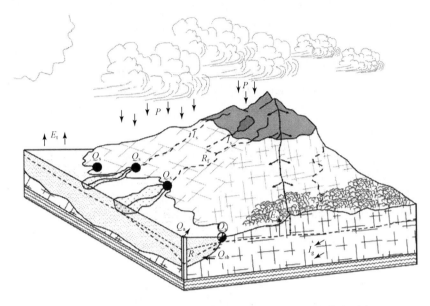

图 6.1 具有开放和半承压结构的岩溶含水层地下水均衡要素

地下水补给来源。有些要素可以定量测定，而有些要素则难以测定。均衡方程中没有直接反映气候影响因素，但是气温、湿度、风、太阳辐射以及高程都能直接影响地下水的蒸散量，并进而大幅改变和影响补给、排泄参数。

P：降水量，包括降雨、降雪和凝结水，是最易确定的补给参数。相对于平地区，偏远岩溶山区的降水量难以观测（图 6.2）。此外，高山区与低洼区的降雨分布存在差异，采用等雨量线图和泰森多边形法可以弥补数据缺失。

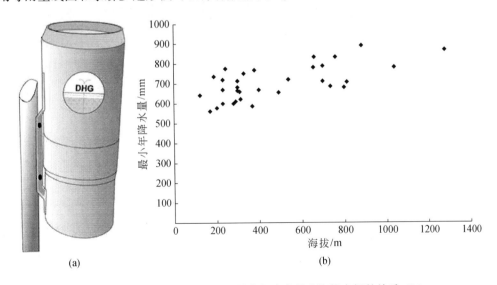

图 6.2 简易雨量计（a）以及最小年降水量和海拔之间的关系（b）
来自塞尔维亚东部喀尔巴阡山脉岩溶区 60 个雨量站 30 年的观测数据

如第 3~5 章所述，岩溶水的动态变化极大，需要持续观测收集降水数据。有效降水是总降水量减去蒸散量或截留量所得到的最大补给量；截留量是降水被叶面截留而未到达地表的水量。经验表明，在密集林区，普通降水条件下，降水截留量可达 3mm/d。很多水文学方法可评价降水截留量，也可将融雪折算为有效降水量。

I_s：地表流入量，是指常年河流或其他分散径流进入岩溶系统的水量。非岩溶区水流进入岩溶区，补给岩溶含水层系统，称为外源补给（Ford and Williams，2007；Kresic，2013）；相反，内源补给（autochthonous recharge/autogenic recharge，原位补给）是指来自岩溶流域内部的补给水流（见 3.4 节）。各种来源的地表水均可通过伏流或湖泊、水库渗漏，甚至以海水入侵的方式进入岩溶含水层。岩溶漏斗（落水洞）一般发育于可溶岩与非可溶岩的接触带，是地表水补给入渗的直接通道，在漏斗开展流量观测是确定地表水补给量的最简单办法。存在未知的漏失通道或漏斗难以抵近观测时，可在河流的上、下游断面同时开展流量观测，以沿途渗漏量作为伏流的补给量（图 6.3）。

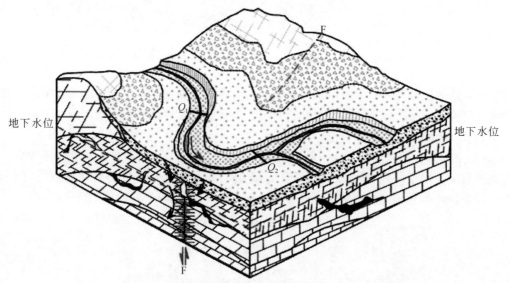

图 6.3 某河流上同时测流的两个断面

$I_s = Q_1 - Q_2$（如果河流两断面间没有其他排泄和渗漏，地下水漏失量等于两个断面流量之差）

I_g：地下流入量，是指相邻含水层补给目标含水层的水量。相邻含水层之间可以发生侧向联系（图 6.1），也可以通过上升或下降水流建立垂向水力联系。

R_f：径流量，是指含水层系统通过河流溪沟自由出流或通过脉状分散水流渗漏排泄的水量。选择流域边界的控制性断面开展地表水流量观测可以确定自由出流排泄水量。地表径流是最易确定的均衡参数之一，常用方法包括现场采用流量计开展传统水文观测（Shaw，1994）；采用多普勒雷达开展河流深度和水流流速扫描（图 6.4）；在水流断面上布设观测站或堰，对水位和流量开展观测，建立流量关系曲线 $Q=f(H)$；将盐稀释后投入河流（Cobb and Bailey，1965）也可估算流量。现代水文学中，已广泛采用复杂的卫星观测技术和数据传输系统开展流量观测（图 6.5），但分散渗漏水流仍然难以观测。

图6.4 采用流量计开展传统水文观测（a）与多普勒雷达开展河流深度和水流流速扫描（b）

图6.5 索马里北部哈尔格萨（Hargeysa）附近季节性河岸上的观测站和数据传输设备

E_t：蒸散量，包括地表水面（河、湖、海洋）的蒸发量和植被、土壤覆盖层甚至表层岩溶带的蒸腾水量。水库、湖泊的实际蒸发量一般以蒸发皿记录值的0.7倍进行校正确定（图6.6）。土壤水分平衡状态等物理参数通常采用蒸渗仪观测，但该设备需安装在易于开挖的疏松土壤中，在基岩裸露的岩溶区应用受限。

各种植被的实际蒸腾量可在野外试验估算（Davis and De Wiest，1967），但水文学通常采用经验公式计算蒸散量。

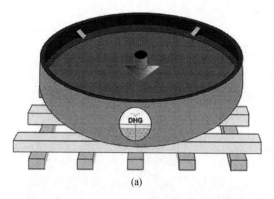

图 6.6 蒸发计（a）与典型气象站（b）

目前，很多计算潜在蒸腾散发理论值的经验公式（Lerner et al., 1990），均以环境属性为基础，未充分考虑实际降水量及植被和土壤湿度亏损等耗水对象。因此，干旱地区的夏季，潜在蒸散量（potential evapotranspiration）要远高于实际蒸散量（actual evapotranspiration），仅在冬季和雨季，二者才基本相当。

Thornthwaite（1948）、Penman（1948）和 Turc（1954）等提出的蒸散量计算评价方程中，考虑了研究区的地理位置（高程）、气温、湿度、风、太阳辐射和土壤湿度亏损量等因素。俄罗斯多个专家学者［库津（Kuzin）、波利亚科夫（Poljakov）、谢苗诺夫（Semenov）］提出的经验公式中（Luchshewa, 1976），也考虑了上述因素。Penman（1948）将能量守恒与物质传递方法相结合，根据气温、湿度、光照和风速等标准气象数据，提出了蒸发量计算方程。这些标准气候数据通过直接观测或推算易于获取，近 20 年间，联合国粮食及农业组织（FAO）推荐采用修正的彭曼-蒙蒂思（Penman-Monteith）方法作为蒸散量的计算方法（Allen et al., 1998），如下：

$$\lambda_{ET} = \frac{\Delta(R_n - G) + \rho_a C_p \left(\dfrac{e_s - e_a}{r_a}\right)}{\Delta + \gamma\left(1 + \dfrac{r_s}{r_a}\right)} \tag{6.4}$$

式中，R_n 为净辐射能量；G 为土壤热通量；$e_s - e_a$ 为大气饱和差；ρ_a 为常压下空气密度；C_p 为空气比热；Δ 为饱和蒸气压-温度曲线的斜率；γ 为湿度计算常数；r_s 为表面阻力；r_a 为气动阻力。

彭曼-蒙蒂思方法考虑了控制能量交换及相应蒸发量（潜在热流）的所有参数，由于农作物具备特有的表面阻力和气动阻力，式（6.4）可直接计算所有农作物的蒸散量（Allen et al., 1998）。

E_g：水面蒸发量。目前还没有测算地下水蒸发量的设备和经验公式，仅有干旱气候区产状水平的岩溶含水层，并且在没有排泄（包括抽水）和新补给来源的情况下，根据地下水位下降情况才能评价该均衡项（图 6.7）。表层岩溶带充分发育的岩溶区或分布厚层土壤及植被的岩溶区，大量滞留水分会影响地下水位波动，因此，裸露型岩溶区测算的 E_g 值更接近于实际，计算公式如下：

$$E_g = \Delta H \times P_e \tag{6.5}$$

式中，ΔH 为均衡期（观测期）水位下降值（mm）；P_e 为岩溶含水层有效孔隙度（储水系数）。E_g 与面积的乘积可作为观测期内的地下蒸发水量。

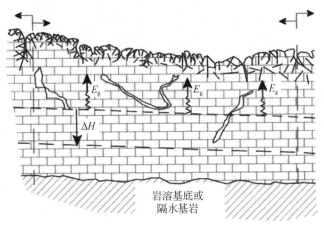

图 6.7　地下水面蒸发与均衡期水位下降

Q_s，泉流量，是地下水的基本均衡参数，代表含水层的释水能力，一般等于地下水的动态储量（即可更新储量）。原则上，持续监测网络应覆盖岩溶含水层的所有泉点，包括难以观测的小型泉点和间歇性泉。粗略估算含水层的总排泄量时（图 6.8），至少应监测小型排泄点的最小和最大流量值。

图 6.8　泉流量观测
流量记录方式：自记水位计、堰和泉口标尺

Q_{sb}：地下水排泄量。该水均衡参数无法直接观测，甚至难以估算。在没有其他选择的情况下，根据其他已知均衡参数，粗略估算地下排泄量。从相邻的孔隙介质含水层抽水，根据抽水井等取水设施的总排水量和水位降深值，可了解地下径流强度与流量（图 6.9）。

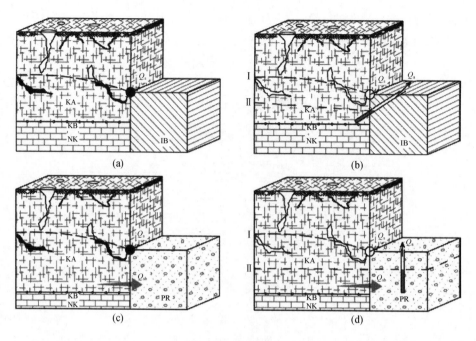

图 6.9 地下水流量

KA：岩溶含水层；KB：岩溶基底；NK：岩溶不发育的灰岩；IB：不渗透隔挡（隔水层或不透水层）；
PR：渗透（孔隙）含水层；Ⅰ：动水位；Ⅱ：静水位。
(a) 隔水阻挡，不发生地下排泄；(b) 不发生地下排泄，人工排泄可致泉眼干涸；
(c) 泉排和地下排泄并存；(d) 泉排、地下排泄和人工排泄三者并存

如果地下水沿河床排泄，可在上下游断面同时开展流量观测，确定地下水排泄量，测算方法与地表流入量（I_s）相同，但原理相反（图 6.10）。

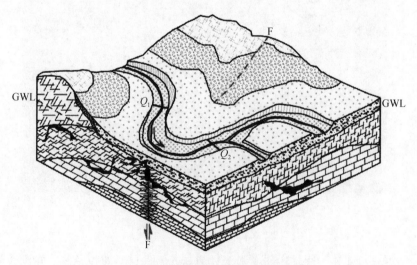

图 6.10 某河流的上下游断面同时测流

$Q_{sb} = Q_2 - Q_1$，如果两断面之间没有其他的排泄和渗漏，则地下水流入量等于两断面的流量之差

水文过程线基流分割法也可评价地下水排泄量，现代计算机软件能自动区分水流的地下水排泄量。含水层地下水排泄量 Q_{sb} 的不确定性较大，对某些泉进行水文过程线分割时发现，在流量衰减阶段，没有新增降水和径流汇入的情况下，泉流量不变，但基流量增加，这种反常峰值可能与地下水延迟排泄有关（图6.11）。

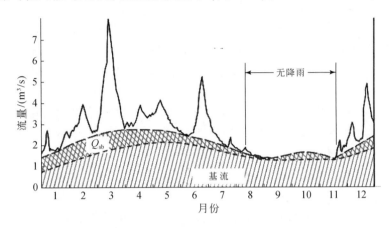

图 6.11　典型岩溶泉水文过程线基流分割
在衰减阶段出现小型峰值，可能是地下水径流排泄所致

Q_a：人工取水（抽水）量。在偏远山区和无人区，如果流域内无取水或输水设施，则无须考虑该参数。如果流域内广泛开发水资源，且所有取水又返回流域内，则 Q_a 也可忽略。城市用水的回流量较高，根据经验，最高时可超过 90%，一般情况下也超过 70%。相反，灌溉水回渗通常受土壤覆盖层、下伏含水层的渗透性、饱水程度（湿度）等因素控制，灌溉回归水量较少，很少超过 30%。

对利用水流和回归水流开展监测，可以估算 Q_a。

I_{ef}：有效入渗，即到达地下水位的水量，代表了含水层的更新潜力，等于含水层上述三个排泄要素的总和。

$$I_{ef} = Q_s + Q_{sb} + Q_a \tag{6.6}$$

Castany（1967）建立了如下关系：

$$I_{ef} = Q_{s+sb(av)} \times T/F \times 1000 \tag{6.7}$$

式中，I_{ef} 为年入渗总量（mm）；$Q_{s+sb(av)}$ 为含水层地下水平均流量（m³/s）；T 为时间（31.536×10^6 s）；F 为含水层面积（m²）。

R：地下水储量变化量。根据地下水均衡分析评价水量，式（6.3）改为如下形式：

$$R = (P + I_s + I_g) - (R_f + E_t + E_g + Q_s + Q_{sb} + Q_a) \pm E \tag{6.8}$$

R 值的另一种估算方法与 E_g 的估算方法类似，但在原理上相反：根据地下水位上升计算储量变化。

$$R = \Delta H \times P_e \tag{6.9}$$

式中，ΔH 为均衡期（观测期）内的水位上升值（mm）；P_e 为岩溶含水层有效孔隙度。

将含水层储量变化（R）与补给区面积（F）相乘，即得到含水层的新增储水总量（V），新增水量除以水流排泄（或开发）时间（T），即动储量转化的产水量。

$$V = R \times F \tag{6.10}$$

$$Q = V/T \tag{6.11}$$

此外，±R 值仅代表了均衡期内的储量变化，而不是总储量值，后文将介绍各种储量的确定和评价方法。

E：误差。参数计算或估算错误将会直接反映在误差要素上，方法合理则误差较少，但很多均衡要素难以精确测定，导致误差增大；而且通常很难判别误差来源。

Lerner 等（1990）将误差来源分为概念模型错误、忽视时空变化特征、测量和计算方法误差。

作者认为，在补给量估算中，所有流量的误差累加，导致最终结果的误差更大。例如，河水流量较大时，流量估算误差为±25%，如果流量的 25% 补给地下水，则最终补给量估算的误差为±100%。

单位：水位单位一般是 mm，均衡期内水量单位为 $10^6 m^3$。

均衡周期：前文已述，均衡周期可以是历史的、年度的、季节的，甚至是月的。水流入渗进入含水层系统的过程缓慢，径流时间较长，形成明显的"滞后效应"，因此，均衡期越短，越应注意区分均衡期之前的累计水量。有些泉的补给过程缓慢，响应时间甚至超过了均衡周期。

参数反算：在解释地下水储量变化时已经提到，如果其他均衡参数已知，通过基本均衡方程式（6.1）可计算未知均衡参数。但在实际应用中，受很多不确定性因素限制。

均衡分析的不确定性水平：由于各类数据收集的质量水平不同，而且地下水储量评价过程中会做出很多近似估算，因此，建议以主要均衡参数的观测数据，或者至少以泉流量（Q_s）、人工取水（抽水）量（Q_a）、降水量（P）、径流量（R_f）以及蒸散量（E_t）等易测参数的观测数据作为分级依据，建立数据确定性分级的系统和标准，分以下四个等级：

（1）确定的。由具备水文或水文地质调查资质的水务部门或相关组织提供的，至少 10 年的长期观测数据为基础。

（2）相对确定的。以超过两年的长期观测数据为基础，并深入开展了统计模拟（时间序列）。

（3）不确定的。以临时性观测或模拟估算数据为基础。

（4）完全不确定的。几乎未开展现场调查与观测，仅以类比进行粗略估算。

6.2 地下水储量分类

含水层结构。水均衡分析的第一步是建立水文地质概念模型，并确定含水层的地表和地下边界（见第 3 章）。岩溶流域的外源（非岩溶）边界与地形分水岭基本一致，但岩溶含水层的地表和地下界线难以确定。野外现场调查、洞穴探测和示踪试验等是确定含水层结构分布的最基本方法，但很多情况下，年内不同时期的示踪实验结果表明，岩溶含水层边界具有动态可变性（图 6.12）。

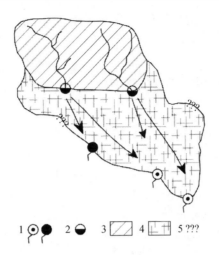

图 6.12　外源补给范围和示踪试验确定的地下水流向
1. 泉；2. 落水洞；3. 非岩溶区；4. 岩溶区；5. 可疑的含水层侧向边界

此外，整个水文年内地下水位变幅极大，丰、枯水期等不同水位条件下，地下水流向均可能改变。最高水位期间，水向相邻流域溢流，含水层范围缩小（图6.13）。因此，对结构可变的岩溶含水层，应在最高水位和最低水位期间，分别确定均衡参数。在评价侧向和垂向地下边界时，应掌握地质构造、岩性特征以及岩溶基底等基础信息。岩溶基准面以下的有效孔隙度一般极小（Milanović，1981；Ford and Williams，2007），地下水储量分析时，可忽略含水层的深层部分。

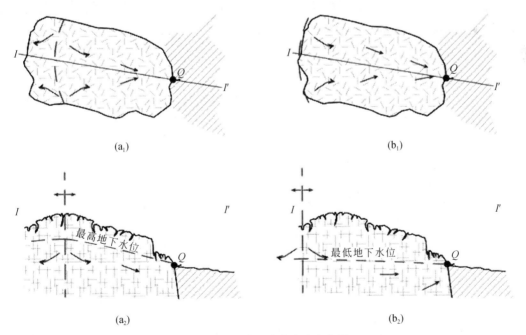

图 6.13　面积可变的岩溶含水层
(a_1)、(a_2) 洪水和最高地下水位期间的流域范围；(b_1)、(b_2) 流量衰减和最低地下水位期间的流域范围

地下水天然储量是天然补给的结果，一般分为地下水动储量和地下水静储量（图6.14）。

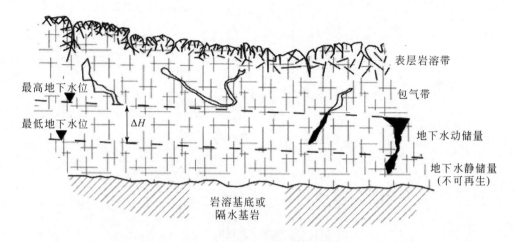

图 6.14 岩溶地下水天然储量概化图
ΔH：地下水位变幅

动储量是水文周期内最高水位和最低水位之间的累计水量，在年内变化极大时，也称为可调节储量（Castany，1967）。

静储量是最低地下水位以下的累计水量，也称为"不可更新储量"或地质储量（Castany，1967），但这种说法并不确切。含水层的静储量不能以天然方式排泄，但人工抽水将地下水位降至天然最低水位以下，水量损失在洪水过程得到补偿。因此，如果静储量可以从雨水或地表伏流获得足够的补偿更新，那么静储量也是相对而言的，仍可作为可更新储量。有些情况下，完全不存在静储量（图6.15）。

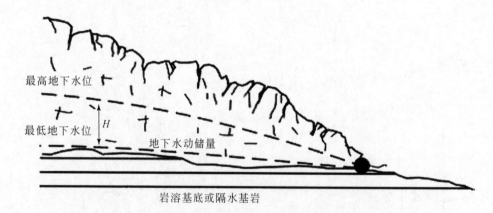

图 6.15 存在浅层隔水基底的岩溶含水层
仅存在动储量（Q_{dyn}）[Stevanović，2010a，经爱思唯尔允许，由 Kresic 和 Stevanović 编著的 *Groundwater Hydrology of Springs*（《泉的地下水水文学》）一书翻印]

人工储量是人为直接补给的结果；此外，还有增补储量是指流域内人为扰动改变了含水层的天然属性和边界，如库区和运河底部渗漏抬升地下水位、灌溉回归水以及地下水降落漏斗等,增加了补给量。

可开采储量或可靠储量,分为总可开采储量和生态允许储量,总可开采储量是指不造成含水层耗竭等负面后果,从含水层中可抽取的水量,相当于15.5节的安全开采量。生态允许储量是指总可开采量中减去水生生态系统需水量的部分。欧盟水框架指令在调控措施中提出了水资源可持续利用方法（WFD,2000/60）。

6.3 地下水储量评价

水文地质学提出了很多岩溶水资源储量评价方法（Goldscheider and Drew,2007）。以下三种方法最为常用:

(1) 泉流量水文曲线法（Maillet,1905；Yevjevich,1956；Drogue,1972；Milanović,1979；Mangin,1984；Kullman,1984；Bonacci,1987,1993；Mijatović,1990；Kresic,2007；Kresic and Bonacci,2010）。

(2) 时间序列分析法（Atkinson,1977；Panagopoulos and Lambrakis,2006；Kresic,2007）。

(3) 水文曲线分割法（Rorabaugh,1964；Padilla et al.,1994；Rutledge,1998）。

地下水静储量和动储量粗略评价还有如下简易方法。

(1) 静储量方程:

$$\Sigma V = F \times H \times P_e \tag{6.12}$$

式中,ΣV为最低地下水位以下的累计水量（静储量,m³）；F为含水层面积（m²）；H为含水层厚度（最低地下水位到岩溶基底或隔水基岩的厚度,m）；P_e为有效孔隙度（储水系数）。

(2) 动储量方程:

以达西定律为基础,岩溶含水层的动储量以流经某一断面的流量来近似模拟:

$$Q_{dyn} = V_c \times F \times P_e \tag{6.13}$$

式中,Q_{dyn}为以含水层流量表示的地下水动储量（m³/s）；V_c为地下水平均流速（m/s）；F为断面面积（m²）；P_e为有效孔隙度（储水系数）。

6.4 地下水均衡在储量评价方面的应用

很多作者开展了区域岩溶含水层地下水储量计算与水均衡分析（Boni et al.,1984；Kullman,1984；Paloc,1992；Stevanović,1995）。建议至少以年度作为均衡周期,采用简易表格方法（表6.1）,评价大型区域含水层地下水储量,并获取地下水储量和保障程度的总体特征（表6.2）。

表 6.1 地下水均衡评价

均衡要素															
月份	1	2	3	4	5	6	7	8	9	10	11	12	总降水量/mm		总水量（$P \times F$）/10^6 m^3
降水量/mm															
月份	1	2	3	4	5	6	7	8	9	10	11	12	年平均流量/(m^3/s)	年最小流量/(m^3/s)	总水量（平均值）/10^6 m^3
I_s/(m^3/s)															
ΣQ_s/(m^3/s)															
泉 1															
泉 2															
ΣR_f/(m^3/s)															
河流 1															
河流 2															
L															
月份	1	2	3	4	5	6	7	8	9	10	11	12	总降水量/mm		
E_t															
$Q_{sb}(L-E)$															

注：参数解释见图 6.1 和式（6.1）。

表 6.2 通过均衡要素评价地下水储量

地下水储量															
月份	1	2	3	4	5	6	7	8	9	10	11	12	年平均流量/(m^3/s)	年最小流量/(m^3/s)	总水量/10^6 m^3
ΣQ_{dyn}															
		F/km^2		岩溶厚度 H_{av}/m		P_e			$\Sigma Q_{stat.}$			$Q_{st, 10\%/10}$ 年			$Q_{static. expl}$/(m^3/s)
ΣQ_{st}	(a)														
	(b)														
月份	1	2	3	4	5	6	7	8	9	10	11	12	年平均流量/(m^3/s)		
$\Sigma Q_{avail(dyn)}$															
	$\Sigma Q_{pot. available(dyn+stat)}$/(m^3/s)					I_{ef}/%									
月份	1	2	3	4	5	6	7	8	9	10	11	12	年平均流量/(m^3/s)	年最小流量/(m^3/s)	
$\Sigma Q_{pot. Avail(avail dyn+stat)}$															
$\Sigma Q_{active use}$															
C_{use}															
总储量 $Q_{available}$/(m^3/s)															

表6.1是式（6.3）的应用，首先，需要确定输入参数的月平均值或年平均值，包括降水量（P）、泉流量（Q_s）、地表流入量（I_s）、径流量或流域内部地表水流量（R_f）等。分两种情况确定I_s参数：流域（补给区面积，F）分内源和外源两个部分，总水量以（$P \times F_{total}$）表示，I_s等于进入流域的河流断面流量；流域仅包括内源部分，总水量为（$P \times F_{autogenic}$），那么除了进入流域的断面流量外，还应考虑和计算岩溶区与非岩溶区分界处小型地表水流量，推荐采用前一种情况下的方法。

其次，需评价难以确定的均衡参数，为了初步检验，将总损失量（L）近似估算为输入量（$P+I_s$）与输出量（Q_s+R_f）之差，包括E_t和Q_{sb}两个部分。在粗略估算中，一般会忽略地下水流入量（I_g）和地下水蒸发量（E_g）等参数。

蒸散量（E_t）可采用彭曼-蒙蒂思（Penman-Monteith）、桑思韦特（Thornthwaite）或其他经验公式计算，但需要根据潜在蒸散量推算实际蒸散量。

差值（$L-E_t$）可作为"不可见的"地下水排泄（Q_{sb}）参数，能否合理评价该参数，是地下矿坑涌水防治、水库防渗以及深部含水层开发利用等工程成败的关键。

最后，需要验证Q_{sb}数据的合理性（图6.16），如果出现数据错误或严重误差，则需要验证和校正均衡方程的其他输入/输出参数。

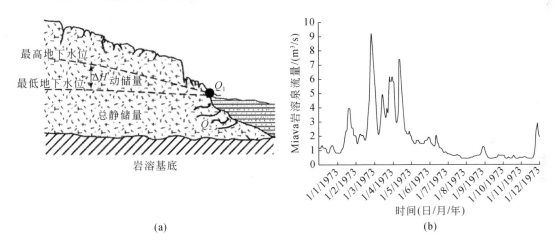

图6.16 存在Q_{sb}的含水层概念模型（a）与典型年份中的泉流量水文曲线（b）
(Stevanović，2010a，经爱思唯尔允许，由Kresic和Stevanović编著《泉的地下水水文学》一书翻印)

在表6.1的基础上，采用表6.2评价地下水储量。地下水动储量等于所有泉的年平均流量之和；地下水总静储量（不可更新的）等于含水层的体积（补给区面积乘以最低地下水位以下的饱水带厚度）与岩溶含水层有效孔隙度（储水系数）的乘积，即$Q_{st}=F \times H_{av} \times P_e$。该公式可用于非承压和承压岩溶含水层的地下水储量计算，后一种情况是渗透性岩层（可能发生Q_{sb}）或非岩溶隔水层（无Q_{sb}）覆盖的岩溶含水层的拓展。

静储量中可开采部分（$Q_{static.expl}$）必须是可持续开采量，表6.2中，以10年的开采期为例，建议可开采储量的"亏损量"不超过总静储量的10%（$Q_{st,10\%/10年}$）。可采资源量（Q_{avail}）等于动储量减去水生生态系统的需水量，当含水层排泄区之外的下游支流还存在其他重要水流时，则水生生态系统的需水量应与所有泉的最小月平均流量相对应，开采不能干扰泉的最小流量。但是，如果下游没有其他的补给水流，而且下游用户需水量巨大，则需提高生态需水量，甚至要限制地下水开采。静储量的可采资源部分（$Q_{\text{static. expl}}$）可以适当增加，作为潜在的可采储量。

动储量 Q_{dyn} 除以总降水量（P）即有效入渗量（I_{ef}），作为水文年的可更新水量。

评价的最后部分是将潜在可采资源量（$\Sigma Q_{\text{potent. avail.}}$）与目前所有的开采总量（$\Sigma Q_{\text{active use}}$）进行对比，定量确定含水层系统的压力，作为含水层可持续性的重要指示参数（WFD，2000/60）。

参 考 文 献

Allen R, Pereira LA, Raes D, Smith M(1998) Crop evapotranspiration. FAO Irrigation and Drainage Paper 56, Rome, p 101

Atkinson TC(1977) Diffuse flow and conduit flow in limestone terrain in Mendip Hills, Somerset(Great Britain). J Hydrol 35:93-100

Bonacci O(1987) Karst hydrology with special reference to the Dinaric karst. Springer, Berlin

Bonacci O(1993) Karst springs hydrographs as indicators of karst aquifers. Hydrol Sci 38(1):51-62

Boni CF, Bono P(1984) Essai de bilan hydrogeologique dans une region karstique de l'Italie Centrale. In:Burger A, Dubertret L (eds) Hydrogeology of karstic terrains. Case histoires. International Contributions to Hydrogeology, IAH, vol 1. Verlag Heinz Heise, Hannover, pp 27-31

Boni CF, Bono P, Kovalevsky VS(1984) Evaluation of water resources. In:Burger A, Dubertret L (eds) Hydrogeology of karstic terrains. Case histories. International Contributions to Hydrogeology, IAH, vol 1. Verlag Heinz Heise, Hannover, pp 9-17

Brown M, Wigley T, Ford D(1969) Water budget studies in karst aquifers. J Hydrol 9:113-116

Castany G(1967) Traite pratique des eaux souterraines. Dunod, Paris

Cobb E, Bailey J(1965) Measurement of discharge by dye-dilution methods, Book 1, Chap 14. US Geological Survey, Surface-water techniques, p 27

Davis S, De Wiest R(1967) Hydrogeology. Wiley, New York(reprint:Krieger Pub. Co. 1991:p 463)

Drogue C(1972) Analyse statistique des hydrogrammes de decrues des sources karstiques. J Hydrol 15:49-68

Ford D, Williams P(2007) Karst hydrogeology and geomorphology. Wiley, Chichester

Goldscheider N, Drew D(eds)(2007) Methods in karst hydrogeology. International contribution to hydrogeology, IAH, vol 26, Taylor and Francis/Balkema, London

Healy RW, Winter TC, LaBaugh JW, Franke OL(2007) Water budgets:foundations for effective water-resources and environmental management:US Geological Survey Circular 1308, p 90

Kresic N (2007) Hydrogeology and groundwater modeling, 2nd edn. CRC Press/Taylor and Francis, Boca Raton, FL

Kresic N(2013) Water in karst:management, vulnerability and restoration. McGraw Hill, New York

Kresic N, Bonacci O(2010) Spring discharge hydrograph. In:Kresic N, Stevanović Z(eds) Groundwater hydrology of springs. Engineering, theory, management and sustainability. Elsevier Inc. BH, Amsterdam, pp 129-163

Kullman E(1984) Evaluation des changements des reserves en eau souterraine dans la structure hydrogeologique du complexe calcaire dolomitique des Petites Carpates(Tchecoslovaquie)en vue du bilan hydrologique. In:Burger A, Dubertret L (eds) Hydrogeology of karstic ter-rains. Case histoires. international contributions to hydrogeology, IAH, vol 1. Verlag Heinz Heise, Hannover, pp 46-53

Leontief W(1986) Input-output economics, 2nd edn. Oxford University Press, New York

Lerner D, Issar A, Simmers I(1990) Groundwater recharge, a guide to understanding and estimating natural recharge. International contributions to hydrogeology, vol. 8. Verlag Heinz, Heise. Hannover

Luchshewa AA(1976) Prakticheskaya gidrologija(Practical hydrology, in Russian). Gidrometeoizdat. Leningrad (St. Petersburg)

Maillet E(ed)(1905) Essais d'hydraulique souterraine et fluviale, vol 1. Herman et Cie, Paris

Mangin A(1984) Pour une meilleure connaisance des systèmes hydrologiques à partir des analy-ses corrélatoire et spectrale. J Hydrol 67:25-43

Mijatović B(1990) Karst. Hydrogeology of karst aquifers. Spec. ed. Geozavod, Belgrade

Milanović P (1979) Hidrogeologija karsta i metode istraživanja(Karst hydrogeology and exploration methods, in Serbian). HE system Trebišnjica, Trebinje

Milanović P(1981) Karst hydrogeology. Water Resources Publications, Littleton CO

Milanović S(2007) Hydrogeological characteristics of some deep siphonal springs in Serbia and Montenegro karst. Envi Geol 51(5):755-760

Miller RE, Blair PD (2009) Input-output analysis: foundations and extensions, 2nd edn. Cambridge University Press

Padilla A, Pulido-Bosch A, Mangin A(1994) Relative importance of baseflow and quickflow from hydrographs of karst spring. Ground Water 32(2):267

Paloc H(1992) Caracteristiques hydrogeologiques specifiques de la region karstique des Grands Causses. In:Paloc H, Back W(eds) Hydrogeology of selected karst regions, vol 13. Heise, Hannover, pp 61-88

Panagopoulos G, Lambrakis N(2006) The contribution of time series analysis to the study of the hydrodynamic characteristics of the karst systems:application on two typical karst aquifers of Greece(Trifilia, Almyros Crete). J Hydrol 329(3-4):368-376

Penman HL(1948) Natural. evaporation from open water, bare soil and grass. Proc R Soc Lond A 193:120-145

Ranković J(1979) Teorija bilansa(Budget theory, in Serbian). University of Belgrade, Belgrade

Rorabaugh M(1964) Estimating changes in bank storage and groundwater contribution to stream flow. Int Assoc Sci Hydrol Publ 63:32-441

Rutledge RT(1998) Computer programs for describing the recession of groundwater discharge and for estimating mean groundwater recharge and discharge from stream flow records-update. USGS water-resource investigations report 98-4148. Reston, VG

Scanlon BR, Healy RW, Cook PG(2002) Choosing appropriate techniques for quantifying groundwater recharge. Hydrogeol J 10:18-39

Shaw EM(1994) Hydrology in practice, 3rd edn. Routledge, Abingdon

Stevanović Z (1984) Primena bilansno-hidrometrijskih metoda za odre ivanje rezervi karstnih izdanskih voda (Application of budget and hydrometry methods in definition of karstic groundwater reserves, in Serbian). Vesnik Serb Geol Surv B, vol XX, Belgrade, pp 1-13

Stevanović Z(1995) Karstne izdanske vode Srbije-korišćenje i potencijalnost za regionalno vodosnabdevanje(Karst groundwater of Serbia-use and potential for regional water supply; in Serbian). In:Stevanović Z(ed) Water mineral resources of lithosphere in Serbia. Spec. ed. of Fac. Min. Geol. University of Belgrade, pp 77-119

Stevanović Z(2010a) Utilization and regulation of springs. In:Kresic N, Stevanović Z(eds) Groundwater hydrology of springs. Engineering theory, management and sustainability. Elsevier Inc. BH, Amsterdam, pp 339-388

Stevanović Z (2010b) Regulacija karstne izdani u okviru regionalnog vodoprivrednog sistema "Bogovina"

(Management of karstic aquifer of regional water system "Bogovina", Eastern Serbia). University of Belgrade—Faculty of Mining and Geology, Belgrade

Stevanović Z, Iurkiewicz A(2004) Hydrogeology of Northern Iraq general hydrogeology and aquifer systems, Spec edition TCES, vol 2. FAO, Rome, p 175

Stevanović Z, Jemcov I, Milanović S(2007) Management of karst aquifers in Serbia for water supply. Environ Geol 51/5:743-748

Stevanović Z, Milanović S, Ristić V(2010) Supportive methods for assessing effective porosity and regulating karst aquifers. Acta Carsologica 39/2:313-329

Stevanović Z, Ristić-Vakanjac V, Milanović S(eds)(2012) Climate changes and water supply. Monograph. SE Europe cooperation programme. University of Belgrade, Belgrade, p 552

Stevanović Z, Simić M(1985) Problematika eksploatacije podzemnih vodana širem području grada Laghouata(Alžir) (The problems of groundwater extraction in Laghouat area, Algeria, in Serbian), Vesnik Serb Geol Surv B, vol XXI, Belgrade, pp 35-43

Thornthwaite CW(1948) An approach toward a rational classification of climate. Geograph Rev 38:55

Turc L(1954) Le bilan d'eau des sols: relations entre les precipitations, l' evaporation et l' ecoulement. Ann Agron 5:491-596

Water Framework Directive WFD 2000/60, Official Journal of EU, L 327/1, Brussels

Yevjevich V(1956) Hidrologija, 1 deo. (Hydrology, Part 1, in Serbian). Ins Wat Res Develop erni, Jaroslav Č Spec. ed. vol 4, Belgrade, Serbia

Yevjevich V(ed)(1981) Karst water research needs. Water resources publications, Littleton CO

第7章 岩溶含水层流量动态评价

彼得·马利克（Peter Malík）

岩溶泉的典型特征是接受补给后流量发生急剧变化，开展泉流量监测，可定量确定流量随时间的变化特征，并评价供水可靠程度。

岩溶含水层具有双重地下水流动态，即以管道流为主的快速流和以分散水流为主的慢速流。由于地下水流量变化迅速，自然条件下，即可观测水文曲线、水位或流量的快速响应过程。选择合适调查方法描述岩溶含水层流量动态特征，对建立区域水文地质理论背景模型极为重要。在此基础上，采用特殊方法进行水文过程线分割，区分出快速流、慢速流及过渡流等各种水流分量。本章提出了岩溶含水层系统水流水文过程的定量分析方法。

7.1 流量动态：定义与典型特征

水文地质学和水文学中，动态一词是指地下水或地表水条件变化的现象，一般可通过常规方式观测其自然变化过程。岩溶含水层的动态变化特征，特别是地下水位和地下水物理-化学属性，及其与控制影响因素的关系研究，是水文地质普遍的研究课题。根据流量变化规律——流量动态特征，可了解并区分典型泉或流域特征。例如，阿尔卑斯地区流域流量动态主要受融雪水或冰川控制，而在低地大型盆地，流量动态主要受大气降雨或季风气候控制。由于岩溶含水层汇聚地下水流，其流量动态特征清晰可辨。

对于多数岩溶泉来说，流量对补给脉冲产生迅速而强烈的响应，在水文曲线上表现出多个振幅巨大的尖峰（图7.1），原因在于岩溶含水层导水系数变化幅度要远高于孔隙或

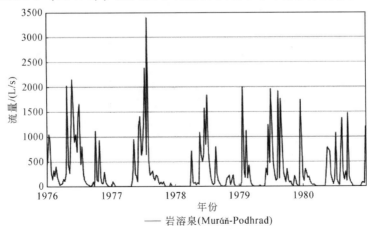

图 7.1　典型岩溶泉的流量动态特征
斯洛伐克中部穆拉（Muráň）市波德拉德（Podhrad）泉

裂隙含水层；另外，岩溶含水层给水度（储水系数）与其他含水层相差无几，甚至更低。

岩溶含水层水力扩散参数（导水系数与给水度之比）较高，在水文曲线上表现为典型尖峰状；而花岗岩及其风化残积物储水性较强，但渗透系数较低（图7.2），地下水浅循环形成的泉能吸收和缓冲偶发补给。图7.1和图7.2是相距约15km的两个泉流量水文曲线，图7.1是斯洛伐克中部Muráň市Podhrad泉，图7.2是Pohorelá市附近形成于结晶岩的Piksová泉，1976~1981年，每周观测两泉流量，二者对同一降雨过程的响应特征近乎一致。动态特征不同的各泉之间，最好采用流量对数－时间曲线，对比响应特征，如图7.3所示，无须调整y轴刻度，即可看出二者差异。流量对数曲线的用途将在后文详述，从图7.3中可以看出，岩溶泉对每次降雨脉冲均产生强烈反应，水文动态极不稳定；而风化结晶岩含水层只对某些重要补给产生响应。

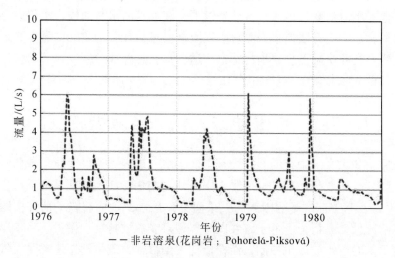

图7.2 典型非岩溶泉流量动态特征

斯洛伐克中部波霍雷拉（Pohorelá）市皮克斯（Piksová）泉

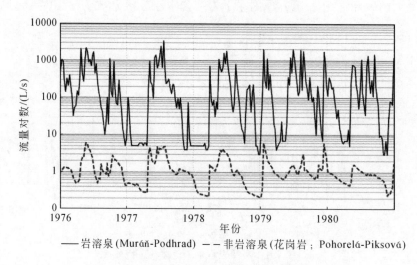

图7.3 岩溶泉和非岩溶泉流量动态半对数曲线对比

7.2 泉流量变化

含水层接受补给以及天然储量疏干时，泉流量随时间会发生动态变化。泉流量变幅和频率受含水层结构和物理属性控制，岩溶泉典型特征是流量发生急剧变化，这种流量不稳定性不利于水资源管理，因此在实施重大水资源管理投资之前，应对泉流量动态变化特征进行分类记录。应注意，泉流量单次观测数据或不同时期零星观测数据不能用作泉流的定量描述。评价泉流量变异性参数应当开展多次观测，至少在一个完整水文周期内对泉流量进行系统观测，包括定期观测补给和流量衰减过程。建议地下水源头观测频率至少每周一次，而岩溶泉流量快速变化过程则需每天开展监测。现代电子流量自动记录技术已解决流量时间序列的数据缺失问题，如今更重要的是解决观测分辨率问题。低水位期，岩溶流量降至每秒数升，而高水位期，则可达每秒数立方米，岩溶泉观测堰的形状设计应同时满足低水位和高水位流量数据精确读取要求。V形三角堰［汤姆孙（Thomson）堰V形缺口为90°］更适合低水位观测，无法观测高水位的流量；高水位时，可采用宽大矩形堰［彭赛利（Poncelet）堰］，将V形堰和矩形堰结合，可以读取两个极端流量［图7.4（a）、(b)］。两个以上的V形三角堰可以构成复合堰，开口角度自下而上逐步扩大［图7.4（d）］，理论上，复合堰性能优于图7.4（a）、(b)。在垂向空间有限，不足以形成向下游的水力梯度时，可用巴歇尔（Parshall）槽［图7.4（c）］开展流量观测，但精度低于形成自由跌水的薄壁堰。

图7.4 不同类型的岩溶泉流量观测堰

（a）旱季Thomson（V形）堰和Poncelet（矩形）堰的联合使用；（b）雨季Thomson（V形）堰和Poncelet（矩形）堰的联合使用；（c）Parshall槽；（d）V形堰的复合堰

根据流量变化特征，可将泉划分为常流泉（所有时刻的流量>0L/s）和出流时间不规则的短暂性（间歇性）泉，最有趣的是周期性泉（潮泉、韵律泉），在较短时间间隔内，有规律排泄几乎等量的水流，流量时间曲线至少在一定时间段内振荡，周期性泉与地下发育虹吸管有关系，虹吸管定期充水和疏干地下水，与补给方式无关（Kresic，2007）。Mangin（1969）将该现象解释为地下含水层通过两个不同管道排泄疏干地下水，也符合Oraseanu 和 Iurkiewicz（2010）提出的模型；Bonacci 和 Bojanic（1991）提出了由虹吸管联系的两个含水层数学模型。如果泉在某些特定水文阶段发生间断性疏干现象，则可定义为周期性泉。周期性泉是全球岩溶区普遍存在的一种典型泉。

泉作为天然地下水源，在全球各地区稀缺性或富水性不同，对其理解和认知程度也存在差异，因而，以平均流量对泉进行分类还受地理因素控制，Meinzer（1923b）提出的分类方案（表7.1）如今仍作为首选参考观点。

表7.1 根据年平均流量的岩溶泉分类（Meinzer，1923b）

泉流量规模	年平均流量（Q）/（L/s）
一级	>10000
二级	1000～10000
三级	100～1000
四级	10～100
五级	1～10
六级	0.1～1
七级	0.01～0.1
八级	<0.01

岩溶泉流量统计通常符合对数正态分布，如无其他流量参数，仅按平均流量对泉进行分类毫无意义。几次大规模洪水过程即可决定平均泉流量，而其他多数时期泉流量可能较小，甚至处于干涸状态。很多国家根据最小泉流量进行分类（Kresic，2007），但最大泉流量值有利于岩溶水文过程模拟（Bonacci，2001）。泉流量动态变化评价对评估开发潜力的可靠程度极为重要。在研究周期内，根据泉流量监测数据确定泉流量变异性。泉流量变异性分类可确定低水位期间流量变化趋势，与年平均流量相结合，可对年总流量进行分类评估。泉流量变异性也能评估区域水文地质过程和含水层的水力特征，泉流量的变异性越高，表明含水层的导水性越强，地下水系统对补给过程的响应就越迅速。

目前泉流量变异性分类以常规流量观测的统计参数为基础，最简单的是泉流量最大值与最小值之比（Q_{max}/Q_{min}），可定义为变异指数I_v：

$$I_v = \frac{Q_{max}}{Q_{min}} \tag{7.1}$$

变异指数$I_v>10$时，为流量动态极不稳定泉；$I_v<2$时，则为常态泉或稳定泉（Kresic，2007）。下文以最大流量和最小流量对比为基础，根据泉流量变异性提出了其他分类方法（Dub and Němec，1969；Netopil，1971）。按照变异性指数可将泉划分为不同可靠性等级

（表7.2）。斯洛伐克水文研究所自20世纪60年代以来，对超过1300个泉开展观测，采用变异性指数 I_v 表示泉流量稳定性（表7.3）。很显然，观测时间越长，越能记录极端水文过程，如大洪水和长期干旱等，并相应地将有些泉重新划分为"可靠性较低"等级。

表7.2 根据变异性指数对泉流量可靠程度分级（Dub and Němec，1969；Netopil，1971）

可靠程度	I_v（Q_{max}/Q_{min}）
出色的	1.0~3.0
极好的	3.1~5.0
好的	5.1~10.0
中等	10.1~20.0
差	20.1~100.0
极差	>100.0
暂时性泉	∞

表7.3 斯洛伐克水文研究所根据变异指数对泉流量的可靠程度分级

泉流量稳定性程度	I_v（Q_{max}/Q_{min}）
稳定	1.0~2.0
不稳定	2.1~10.0
极不稳定	10.1~30.0
完全不稳定	>30.0

采用流量时间序列的其他统计参数，可以降低外部极端因素对泉分类的影响。对于流量变幅极大的典型岩溶泉来说，简单的流量算术平均是"最糟糕的表达参数"，该值仅强调了每年发生数次的大流量。采用中位值及其他参数更能反映岩溶泉流量变异情况。Meinzer（1923b）提出了采用百分率来表示的泉流量变异性指数 V：

$$V=\frac{Q_{max}-Q_{min}}{\phi}\times 100\% \tag{7.2}$$

式中，V 为泉流量变异性指数；Q_{max} 和 Q_{min} 分别为记录的最大流量和最小流量；ϕ 为泉流量算术平均值。

如果 $V<25\%$，则认为该泉为流量稳定；$V>100\%$，则认为该泉为变化泉。

泉流量变异系数（SVC）是以超过10%和超过90%的流量比值来表示的；泉流量变差系数（SCVP）以流量标准偏差和算术平均值为基础。

$$SVC=\frac{Q_{10}}{Q_{90}} \tag{7.3}$$

式中，SVC 为泉流量变异系数；Q_{10} 为超过总时间10%的流量；Q_{90} 为超过总时间90%的流量，详见流量历时曲线（FDCs）超出流量的定义。

Meinzer（1923a）、Netopil（1971）、Alfaro 和 Wallace（1994）根据 SVC 值（Flora，2004；Springer et al.，2004）进行泉流量分类，如表7.4。斯洛伐克技术标准 STN 751520（SÚTN，2009，表7.5）根据 Q_{max}/Q_{min} 值（变异指数 I_v）和 SVC（Q_{10}/Q_{90}）定量表示了

"泉流量的稳定性"。Flora（2004）和 Springer 等（2004）提出了 SCVP，按式（7.4）计算。

$$SCVP = \frac{\sigma}{\phi} \tag{7.4}$$

式中，SCVP 为泉流量变差系数；σ 为泉流量的标准偏差值；ϕ 为泉流量的算术平均值。表 7.6 给出了根据 SCVP 提出的泉流量变异性分类。

表 7.4 根据泉流量变异系数（SVC）提出的泉流量分类（Flora，2004；Springer et al.，2004）

泉的分类	泉流量变异系数（SVC）
稳定	1.0~2.5
平衡较好的	2.6~5.0
平衡的	5.1~7.5
不平衡的	7.6~10.0
极不稳定的	>10.0
暂时性的	∞

表 7.5 根据变异指数（I_v）或泉流量变异系数（SVC）提出的泉流量稳定性分级（SÚTN，2009）

泉的分类	SVC/I_v
极稳定	1.0~3.0
稳定	3.1~10.0
不稳定	10.1~20.0
非常不稳定	20.1~100.0
极不稳定的	>100.0

表 7.6 根据变差系数（SCVP）提出的泉流量变异性分类（Flora，2004；Springer，2004）

泉的分类	泉流量变差系数（SCVP）
低	0~49
中等	50~99
高	100~200
极高	>200

7.3 流量历时曲线

流量历时曲线（FDC）反映了河流或泉流量观测的范围和变异性，曲线代表了指定位置流量超过某一流量值的时间占总观测时间的比例（Foster，1924，1934；Searcy，1959），一般以流量与不小于该流量的时间百分比曲线表示。流量历时曲线尽管不能反映流量的时序，但仍可应用于很多研究。在过去的流量动态分类中，仅仅是将最小流量与最大流量对比来评价"流量稳定性",而 FDC 曲线能定量提供岩溶泉流量动态更为详细的基本信息。建立可靠的 FDC 曲线,需要足够长的泉流量常规观测数据,至少应覆盖一个水文年(包括补给期和流量衰减期),将流量时间序列数据从高到低进行简单排序,然后将数据绘成流量的超出百分比曲线。每个超出百分比的增量等于 100% 除以点数目(数据个数或观测次数),如果在一年内按照每天一次的常规观测,则有 365 个观测数据,且数据自高向低排列,第一个数据(最大值)的超出率为 $1/365 = 0.27\%$。第十二大的流量超出百分比则为 $12/365 = 3.29\%$,自最高流量起第 279 个流量值的超出百分比为 $279/365 = 76.44\%$。超出百分比可生成新的数据列,反映各流量的超出百分比。

FDC 可作为确定泉流量的参考曲线,如果流量值对应 50% 的超出率,则该流量值为流量中值;70% 的超出率的流量值可能为 147L/s,并不代表 70% 的时间里流量为 147L/s,而是在 70% 时间里流量值 ≥147L/s。如果 20% 超出率的流量值为 700L/s,流量较大,流量值 ≥700L/s 的时间占全年较小。如果 100% 超出率的流量为 25L/s,则其代表该泉的最低流量,毫无疑问,所有时间里该泉的流量都 ≥25L/s。

泉流量通常以 Q 表示,超出率以数字标注在 Q 的下标,Q_{95} 表示 95% 及以上时间里的流量值;Q_{50} 等于流量中值,但平均流量 Q_{mean} 或数据序列里所有流量的算术平均值主要取决于泉的剧烈和稳定程度,一般分布在 $Q_{20} \sim Q_{40}$ 之间;流量在 $Q_0 \sim Q_{10}$ 之间一般是超高流量;$Q_0 \sim Q_1$ 代表极端洪水流量;$Q_{10} \sim Q_{70}$ 代表了流量中值范围,而当自来水厂需水时,为确保地下供水稳定可靠,应考虑 $Q_{70} \sim Q_{100}$ 之间的低流量值。FDC 曲线向右,流量更低时,将关闭供水系统。当流量在 $Q_{95} \sim Q_{100}$ 之间变化时,将面临干旱缺水。通常将流量超出率值置于表格中,泉流量观察值在超出率图表的两侧都有更为密集的分布比例(Q_1;Q_5;$Q_{10} \cdots Q_{90}$;Q_{95};Q_{99}),而这部分观察数据以 10% 的步长来表示。表 7.7 是平均流量相近的两个岩溶泉流量超出率值的列表。可开采流量通常根据立法或区域经验,一般与超出率在 70%~90% 之间的流量相关,即 Q_{70} 或 Q_{90},为确保年内各不同时期的稳定供水,通常采用 Q_{80} 作为可开采流量值。

表 7.7 平均流量相近的两个岩溶泉流量超出率值

泉名	Q_1	Q_5	Q_{10}	Q_{20}	Q_{30}	Q_{40}	Q_{50}	Q_{60}	Q_{70}	Q_{80}	Q_{90}	Q_{95}	Q_{99}
Brúsik	70.0	29.0	20.0	14.4	10.8	8.4	7.1	6.1	4.6	3.8	2.9	2.0	0.9
Vlčie bralo	29.1	26.2	24.0	21.6	19.7	15.6	15.2	14.7	14.7	13.7	10.6	9.7	9.3

另外一种表示流量超出值的方式是采用全年中超出某流量值的天数表示,即所谓的 M 天流量或低水位期间 M 天持续流量,如 300 天的超出值对应 82.19% 的超出率(=300/365),或 355 天超出率等于 97.26%(=355/365)。在统计学上,330 天流量表示泉流量在年内有 330 天大于等于该值。很多作者采用同样的方式以百分比表示超出率,如 Q_{90} 代表 90 天的超出率,但我们应该谨慎了解作者对区分该值意义的态度。一般情况下,超过数字 100 的流量超出率,如 Q_{300},显然是采用了 M 天流量的形式。

FDC 曲线的形状受含水层的水力特征、空间结构和补给范围的控制,该曲线可用于研究含水层特征或与其他泉进行对比分析。泉流量急剧变化的 FDC 线坡度较陡,水流多数通过岩溶管道排泄；而曲线坡度较缓则表明地下储水性能较好，水流补给-排泄趋于平衡。FDC 曲线坡度的低端处反映了补给区永久储量的特征；低端的坡度平缓表明储水量大，而坡度较陡则表明水量可忽略。泉流量较大时，曲线上端坡度平缓，主要来自融雪水和储水量较大的表层岩溶泉，与沼泽地表水补给输入有关的泉也具有上述特征。图 7.5 是表 7.7 中两个岩溶泉的 FDC 曲线。

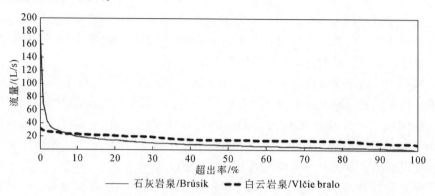

图 7.5　纯灰岩中 Brúsik 泉和白云质灰岩中 Vlčie bralo 泉的 FDC 曲线

最好是采用历时数年至数十年的数千个数据建立 FDC 曲线，在微软 Excel 表格中，利用函数 PERCHENTILE（ ）处理数据，无需将流量自高向低排序，首先，仅需引用所有流量值（《dataset》）的数据集字段；然后，以十进制格式输入 1 与超出率之差（如 0.7 代表 30% 的超出率，0.95 代表 5% 的超出率），如 PERCENTILE（《dataset》；0.8）代表 Q_{20}，PERCENTILE（《dataset》；0.01）代表 Q_{99}。

7.4　流量动态：子动态和水流分量

图 7.3 为不同流量动态的简单实例，分别代表岩溶管道主导型的流量动态和流速极低的分散地下水流排泄的动态，两种动态既能出现在不同类型的含水层，也能并存于同一含水层。传统概念上，岩溶含水层的流量动态分为"分散水流"和"快速水流"两个部分，岩溶水排泄动态特征可由至少两个部分组成，各部分称为"子动态"，完整的流量动态因而可分解为相互叠加的子动态，多数研究者更倾向于将其称为"水流分量"。特别是岩溶含水层，通常存在差异巨大的水流分量，如管道控制的快速流分量和分散的慢速流分量，如图 7.6 所示。1979 年的夏季和秋季，穆兰（Muráň）地区的波德拉德（Podhrad）泉在降雨后的 1~2 天内，流量达到每秒数百升的峰值，是该次降雨之前流量的 10 倍；在接下来的 4~6 天内，流量为 100~200L/s，该部分流量可作为快速流要素。然而，流量自 100~200L/s 开始，下降速度减缓，在接下来近 20 天内，流量回落至初始值（图 7.6 左侧部分，1979 年 6 月 15 日后的流量），此处的快速流和慢速流要素都以输入参数不同的指数函数曲线表示。但图 7.6 的右侧部分显示，自 1979 年 9 月 2 日起，水文曲线衰减段发生改变，在快速流要素完全转换为衰减的慢速流之前，还存在另一衰减类型，称为过渡流，有时可观测到过渡流流量曲线坡度的下降方式不同，比慢速流要素陡，但比快速流缓；而其他水文条件下则没有此类现象。任何岩溶泉都具有各自典型的衰减水文曲线形态。

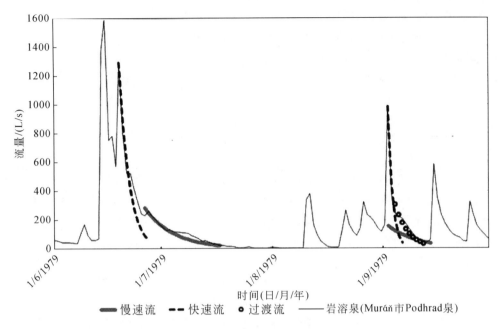

图 7.6 水文曲线衰减段不同水流分量的子动态
斯洛伐克中部 Muráň 市 Podhrad 泉，1979 年夏季中期

7.5 衰减过程与水流分量的数学描述

Boussinesq（1877）首次提出了含水层排泄和泉流量随时间衰减的理论原理，式（7.5）描述了多孔介质水流的扩散过程：

$$\frac{\partial h}{\partial t} = \frac{K}{\varphi} \frac{\partial}{\partial x}\left(h \frac{\partial h}{\partial x}\right) \tag{7.5}$$

式中，K 为渗透系数；φ 为含水层有效孔隙度（给水度/储水系数）；h 为水头；t 为时间。

采用简化假设：非承压孔隙含水层、均质、各向同性、矩形、底板凹陷；H 为出口水位以下的深度，h 的变化相对于含水层深度 H 可以忽略不计；忽略地下水位以上的毛细效应，Boussinesq（1877）采用指数式（7.6）作为近似解析解：

$$Q_t = Q_0 e^{-\alpha t} \tag{7.6}$$

式中，Q_0 为初始流量；Q_t 为 t 时刻的泉流量；α 为衰减系数，是含水层的内在特征参数，采用时间单位的倒数表示（d^{-1} 或 s^{-1}）。

Maillet（1905）观测水库通过多孔塞的疏干过程，提出了近似的含水层衰减曲线，因此，式（7.6）也称为马耶（Maillet）公式。对含水层的内在属性采用相同的简化假设（均质、各向同性、孔隙介质、非承压、矩形、无毛细现象），但出口高程上存在水平隔水层，控制了含水层及水位曲线的初始形态（不完全的反 β 函数），含水层内所有流速水平（迪皮–福希海默假设，Dupuit-Forchheimer 假设），Boussinesq（1903，1904）提出了解析方法：

$$Q_t = \frac{Q_0}{(1+\alpha t)^2} \tag{7.7}$$

Dewandel 等（2003）对出口高程上存在隔水底板的浅层含水层开展数值模拟，结果与式（7.7）的流量衰减二次公式结果一致；而且，根据 Boussinesq（1903，1904），含水层的物理属性（渗透系数 K、有效孔隙度 φ）以如下方式 [式（7.8）和式（7.9）] 影响初始流量值 Q_0 和衰减系数 α。

$$Q_0 = 0.862 Kl \frac{h_m^2}{L} \quad (7.8)$$

$$\alpha = \frac{1.115 K h_m}{\varphi L^2} \quad (7.9)$$

式中，L 为含水层的宽度；h_m 为距离 L 处的初始水头。

根据式（7.9），衰减系数 α 和初始流量取决于初始水头 h_m 或含水层的饱水程度；除了马耶（Maillet）公式以外，Boussinesq（1877）提出的近似线性解析方法能更便捷地求取衰减系数 α。衰减系数仅受控于含水层属性：渗透系数 K、有效孔隙度 φ、含水层宽度 L 和出口水位以下的含水层深度 H：

$$\alpha = \frac{\pi^2 KH}{4\varphi L^2} \quad (7.10)$$

Boussinesq（1903，1904）提出的二次方程 [式（7.7）] 不便于数学计算，相比之下，Maillet 公式 [式（7.6）]（Boussinesq，1877；Maillet，1905）因其简单，且对数曲线具有线性特征，被水文和水文地质学家广泛采用。但很多作者根据水文曲线的形状，建立了各种衰减方程，如 Hall（1968）提出的指数水库模型：

$$Q_t = \frac{Q_0}{(1+\alpha Q_0 t)} \quad (7.11)$$

Griffiths 和 Clausen（1997）提出了两个模型，分别应用于地表水累积模型 [式（7.12）] 和岩溶管道 [式（7.13）]：

$$Q_t = \frac{\alpha_1}{(1+\alpha_2 t)^3} \quad (7.12)$$

$$Q_t = \alpha_1 + \alpha_2 t \quad (7.13)$$

Kullman（1990）提出，线性模型可用于管道紊流假设，与地表开放明渠的流量衰减类似 [式（7.14）]，β 是快速流的衰减系数 [与 Bonacci（2011）提出的线性水库系数相似] 或托里拆利（Torricelli）水库模型（Fiorillo，2011）中流量线性下降的衰减系数。Kovács（2003）提出了岩溶泉流量衰减的双曲线模型 [式（7.15）]：

$$Q_t = \left(\frac{1}{2} + \frac{|1-\beta t|}{2(1-\beta t)}\right) Q_0 (1-\beta t) \quad (7.14)$$

$$Q_t = \frac{Q_0}{(1+\alpha t)^n} \quad (7.15)$$

然而，很难获得能完全描述衰减水文曲线的简单方程，这就是研究流量衰减过程要考虑各种子动态（水流分量）的原因。自 Maillet（1905）最早研究开始，一直认为仅存在两种基本的水流分量（Barnes，1939；Schöller，1948；Werner and Sundquist，1951；Forkasiewicz and Paloc，1967；Hall，1968；Drogue，1972；Kullman，1980；Milanović,1981；Padilla et al.，1994），后来的研究（Kullman，1990；Bonacci，2011；Tallaksen，1995）发现泉流量水文曲

线中超过两种水流分量。为解译整个衰减水文曲线，岩溶泉水文曲线的衰减段可近似采用多个指数分段的累加函数表示 [式 (7.16)]，或考虑衰减的其他表达方式，也可以采用多个描述流量线性衰减的库尔曼 (Kullman) 方程 [式 (7.14)] 表示，见式 (7.17)。

$$Q_t = \sum_{i=1}^{n} Q_0 i e^{-\alpha_i t} \tag{7.16}$$

$$Q_t = \sum_{i=1}^{n} Q_0 i e^{-\alpha_i t} + \sum_{j=1}^{m} \left(\frac{1}{2} + \frac{|1-\beta_j t|}{2(1-\beta_j t)} \right) Q_{0j} (1-\beta_j t) \tag{7.17}$$

式 (7.16)、式 (7.17) 中的 i 和 j 值分别代表各水流分量，如图 7.7 和图 7.8 所示。

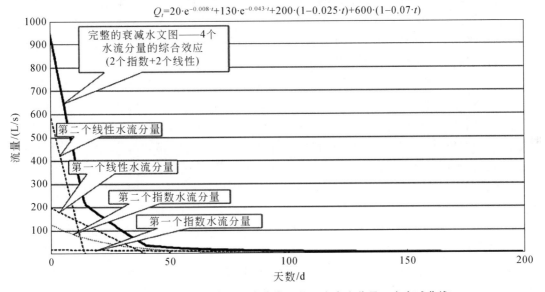

图 7.7　理想衰减水文曲线（正常曲线）的 4 个水流分量（主衰减曲线）

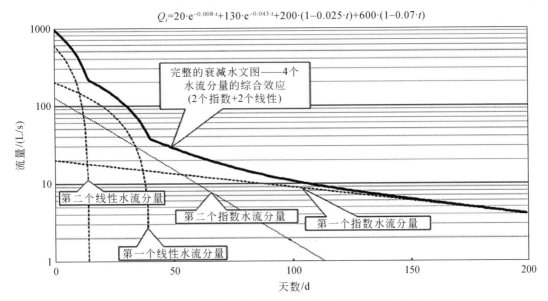

图 7.8　理想衰减水文曲线（半对数曲线）的 4 个水流分量（主衰减曲线）

7.6 在衰减曲线上识别水流分量

Toebes 和 Strang（1964）最初采用条带匹配方法，在纸上选取水文曲线的部分区段进行手动解译，后来通过数字程序处理（Lamb and Beven, 1997; Rutlege, 1998; Posavec et al., 2006; Gregor, 2008），甚至采用遗传算法对衰减流量的时间序列进行集中处理（Gregor and Malik, 2012）。

目前各种衰减曲线分析方法中，我们应选择能反映整个衰减过程的水文曲线部分或该部分的某一段，评价流量开始衰减的门限值（并不一定是最大值），衰减过程的评价通常存在主观性，不同的作者有各自的解释标准（Tallaksen, 1995）。特别是在整个水文循环过程都存在地下水补给的地区，如存在多个降雨过程的温和气候区，衰减过程会受其他补给过程影响而难以区分，衰减曲线也因补给影响而发生改变。为避免此类问题，目前已有多个方法从一系列较短衰减过程中建立主衰减曲线（MRC）（Tallaksen and Van Lanen, 2004）。我们应仅集中分析已选择的水文曲线衰减部分，无须考虑其是单个衰减过程，还是多个短尺度衰减过程的组合。在水文曲线分析中，应更多依赖肉眼可见的线性元素，并采用对数或半对数形式表达流量时间序列。在半对数曲线上，指数形式的水流分量显示更为明显；正态更适合描述线性衰减模型（快速流要素）。也可采用图 7.9 中的曲线形式，斯洛伐克 Závadka 和 Hronom 附近的 Machnatá 泉的流量数据中选取的水文过程衰减部分正常曲线如图 7.9 左侧部分，半对数曲线如图 7.9 右侧部分。在水文曲线分解过程中，通常从慢速流（基流）要素开始，慢速流具有指数特征，在半对数曲线上更易显示 [图 7.9（d）]，该水流分量是整个衰减过程最后保留的部分，因此，应从最小流量开始采用"自右向左"的分析方法。水流分量的衰减系数可采用曲线的斜率来表示，以曲线的延长线（灰线）在 y 轴上的截距表示初始流量 [图 7.9（d）]，需要解决的首要问题是慢速基流要素的持续时间，该时间受右侧的最终和最小流量控制，但其左侧的起始时间需通过视觉估测或计算确定，如指数衰减过程相关系数最佳的时间。第一段解译获取了首对参数：第一个水流分量的起始流量 Q_{01} 和衰减系数 α_1（或 β_1）。在图 7.9（c）、（d）中，解译结果 Q_{01} 为 20L/s，α_1 为 -0.008。下一阶段的分析，最好从测试数据中减去已解译的水流分量，以突出显示其他水流分量 [图 7.9（e）、（f）]，如从第 48 天的观测值（29.83L/s）中减去 $20 \cdot e^{-0.008 \cdot 48}$（=13.62L/s），得出结果 16.20L/s，差值见图 7.9（e）、（f）所示。然后按第一个指数水流分量的分析方法继续进行解译 [图 7.9（g）、（h）]，但指数衰减（黑线）及其延长线（灰线）用 $y=130 \cdot e^{-0.043x}$ 表示，因此，$Q_{02}=130$L/s，$\alpha_2=0.043D^{-1}$。第二个指数水流分量在半对数曲线上更为明显 [图 7.9（h）]。图 7.9（i）、（j）是初始值减去了第一个和第二个指数水流分量的流量所反映的衰减时间序列。同样，将第 48 天的观测值（29.83L/s）减去 $20 \cdot e^{-0.008 \cdot 48}$（=13.62L/s）和 $130 \cdot e^{-0.043 \cdot 48}$（=16.50L/s），得到 -0.30L/s，类似这类取差值，无论正负。通过图 7.9（i）、（j）的曲线表示，可以看出，流量值越大，差值的绝对值越大，即表明观测值或选择的模型存在不确定性。从这点出发，很清楚流量较大的水流分量（快速流要素）位于线性衰减之后，在正常曲线上解译更为方便，见图 7.9（k）和（l）对比。线性回归分析获得的黑线段及其灰色延长线以 $y=-5x+$

200 表示，以式（7.14）形式表示为 $y=200(1-0.025x)$，因此，第一个线性水流分量的参数解译为 $Q_{03}=200L/s$ 和 $\beta_1=0.025$。第一个线性水流分量应该同前两个指数水流分量一起从流量观测值中减去，如图 7.9（m）、（n）所示。从峰值（969L/s）起第 7 天的流量为 621L/s，其中，18.91L/s 属于第一个指数水流分量（$=20 \cdot e^{-0.008 \cdot 7}$），96.21L/s 属于第二个指数水流分量（$=130 \cdot e^{-0.043 \cdot 7}$），165L/s 属于第一个线性水流分量（$200 \sim 200\times 0.025 \times 7$），而需要分析的是余下的 341.17L/s。最后的衰减部分分析结果见图 7.9（o）、（p），以方程 $y=-42x+600$ 表示，根据式（7.14），表示为 $y=600(1-0.07x)$，因此，第二个线性水流分量的参数值即 $Q_{04}=600L/s$，$\beta_2=0.07$。

需要注意的是，指数水流分量存在于整个衰减过程中，向左将解译的持续时间向 y 轴方向延长（$t=0$）；由于指数方程的特性，向右（时间更长）仍能发现所有指数水流分量，除非人为设置阈值（如 0.01L/s 或 1L/s），将特定的指数水流分量忽略不计。将 t_{DUR} 定义为特定线性水流分量的持续时间，根据式（7.14），各线性水流分量的持续时间为其衰减系数 β 的倒数。如图 7.9（o）、（p），首个线性水流分量持续 14 天（$1/0.07=14.3$），次个线性水流分量在 40 天（$1/0.025=40$）后减弱。

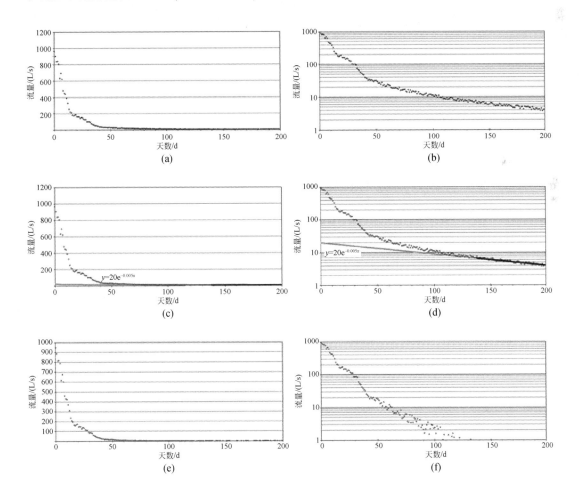

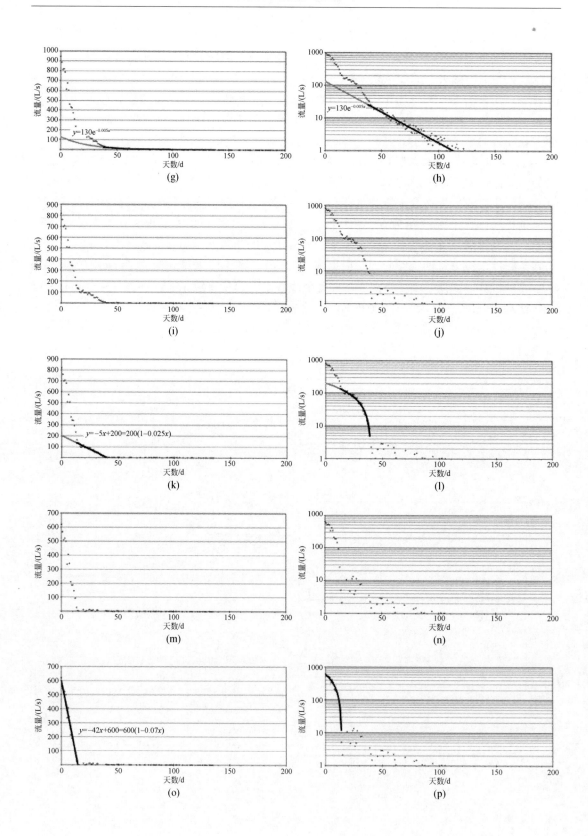

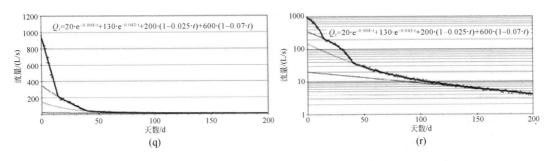

图 7.9 将衰减水文曲线逐步分解为水流分量过程

(a) 原始衰减水文曲线（正常曲线）；(b) 原始衰减水文曲线（半对数曲线）；(c) 第一个指数水流分量（正常曲线）；(d) 第一个指数水流分量（从正常曲线减去了第一个指数水流分量值生成的半对数曲线）；(e) 减去第一个指数水流分量值的衰减水文曲线（半对数曲线）；(f) 减去第一个指数水流分量的衰减水文曲线（半对数曲线）；(g) 第二个指数水流分量（正常曲线）；(h) 第二个指数水流分量（半对数曲线）；(i) 减去第一个和第二个指数水流分量值的衰减水文曲线（正常曲线）；(j) 减去第一个和第二个指数水流分量值的衰减水文曲线（半对数曲线）；(k) 第一个线性水流分量（正常曲线）；(l) 第一个线性水流分量（半对数曲线）；(m) 减去两个指数和一个线性水流分量值之后的衰减水文曲线（正常曲线）；(n) 减去两个指数和一个线性水流分量值之后的衰减水文曲线（半对数曲线）；(o) 第二个线性水流分量（正常曲线）；(p) 第二个线性水流分量（半对数曲线）；(q) 整个衰减曲线分解为四个水流分量（两个指数和两个线性水流分量）（正常曲线）；(r) 整个衰减曲线分解为四个水流分量（两个指数和两个线性水流分量）（半对数曲线）

有多种方法在水文曲线上设置解译曲线，利用计算机，可对选择的解译部分生成线性回归线，或采用手动输入线段，输入参数的改变可能会影响其所处位置。

7.7 计算各水流分量的体积

根据式 (7.17)，可以设想在整个衰减过程中，各部分水流分量的体积各不相同 (图 7.10，图 7.11)，根据叠加原理，流量衰减过程中，含水层地下水体积的总变化，即 t_1 时刻的实测流量 Q_{t_1} 与其后 t_2 时刻的实测流量 Q_{t_2} 之差 $\Delta V_{\exp}$，等于各水流分量体积变化之和。如果仅有一种水流分量流量衰减，如式 (7.6)，则地下水体积变化可表示如下：

$$\Delta V_{\exp} = \int_{t_1}^{t_2} Q_0 e^{-\alpha t} dt = \frac{Q_{t_1} - Q_{t_2}}{\alpha} \tag{7.18}$$

若仅有一种水流分量，初始流量 Q_0 和衰减系数为 α 时，则整个衰减过程排泄的地下水体积 $V_{\exp}$ 可采用式 (7.19) 表示，整个衰减期间 $Q_{t_1}=Q_0$，$Q_{t_2}=0$。

$$V_{\exp} = \frac{Q_0}{\alpha} \tag{7.19}$$

对于存在多个以式 (7.6) 表示的水流分量时，t_1 时刻的实测流量 Q_{t_1} 与其后 t_2 时刻的实测流量 Q_{t_2} 之差（$t_2 > t_1$，$Q_{t_2} > Q_{t_1}$），即地下水总体积变化 $\Delta V_{\exp}$ 是所有水流分量体积变化之和：

$$\Delta V_{\exp} = \sum_{1}^{n} \int_{t_1}^{t_2} Q_0 e^{-\alpha t} dt = \frac{Q_{1t_1} - Q_{1t_2}}{\alpha_1} + \cdots + \frac{Q_{nt_1} - Q_{nt_2}}{\alpha_n} \tag{7.20}$$

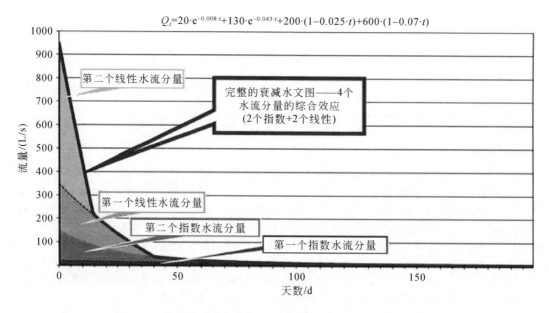

图 7.10　完整衰减水文曲线（正常曲线）各水流分量体积图示

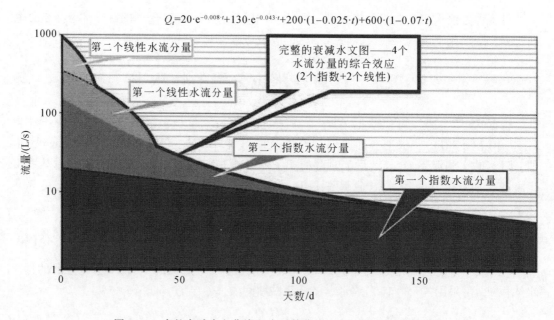

图 7.11　完整衰减水文曲线（半对数曲线）各水流分量体积图示

在开展前述计算时，需要注意采用正确的单位：衰减系数通常采用 d^{-1}，流量为 L/s，因此，如果体积变化采用 m^3，必须将流量单位转换为 m^3/d 或 m^3/s，后一种情况还需将衰减系数由 d^{-1} 转换为 s^{-1}。

线性衰减模型［式（7.14）］中采用类似方法，计算出地下水体积变化 ΔV_{lin}，β 作为线性衰减系数，可按式（7.21）表示为单个线性亚动态。t_1 和 t_2 时刻的流量分别为 Q_{t_1} 和 Q_{t_2}，$t_2>t_1$，且 $Q_{t_1}>Q_{t_2}$，t_1 和 t_2 均符合条件 $<1/\beta$，以获得 Q_{t_1} 和 Q_{t_2} 的正值。线性衰减模型（$Q_{t_1}=Q_0$，$Q_{t_2}=0$）中各水流分量排泄的总体积可按式（7.22）计算得出。

$$\Delta V_{\text{lin}} = \int_{t_1}^{t_2} Q_0(1-\beta t)\mathrm{d}t = \frac{Q_{t_1}^2 - Q_{t_2}^2}{2Q_0\beta} \tag{7.21}$$

$$V_{\text{lin}} = \frac{Q_0}{2\beta} \tag{7.22}$$

对于多个以线性方程［式（7.14）］表达的快速流要素（m），在 t_1 和 t_2 时刻之间排泄的地下水体积变化 ΔV_{lin}（一般是快速流要素）可用式（7.23）计算：

$$\Delta V_{\text{lin}} = \sum_1^m \int_{t_1}^{t_2} Q_0(1-\beta_m t)\mathrm{d}t = \frac{Q_{1t_1}^2 - Q_{1t_2}^2}{2Q_{01}\beta_1} + \cdots + \frac{Q_{1t_1}^m - Q_{1t_2}^m}{2Q_{0m}\beta_m} \tag{7.23}$$

即

$$\Delta V = \frac{Q_{1t_1} - Q_{1t_2}}{\alpha_1} + \cdots + \frac{Q_{nt_1} - Q_{nt_2}}{\alpha_n} + \frac{Q_{1t_1}^2 - Q_{1t_2}^2}{2Q_{01}\beta_1} + \cdots + \frac{Q_{mt_1}^2 - Q_{mt_2}^2}{2Q_{0m}\beta_m}$$

此处应用式（7.22）和式（7.23），同样需要对各项采用正确的单位，β 的单位一般为 d^{-1}，Q 的单位为 L/s 或 m^3/s，因此，应将 β 除以 1 天的总秒数（86400s）换算成 s^{-1}，如果在流量衰减过程中，能确定线性水流分量和指数水流分量，则含水层的地下水总体积变化可用式（7.24）计算：

$$\Delta V = \sum_1^n \int_{t_1}^{t_2} Q_0 \mathrm{e}^{-\alpha t}\mathrm{d}t + \sum_1^n \int_{t_1}^{t_2} Q_0(1-\beta_m t)\mathrm{d}t \tag{7.24}$$

7.8 水文过程线分割区分各水流分量

将水文过程线分割为各水流分量，区分总水流中各水流分量的基本组成比例，为进一步解译水流分量提供定量参考。例如，可以估算快速流的持续时间或确保岩溶地下水长期开采的可开采量，或者至少可以确定各水流分量的衰减时间，以及定量确定各水流分量在排泄阶段所占的比例。

水文过程线分割可以手动进行，逐步形成模板直接投到水文过程线上，而各水流分量的过程线可在同一张纸上逐步描绘。也可以采用系列方程和输入参数，近似生成主衰减曲线 MRC 的虚拟副本，执行同一处理过程。该方法的最主要思路是简化理解实际水文系统：系统内同一流量应反映相同的饱水程度（测压计）。这种粗略简化假设对进一步分析水流分量仍具有定量的参考价值。实际上，在岩溶含水层的定量化研究中，饱和程度的暂时性不均匀分布较为常见。在可溶岩内部，各含水系统（微细裂隙、中等裂隙和岩溶管道）至少都存在不同的测压水位。各测压水位随时间的动态变化而各不相同。总之，多数情况下，流量监测数据是了解整个含水层系统的唯一定量参考数据。

图 7.12 给出了主衰减的水文过程线分割原则，左侧的典型主衰减曲线由三个水流分量叠加而成，包括两个指数水流分量和一个线性水流分量，各水流分量以不同的形式突出显示；右侧是同　泉流量的实际观测水文曲线，自实际流量过程线上 Q_a 和 Q_L 起始的两条

水平线，与主衰减曲线斜交，即得到对应的主衰减曲线上的流量值 Q_A 和 Q_B，分别由各水流分量按不同的比例份额组成，从交叉点向下绘制垂线，可见各组分所占的比例值。Q_A 由三个水流分量组成，Q_B 由其中的两个组成。右侧曲线的每个流量，都能通过下文的计算方法在衰减曲线上找到对应的相关值。图 7.12 也表明每个观测流量都可以划分出多个子动态过程，这取决于该流量值在主衰减曲线上对应的位置；同样，每个流量值可以用代表性时间 t_R 表示，即从理论上最大流量值 Q_{max} 开始的时间：流量 Q_A 对应时间 t_a，流量 Q_B 对应时间 t_b。

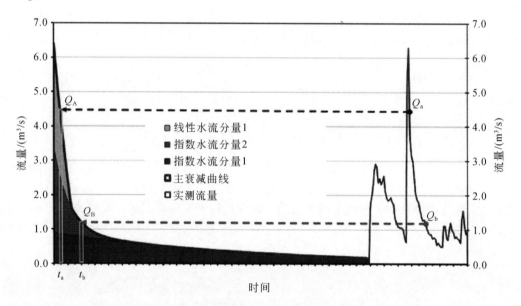

图 7.12　利用主衰减曲线参数将水文过程线分为各水流分量的原理

每个岩溶泉都有主衰减曲线，或者换句话说，这些主衰减曲线可通过各自的系列参数表示，各起始流量常值 $Q_{01}\cdots Q_{0n}$ 和 $Q_{01}\cdots Q_{0m}$ 以及衰减系数（$\alpha_1\cdots\alpha_n$ 以及 $\beta_1\cdots\beta_m$）通过各水流分量的子动态过程可以确定。理论上，前述的系列衰减方程[式 (7.6)、式 (7.7)、式 (7.11)~式 (7.14)、式 (7.15)] 或其他衰减方程均可应用，此处采用式 (7.6) 和式 (7.14) 计算，足以满足实际需求。

将水文曲线分割为各水流分量的过程中，可认为每个观测流量均由单个水流分量，或者两个及以上的水流分量叠加而成。下文中，考虑了多个指数衰减的水流分量和最终以线性衰减的快速流要素。根据式 (7.17)，仅采用代表性时间 t_R（即理论上从绝对最大流量值 Q_{max} 开始的时间）就可确定各观测流量值 Q_t，因此，采用代表性时间 t_R 代入各水流分量方程中，即可计算出各水流分量的流量值。对于符合指数衰减模型的各水流分量，根据式 (7.25) 可计算代表性时间 t_R：

$$t_R = \frac{\ln Q_t - \ln Q_0}{-\alpha} \tag{7.25}$$

时间 t 满足条件 $t<1/\beta$ 时，对于按线性模型衰减的快速流，根据式 (7.26) 可计算代表性时间：

$$t_R = \frac{1}{\beta}\left(1 - \frac{Q_t}{Q_0}\right) \tag{7.26}$$

注意，岩溶泉的衰减曲线由多个指数段和多个线性段组成 [式 (7.17)]，通过迭代过程，可方便计算各水流分量的理论时间 t_R。对于泉流量而言，最后计算值与流量观测的精度有关。实际上，十次迭代计算的结果足以达到流量读数的精度范围。迭代方法以影响下一迭代过程的两个结果对比为基础，设置两个起始时间，输入 $t_{R1} = 0$（最小值）和 $t_{R1} = 1/\alpha_1$（最大值）。在下一迭代步骤中，将前一方法获得的 t_R 值代入式 (7.17) 中，将计算结果与实测流量 Q_t 进行对比，如果计算值偏高，则将前两个 t_R 值之差的一半加入下一迭代过程的 t_R 值；如果代入的 Q_t 值低于实测观测值，则将下一迭代的 t_R 值降低至前两个 t_R 计算值之差的一半。再重复进行下一迭代过程，如果代入后获得的 Q_t 值低于实际值，则下一迭代的 t_R 值降低至前两个 t_R 差值的一半，反之亦然。不断重复迭代，将最后计算结果与实际观测值进行对比，直到最终计算值与实测值的差值可以忽略，即可停止，或者如前文所述，可以在 10～20 次的迭代过程之后停止。当式 (7.17) 的计算结果向给定的初始近似值收敛时，则代表该迭代方法是收敛的。

按这种方式，对每个流量观测值 Q_t，均可以计算出代表性时间 t_R，并能分解为各水流分量。当泉流中包含所有水流分量时，式 (7.17) 是分阶段进行，而且各要素是分阶段逐一出现和消失的。在式 (7.17) 中，所有水流分量都可以通过其初始分流量（最大）$Q_{0n} \cdots Q_{0m}$ 和衰减系数 $\alpha_n \cdots \beta_m$ 来表示。应该注意的是，代表性时间 t_R，即理论上从最大流量 Q_{max} 开始的时间，对于各流量要素来说是相同的。将 t_R 代入分式 (7.6) 或式 (7.14) 或式 (7.7)、式 (7.11)～式 (7.13) 或式 (7.15) 中，即可计算获得各流量要素（子动态）的实际分流量。为检查计算结果，总流量 Q_t 必须等于这些分流量之和。

已知各流量值的代表性时间 t_R，即可计算同一时刻（图 7.12）或整个评价阶段（图 7.10 和图 7.11）各水流分量流量所占的百分率，泉流的单个水流分量在某一时刻的流量或平均流量（慢速流要素的平均流量等）单位为 L/s 或 m^3/s。图 7.12 的主衰减曲线可用式 (7.27) 来进行表示，此处流量单位为 m^3/s。

$$Q_t = 0.9e^{-0.007t} + 2.5e^{-0.09t} + 3.0(1 - 0.08t) \tag{7.27}$$

另一种表达水文过程线分解的方法是以各水流分量在评价期间内的排泄量表示。例如，图 7.12 中流量 $Q_a = Q_A = 4661$L/s，按照式 (7.27)，其中包括一个慢速流为 875L/s，另一个慢速流要素（指数水流分量 2）为 1744L/s（水流分量的衰减系数 α 值更高），快速流要素为 2040L/s。在图 7.12 的整个衰减过程，采用式 (7.19) 和式 (7.22) 计算，慢速流要素的排泄水量为 11108571m^3，下一个衰减系数更高的慢速流要素，其排泄水量为 20400000m^3，快速流要素的排泄水量为 1620000m^3。整个衰减阶段水流排泄总体积则为 15128571m^3。

采用主衰减曲线参数进行水文过程线分割的优势在于其能清晰解决各流量值问题，然而，该方法只是粗略简化地描述水文地质系统的功能，即假设同一个流量值代表含水层内的饱水程度或测压水位相同。但是实际上，在含水层的定量行为中，饱水程度常会出现暂时性不均一的分布现象。岩溶含水层内部，每个饱水系统（小型裂隙、中等裂隙和岩溶管道）至少都应进行多个测压水位的观测。这些测压水位观测值随时间的变化各不相同。

Király（2003）和 Kovács 等（2005）指出，衰减系数是受岩溶含水层形态和规模等总体特征控制的集总参数，并且不建议用于计算含水层水力特征。他们强调了地下水的混合过程和稀释作用在含水层中的作用，并指出若化学或同位素过程线分割方法使用不合理，可能会导致错误判断地下水流过程。尽管如此，在多数情况下，流量仍然是仅有的可以定量描述整个地下含水层系统的数据。在对整个流量时间序列进行合理的衰减曲线分析的基础上，简化的水文过程线分割方法有助于区分并定量计算出各含水层水流分量的基本比例。前述方法对进一步分析水流分量至少能提供有益的定量参考依据；同样，该方法有助于对各水流分量的终止点和起始点进行合理的定量判断，如快速流要素在供水中产生令人生厌的浊度问题，在峰值流量过后的 12.5 天以内消失 [式 (7.27)，图 7.12]。该方法也适用于水资源管理。

参 考 文 献

Alfaro C, Wallace M(1994) Origin and classification of springs and historical review with current applications. Environ Geol 24:112-124

Barnes BS(1939) The structure of discharge recession curves. Trans Am Geophys Union 20:721-725

Bonacci O(2001) Analysis of the maximum discharge of karst springs. Hydrogeol J 2001(9):328-338

Bonacci O (2011) Karst springs hydrographs as indicators of karst aquifers. Hydrol Sci (Journal des Sciences Hydrologiques)38(1-2):51-62

Bonacci O, Bojanic D(1991) Rythmic karst spring. Hydrol Sci(Journal des Sciences Hydroloqiques)36(1-2):35-47

Boussinesq J(1877) Essai sur la théorie des eaux courantes do mouvement non permanent des eaux souterraines. Acad Sci Inst Fr 23:252-260

Boussinesq J(1903) Sur un mode simple d'écoulement des nappes d'eau d'infiltration à lit hori-zontal, avec rebord vertical tout autour lorsqu'une partie de ce rebord est enlevée depuis la surface jusqu'au fond. C R Acad Sci 137:5-11

Boussinesq J(1904) Recherches théoriques sur l'écoulement des nappes d'eau infiltrées dans le sol et sur le débit des sources. J Math Pure Appl 10(5):5-78

Dewandel B, Lachassagne P, Bakalowicz M, Weng Ph, Al-Malki A(2003) Evaluation of aquifer thickness by analysing recession hydrographs. Application to the Evaluation Oman ophiolite hardrock aquifer. J Hydrol 274:248-269

Drogue C(1972) Analyse statistique des hydrogrammes de décrues des sources karstiques. J Hydrol 15:49-68

Dub O, Némec J(1969) Hydrologie. Ceská matice technická, LXXIV(1969), 353, Technický prů vodce 34, SNTL-Nakladatelství technické literatury, Praha, p 378

Fiorillo F (2011) Tank-reservoir drainage as a simulation of the recession limb of karst spring hydrographs. Hydrogeol J 2011(19):1009-1019

Flora SP(2004) Hydrogeological characterization and discharge variability of springs in the Middle Verde River watershed, Central Arizona. MSc thesis, Northern Arizona University, p 237

Forkasiewicz J, Paloc H(1967) Le régime de tarissement de la Foux de la Vis. Etude préliminaire. AIHS Coll. Hydrol. des roches fissurées, Dubrovnik(Yugoslavia)1:213-228

Foster HA(1924) Theoretical frequency curves and their application to engineering problems. Am Soc Civil Eng Trans 87:142-303

Foster HA(1934) Duration curves. Am Soc Civil Eng Trans 99:1213-1267

Gregor M (2008) Vývoj programov na analýzu časových radov výdatností prameňov a prietokov vodných tokov. (Software development for timeseries analysis of springs yields and river discharges; in Slovak). Podzemná voda 14/2:191-200

Gregor M, Malík P (2012) Construction of master recession curve using genetic algorithms. J Hydrol Hydromechanics 60(1):3-15

Griffiths GA, Clausen B(1997) Streamflow recession in basins with multiple water storages. J Hydrol 190:60-74

Hall FR(1968) Base-flow recessions—a review. Water Resour Res 4(5):973-983

Király L(2003) Karstification and groundwater flow/Speleogenesis and evolution of karst aquifers. In: Gabrovšek F (ed) Evolution of karst: from prekarst to cessation. Zalozba ZRC, Postojna-Ljubljana, pp 155-190

Kovács A(2003) Geometry and hydraulic parameters of karst aquifers—a hydrodynamic modelling approach. PhD thesis, La Faculté des sciences de l'Université de Neuchâtel, Suisse, p 131

Kovács A, Perrochet P, Király L, Jeannin PY (2005) A quantitative method for the characterisa-tion of karst aquifers based on spring hydrograph analysis. J Hydrol 303:152-164

Kullman E(1980) L'evaluation du regime des eaux souterraines dans les rochescarbonatiques du Mésozoique des Carpates Occidentales par les courbes de tarissement des sources. Geologický ústav Dionýza Štúra, Bratislava, Západné Karpaty, sér. Hydrogeológia a inžinierska geológia 3:7-60

Kullman E (1990) Krasovo-puklinové vody (Karst-fissure waters; in Slovak). Geologický ústav Dionýza Štúra, Bratislava, p 184

Kullman E(2000) Nové metodické prístupy k riešeniu ochrany a ochranných pásiemzdrojov podzemných vôd v horninových prostrediach s krasovo-puklinovou priepustnosťou (New methods in groundwater protection and delineation of protection zones in fissure-karst rock environment; in Slovak). Podzemná voda 6/2:31-41

Kresic N(2007) Hydrogeology and groundwater modeling, 2nd edn. CRC Press/Taylor and Francis, Boca Raton

Lamb R, Beven K(1997) Using interactive recession curve analysis to specify a general catchment storage model. Hydrol Earth Syst Sci 1(1):101-113

Maillet E(ed) (1905) Essais d'hydraulique soutarraine et fluviale vol 1. Herman et Cie, Paris, p 218

Malík P (2007) Assessment of regional karstification degree and groundwater sensitivity to pollution using hydrograph analysis in the Velka Fatra Mts., Slovakia. Water Resources and environmental problems in karst. Environ Geol 51:707-711

Malík P, Michalko J(2010) Oxygen isotopes in different recession subregimes of karst springs in the Brezovské Karpaty Mts. (Slovakia). Acta Carsologica 39(2):271-287

MalíkP, Vojtková S(2012) Use of recession-curve analysis for estimation of karstification degree and its application in assessing overflow/underflow conditions in closely spaced karstic springs. Environ Earth Sci 65:2245-2257

Mangin A(1969) Etude hydraulique du mecanisme d'intermittence de Fontestorbes(Belesta, Ariege). Annales de Speleologie 24(2):253-298

Meinzer OE(1923a) Outline of ground-water hydrology. USGS Water-Supply Paper, p 494

Meinzer OE(1923b) The occurrence of ground water in United States with a discussion of principles. USGS Water-Supply Paper, 489, Washington DC, p 321

Milanović PT(1981) Karst hydrogeology. Water Resources Publications, Littleton

Netopil R(1971) The classification of water springs on the basis of the variability of yields. Studia Geographica 22: 145-150

Oraseanu I, Iurkiewicz A (2010) Calugari ebb and flow spring. In: Oraseanu I, Iurkiewicz A (eds) Karst hydrogeology of Romania. Belvedere Publishing, Oradea, pp 262-274

Padilla A, Pulido-BoschA, Mangin A(1994) Relative importance of baseflow and quickflow from hydrographs of karst spring. Ground Water 32:267-277

Posavec K, Bačani A, Nakić Z(2006) A visual basic spreadsheet macro for recession curve analysis. Ground Water 44(5):764-767

Rutledge RT(1998) Computer programs for describing the recession of groundwater discharge and for estimating mean groundwater recharge and discharge from stream flow recordsupdate. USGS water-resource investigations report 98-4148. Reston, VG

Searcy JK(1959) Flow-duration curves. Manual of hydrology, part 2. Low-flow techniques. Geological survey water-supply paper 1542-A, Methods and practices of the geological survey, United States Government Printing Office, Washington, p 33

Schöeller H(1948) Le régime hydrogéologique des calcaires éocénes du Synclinal du Dyr el Kef(Tunisie). Bull Soc Géol Fr 5(18):167-180

SÚTN (2009) Slovak technical standard STN 751520 Hydrológia, Hydrologické údaje podzemných vôd, Kvantifikácia výdatnosti prameňov. (Hydrology, hydrological data on groundwater, quantification of spring's discharge; in Slovak), Slovenský ústav technickej normalizácie(SÚTN)Bratislava, p 14

Springer AE, Stevens LE, Anderson DE, Parnell RA, Kreamer DK, Flora SP(2004) A comprehensive springs classification system:integrating geomorphic, hydrogeochemical and ecological criteria. In:Aridland springs in North America:ecology and conservation, pp 49-75

Tallaksen LM(1995) A review of baseflow recession analysis. J Hydrol 165:349-370

Tallaksen LM, van Lanen HAJ(eds)(2004)Hydrological drought, processes and estimation methods for streamflow and groundwater. Developments in Water Science, vol 48. Amsterdam, Elsevier Science B. V., p 579

Toebes C, Strang DD(1964) On recession curves 1:recession equations. J Hydrology(New Zealand)3/2:2-15

Werner PW, Sundquist KJ (1951) On the groundwater recession curve for large watersheds. IAHS Publ 33: 202-212

第8章 岩溶含水层对污染的脆弱性

阿纳·I. 马林（Ana I. Marín）和巴托洛梅·安德烈奥（Bartolomé Andreo）

由于岩溶作用形成的特殊水文特征，岩溶含水层对污染特别脆弱。脆弱性制图是保护岩溶含水层最常用手段，目前已开发了大量针对岩溶含水层特殊性的脆弱性制图方法，包括 EPIK、PI 方法、COP 方法、Slovene 方法和 PaPRIKa 等。

脆弱性制图为水资源利益相关者提供决策参考，提升土地利用管理与水资源保护的兼容水平，因此，对图件的可靠性和精度要求极高。很多文献强调，即使同一人采用相同信息，但评价方法不同，获取的地下水对污染脆弱性成果图也不同。因此，所有污染脆弱性评价最基本要素是评价结果验证。目前对研究者最大的挑战，是开发出能满足不同方法验证要求的多功能脆弱性制图方法。

8.1 引　　言

很多作者提出了含水层污染脆弱性的概念（Margat，1968；Foster，1987；Zaporozec，1994），含水层脆弱性分为内在脆弱性和特定脆弱性，内在脆弱性是指含水层对污染物的敏感性，与地质、水文和水文地质条件有关，而与污染物属性无关（Daly et al.，2002；Zwahlen，2004）；特定脆弱性评价，除了考虑内在脆弱性变量外，还应考虑污染物特征。污染物特性会影响其在整个含水层的运移方式，但脆弱性制图一般以内在脆弱性为基础，对含水层脆弱性进行简化，作为土地利用规划的重要工具。

欧洲"COST620行动"汇聚全欧洲专家，以保护岩溶含水层，开展脆弱性评价与风险制图，是岩溶地下水长期可持续保护战略发展的里程碑（Zwahlen，2004）。

该项行动提出了"源头—水流—目标"的概念方法（图8.1），确定了两种地下水保护方法：资源保护和源头保护。来自污染源的水流在含水层垂向上会流经土壤和非饱和带，资源保护目标是含水层内地下水；而源头保护目标是供水源头，即含水层排泄点——井或泉。污染源向地下水传输运移至泉或井的过程包括垂向和水平分量，垂向分量是指污染物自源头运移至地下水位；水平分量指污染物自地下水位向取水源头运移，主要发生在饱水带。

由于岩溶含水层的特殊结构和水文特征，水流入渗补给迅速，在长距离上快速扩散，地下水滞留时间较短，导致岩溶含水层自净能力极低，对污染尤为敏感（Ford and Williams，1989；Dörfliger and Zwahlen，1998），因此，岩溶含水层脆弱性制图方法需要考虑上述特殊属性（Zwahlen，2004）。目前，以欧洲"COST620行动"指南为基础，已经开发了多种针对岩溶的脆弱性制图方法，包括 PI 方法（Goldscheider et al.，2000）、COP 方法（Vías et al.，2006）、Slovene 方法（Ravbar and Goldscheider，2007）以及 PaPRIKa 等

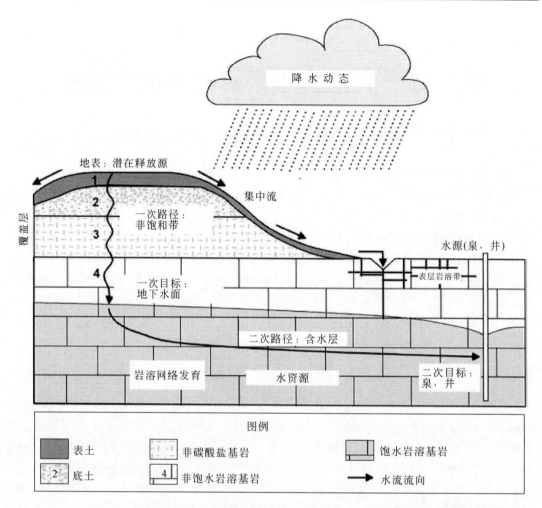

图 8.1 欧洲"COST620 行动"提出的"源头—水流—目标"地下水资源和水源保护模型
(Goldscheider et al., 2000; Daly et al., 2002; Zwahlen, 2004)

(Kavouri et al., 2011),但目前国际上对岩溶含水层脆弱性评价方法还没有达成共识。在同一试验场地对同一套数据库采用不同的评价方法,评价结果也会差异极大(Vías et al., 2005; Neukum and Hötzl, 2007; Ravbar and Goldscheider, 2009; Marín et al., 2012),从而导致脆弱性制图用于土地利用决策时存在各种不确定性。

8.2 脆弱性制图

污染脆弱性制图的目的是确定流域内最脆弱的区域,并提出地下水保护方案。通常以现场观测为基础,采用多参数评价方法获取含水层对污染的脆弱性特征。各参数是地下水脆弱性的相关变量,并根据对污染的相对敏感程度进行分级。

地理信息系统和遥感技术是脆弱性制图的辅助工具,地理信息系统以地理框架为参考,对目标含水层进行数据匹配。

开展脆弱性制图之前，应了解目标含水层的水文地质特征，一般根据脆弱性制图方法确定评价参数，选择参数应代表研究区的某些物理属性，包括外部因素，即影响补给条件的气候因素；地形，即影响径流能力的高程、坡度、植被等因素；非饱和带因素，即岩石渗透性、岩溶作用、裂隙化、厚度以及土壤发育情况（结构和厚度）等。参数一般应包括含水层对污染防护能力的所有控制变量。

从早期 EPIK 方法（Dörfliger and Zwahlen, 1998）开始，按照欧洲"COST620 行动"指南的要求，开发了多个地下水内在脆弱性的评价方法，包括 PI 方法（Goldscheider et al., 2000）、VULK 方法（Jeannin et al., 2001）、COP 方法（Vías et al., 2006）以及 Slovene 方法（Ravbar and Goldscheider, 2007）。

8.3 EPIK 方 法

EPIK 方法是首个针对岩溶环境的评价方法（Dörfliger and Zwahlen, 1998），该方法的名称由表层岩溶带（E）、防护层（P）、入渗条件（I）和岩溶网络发育（K）的英文首字母组成。该方法对防护因子（F）的评价结果与含水层对污染的脆弱性逆相关，即 F 值越低，代表脆弱性越高。该方法考虑了岩溶网络，适用于水源地（源头）脆弱性制图（图 8.2）。

表层岩溶带		岩溶形态特征
强发育	E_1	竖井、各种成因的落水洞或漏斗、岩溶裸岩地、斜坡以及沿公路、铁路或采石场可见基岩露头强裂隙化
中等发育	E_2	线状分布漏斗的过渡区、干谷，基岩露头中度裂隙化
规模小或缺失	E_3	无岩溶现象，低裂隙密度

防护层		防护层特征	
		A. 土壤直接覆盖于灰岩或基岩角砾、冰碛物等高渗粗粒碎屑层之上	B. 土壤覆盖于湖相沉积、黏土等低渗地层之上
缺失	P_1	土层厚度 0~20cm	土层厚度 0~20cm，但低渗地层厚度<1m
	P_2	土层厚度 20~100cm	土层厚度 20~100m，但低渗地层厚度<1m
	P_3	土层厚度 100~200cm	土层厚度<100cm，或土层厚度>100cm 且低渗地层厚度>100cm
存在	P_4	土层厚度>200cm	土层厚度>100cm 且厚层碎屑物渗透系数低（点状信息需查验），或黏土和泥质粉砂厚度>8m

入渗条件		入渗条件特征
集中	I_1	永久性或暂时性漏失河流——永久性或暂时性河流向落水洞或漏斗补给——河流集水范围，包括人工排泄系统
	I_2	I_1 河流集水范围（无人工培训系统）内坡度>10% 的耕地和坡度>25% 的草地
	I_3	I_1 河流集水范围（无人工培训系统）内坡度<10% 的耕地和坡度<25% 的草地。耕地坡度>10% 和草地坡度>25% 的坡地径流在低地汇集
分散	I_4	流域其他部分

岩溶网络		岩溶网络发育特征
发育良好的	K_1	存在发育良好的岩溶网络，具有分米至米级的通道，连通性较好
发育较差的	K_2	岩溶网络发育较差，小型管道网络，连通性较差或充填，或空间尺度在分米级以下
混合含水层或裂隙含水层	K_3	泉水自孔隙介质出流，非岩溶区，仅为裂隙含水层

$$F_p = 3E_i + 1P_j + 3I_k + 2K_l$$

表层岩溶带			防护层				入渗条件				岩溶网络		
E_1	E_2	E_3	P_1	P_2	P_3	P_4	I_1	I_2	I_3	I_4	K_1	K_2	K_3
1	3	4	1	2	2	3	1	2	3	4	1	2	3

脆弱性等级	防护因子 F	防护区 S_i
极高	$F \leq 19$	S_1
高	$20 < F \leq 25$	S_2
中等	$F > 25$	S_3
低	P_4 条件	流域其他范围

图 8.2 EPIK 方法图示（Doerfliger et al., 1999）

简而言之，该方法将四个参数划分评价等级，采用权重因子平衡各参数的重要性。防护因子（F）是各参数等级值的加权之和，通过保护因子转换，将 F 划分为从"低"到"极高"的脆弱性等级。

EPIK 方法得到广泛应用（Gogu and Dassargues, 2000；Vías et al., 2005；Neukum and Hötzl, 2007；Barrocu et al., 2007；Ravbar and Goldscheider, 2009），并已纳入瑞士岩溶地下水保护立法。

采用 EPIK 方法对西班牙南部米哈斯山（Sierra de Mijas）碳酸盐岩地区开展污染脆弱性制图，主要地层三叠系大理岩的裂隙化程度较高，但岩溶发育强度低，按水文地质学的观点，含水层接受雨水分散补给，具有分散水流特征（Andreo et al., 1997）。评价结果表明该含水层具有中度脆弱性，而在采石场等含水层的上部区带，裂隙发育程度较高，入渗条件有利，对污染的脆弱性较高（Vías et al., 2005）。

8.4 PI 方 法

PI 方法在"COST620 行动"框架下开发（Zwahlen, 2004），主要考虑防护层（P）和入渗条件（I）两个因子，P 因子描述非饱和带的防护功能——土壤、底土、非可溶岩以及可溶岩的非饱和带；I 因子主要考虑入渗条件，包括通过落水洞伏流集中补给的地表水和侧向地下水流，避开了具有防护性能的非饱和带。PI 方法并不考虑岩溶网络情况，因此，仅适用于水资源脆弱性制图。

PI 方法已在不同的试验区得到验证（Goldscheider, 2002；Andreo et al., 2006；Neukum and Hötzl, 2007；Ravbar and Goldscheider, 2009）。此外，以 PI 方法为基础，针对缺乏地质和

水文地质资料的地区，开发了简易的脆弱性评价制图方法（Nguyet and Goldscheider，2006）。

8.5 COP 方 法

在欧洲"COST620 行动"框架下开发了 COP 方法（Vías et al.，2006），Vías 等（2006，2010）、Yildirim 和 Topkaya（2007）、Polemio 等（2009）、Plan 等（2009）以及 Marín 等（2012）应用了该方法。COP 方法考虑了地下水位以上覆盖层特征（O 因子）、控制水流集中程度的参数（C 因子）和降雨量（P 因子），O 因子反映土壤（结构和厚度）和非饱和带岩性（裂隙化、含水层厚度及承压条件）等上覆地层防护能力；C 因子考虑岩溶地貌、地形坡度、植被覆盖等因素，岩溶区部分水流经落水洞集中入渗，避开覆盖层，C 因子用于区分集中补给区与分散入渗区。各种入渗条件下，岩溶形态发育也不同。集中补给条件下，落水洞发育通常与坡立谷、漏斗等排泄型岩溶地貌有关；而在分散入渗区，必须考虑对径流和入渗过程具有控制作用的岩溶形态和地表防护层条件。P 因子考虑降雨时空差异性，该因子对污染物在大型含水层内运移起重要作用。COP 脆弱性指数值等于 C、O 和 P 得分的乘积。

COP 方法主要用于资源脆弱性评价，但增加与饱水带有关的 K 因子后，可进行源头脆弱性评价。COP+K 方法（Andreo et al.，2009）是 COP 方法的扩展，首先采用 COP 方法进行资源脆弱性制图，再评价饱水带水流通道（K 因子）。

8.6 验 证

脆弱性制图已成为支持土地利用规划的常规程序，是地下水质保护的必要措施，脆弱性制图针对地下水保护，显示脆弱性等级。以地理信息系统和水文地质知识为基础，采用脆弱性评价结果和现行任一评价方法，可进行脆弱性制图。

选择方法的主观绝对性会造成地下水污染脆弱性制图存在缺陷。如果以充分的水文地质研究和底图作为支撑，该方法能获得与工作环境共享地区基准的适用性图件，可直接用于土地利用规划政策实施。

脆弱性制图的关键是成果要与研究区水文条件相匹配，同时还应了解地下水低度和中度脆弱性的意义。很多学者认为（Vías et al.，2005；Neukum and Hötzl，2007；Ravbar and Goldscheider，2009；Marín et al.，2012），即使同一人根据相同信息，但采用不同评价方法，岩溶含水层地下水污染脆弱性制图成果差异也是巨大的，因此，对所有评价结果均需进行验证。

脆弱性制图需要多功能的直接验证方法，目前，已有很多方法用于刻画描述岩溶系统快速流和慢速流，以及不同水位条件下的总体响应特征和对短时信号的响应特征等，这些方法可以对制图成果进行综合验证。

脆弱性制图验证方法（Zwahlen，2004）包括泉流水化学响应分析、天然或人工示踪试验、水动力模拟等。这些方法能了解含水层内部某些过程，通常将多个方法结合以验证成果图件。

水化学响应分析，特别是来自流域的地表天然示踪剂，如 TOC、NO_3^-、天然荧光和细菌等，可用于确定传输时间，并作为含水层脆弱性代用指标。根据水化学和同位素组分等天然示踪剂在水溶液中传输过程，推断水流条件、流速和传输时间等（Batiot et al.，2003；Baker et al.，2004；Mudarra et al.，2011）。根据补给阶段地下水组分浓度变化过程，可了解岩溶系统对所有地表来水的总体响应特征。对 TOC、NO_3^-、天然荧光的动态变化过程，以及水文过程曲线和其他组分水化学曲线进行分析，可确定岩溶含水层总体响应及其对污染物的脆弱性（Marín et al.，2012）。

天然示踪剂是验证地下水脆弱性评价制图的重要工具，但局限性在于通常难以精确定位其在含水层内部的源。尽管根据入渗水流抵达泉口的过程可估算平均传输时间，但天然示踪剂仍然无法评价流速。

开展有色示踪剂试验（Perrin et al.，2004；Andreo et al.，2006；Ravbar and Goldscheider，2007；Goldscheider，2010；Marín et al.，2012）能了解水流通道、连通性等信息以及地表水和排泄水流组成，有助于划分流域边界，可广泛用于验证脆弱性评价制图。示踪试验用于评价传输时间，并根据"源头—水流—目标"模型，推断潜在污染物（即人工示踪剂）自投放点（源头）向取样点（目标）的浓度下降情况。通常采用荧光素钠等荧光染料或氯化物等盐类保守示踪剂验证含水层的内在脆弱性；采用活性示踪剂验证含水层对特定污染物的脆弱性。验证源头脆弱性制图，必须记录泉或井的示踪剂浓度-时间曲线；资源脆弱性验证应在非饱和带基底（地下水位）记录示踪剂浓度随时间的变化情况，但很难实现。

示踪试验浓度-时间曲线分析是验证脆弱性制图的重要手段，利用示踪试验可开展如下评价工作：以污染物由源头向目标的传输时间评估平均运移时间、首现时间和最大浓度时间；以到达目标的污染物相对数量作为回收率，了解系统对污染物的"稀释"程度；当示踪剂浓度超出某一限值，评价污染事件的持续时间。

示踪试验技术还存在各种问题和局限性（Goldscheider et al.，2001）。首先，示踪试验验证的脆弱性范围仅包括投放点起始的区段，并不能代表更大范围的脆弱性；其次，由于岩溶含水层的各向异性和非均质性，示踪试验结果受水文条件和投放点位置控制。因此，应在水文地质背景框架下，慎重分析试验结果；同时，由于岩溶环境的高度非均质性，试验结果无法适用整个流域范围。

天然和人工示踪剂试验均可验证脆弱性制图（图8.3），但二者通常不同时使用（Marín et al.，2012；Mudarra et al.，2014），互为补充可提高对岩溶含水层入渗过程、补给机理和脆弱性的认识。

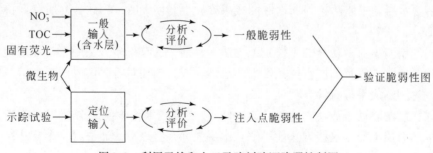

图 8.3　利用天然和人工示踪剂验证脆弱性制图

致谢：本工作受 DGICYT 的 CGL2012-32590 项目、联合国教科文组织 IGCP598 项目以及西班牙 Andalusia 地区政府研究团队 RNM-308 资助。

参 考 文 献

Andreo B, Carrasco F, Sanz de Galdeano C(1997) Types of carbonate aquifers according to the fracturation and the karstification in a southern Spanish area. Environ Geol 30(3/4):163-173

Andreo B, Goldscheider N, Vadillo I, Vias JM, Neukum C, Sinreich M et al(2006) Karst groundwater protection: first application of a Pan-European approach to vulnerability, hazard and risk mapping in the Sierra de Libar (Southern Spain). Sci Total Environ 357(1-3):54-73

Andreo B, Ravbar N, Vías JM(2009) Source vulnerability mapping in carbonate(karst) aquifers by extension of the COP method: application to pilot sites. Hydrogeol J 17(3):749-758

Baker A, Ward D, Lieten SH, Periera R, Simpson EC, Slater M(2004) Measurement of proteinlike fluorescence in river and waste water using a handheld spectrophotometer. Water Res 38(12):2934-2938

Barrocu G, Muzzu M, Uras G(2007) Hydrogeology and vulnerability map(EPIK method) of the "Supramonte" karstic system, north-central Sardinia. Environ Geol 51(5):701-706

Batiot C, Liñán C, Andreo B, Emblanch C, Carrasco F, Blavoux B(2003) Use of total organic carbon(TOC) as tracer of diffuse infiltration in a dolomitic karstic system: the Nerja Cave(Andalusia, southern Spain). Geophys Res Lett 30(22)

Daly D, Dassargues A, Drew D, Dunne S, Goldscheider N, Neale S, Popescu I, Zwahlen F(2002) Main concepts of the "European approach" to karst-groundwater-vulnerability assessment and mapping. Hydrogeol J 10(2): 340-345

Dörfliger N, Zwahlen F(1998) Practical guide, groundwater vulnerability mapping in karstic regions(EPIK). Swiss Agency for the Environment, Forests and Landscape(SAEFL), Bern, p 56

Dörfliger N, Jeannin PY, Zwahlen F(1999) Water vulnerability assessment in karst environments: a new method of defining protection areas using a multi-attribute approach and GIS tools(EPIK method). Environ Geol 39(2): 165-176

Ford DC, Williams PW(1989) Karst geomorphology and hydrology. Chapman and Hall, London

Foster S(1987) Fundamental concepts in aquifer vulnerability, pollution risk and protection strategy. In: Van Duijvenbooden W and Van Waegeningh HG (eds) Vulnerability of soil and groundwater to pollutants, TNO committee on hydrogeological research, proceedings and information. The Hague, 38:69-86

Gogu RD, Dassargues A(2000) Sensitivity analysis for the EPIK method of vulnerability assessment in a small karstic aquifer, southern Belgium. Hydrogeol J 8(3):337-345

Goldscheider N(2002) Hydrogeology and vulnerability of karst systems—examples from the Northern Alps and Swabian Alb. PhD thesis, University of Karlsruhe, Faculty for Bio and Geoscience, Karlsruhe, p 236

Goldscheider N(2010) Delineation of spring protection zones. In: Kresic N and Stevanović Z (eds) Groundwater hydrology of springs. Engineering, theory, management and sustainability. Elsevier Inc. BH, Amsterdam, pp 305-338

Goldscheider N, Klute M, Sturm S, Hötzl H(2000) The PI method: a GIS based approach to mapping groundwater vulnerability with special consideration of karst aquifers. Z Angew Geol 463:157-166

Goldscheider N, Hötzl H, Fries W, Jordan P(2001) Validation of a vulnerability map(EPIK) with tracer tests. In: Mudry J, Zwahlen F (eds) 7th conference on limestone hydrology and fissured media, Besançon, 20-22 Sept 2001, pp 167-170

Jeannin PY, Cornaton F, Zwahlen F, Perrochet P(2001) VULK:a tool for intrinsic vulnerability assessment and validaton. In:Mudry J, Zwahlen F(eds)7th conference on limestone hydrology and fissured media, Besançon, 20-22 Sept 2001, pp 185-190

Kavouri K, PlagnesV, Tremoulet J, Dörfliger N, Fayçal R, Marchet P(2011) PaPRIKa:a method for estimating karst resource and source vulnerability—application to the Ouysse karst system(southwest France). Hydrogeol J 19(2):339-353

Margat J(1968) Vulnérabilité des nappes d'eau souterraine à la pollution:Bases de la cartographie:Orléans, France, Bureau de Recherche Géologique et Minière, Document 68 SGL 198 HYD

Marín AI, Dörfliger N, Andreo B(2012) Comparative application of two methods (COP and PaPRIKa) for groundwater vulnerability mapping in Mediterranean karst aquifers(France and Spain). Environ Earth Sci 65(8):2407-2421

Mudarra M, Andreo B, Marin AI, Vadillo I, Barberá JA(2014) Combined use of natural and artificial tracers to determine the hydrogeological functioning of a karst aquifer:the Villanueva del Rosario system (Andalusia, southern Spain). Hydrogeol J 22(5):1027. doi:10. 1007/ s10040-014-1117-1

Mudarra M, Andreo B, Baker A(2011) Characterization of dissolved organic matter in karst spring waters using intrinsic fluorescence:relationship with infiltration processes. Sci Total Environ 409(18):3448-3462

Neukum C, Hötzl H(2007)Standardization of vulnerability maps. Environ Geol 51(5):689-694

Nguyet VTM, Goldscheider N (2006) A simplified methodology for mapping groundwater vulnerability and contamination risk, and its first application in a tropical karst area, Vietnam. Hydrogeol J 14:1666-1675

Perrin J, Pochon A, Jeannin P, Zwahlen F(2004) Vulnerability assessment in karstic areas:validation by field experiments. Environ Geol 46:237-245

Plan L, Decker K, Faber R, Wagreich M, Grasemann B(2009) Karst morphology and groundwater vulnerability of high alpine karst plateaus. Environ Geol 58(2):285-297

Polemio M, Casarano D, Limoni PP(2009) Karstic aquifer vulnerability assessment methods and results at a test site(Apulia, southern Italy). Nat Hazards Earth Syst Sci, 9(4):1461-1470

Ravbar N(2007) Vulnerability and risk mapping for the protection of karst waters inSlovenia:application to the catchment of the Podstenjšek springs(in English). PhD thesis, University of Nova Gorica, Slovenia

Ravbar N, Goldscheider N(2007) Proposed methodology of vulnerability and contamination risk mapping for the protection of karst aquifers in Slovenia. Acta Carsologica 36(3):461-475

Ravbar N, Goldscheider N(2009)Comparative application of four methods of groundwater vulnerability mapping in a Slovene karst catchment. Hydrogeol J 17:725-733

Vías JM, Andreo B, Perles MJ, Carrasco F (2005) A comparative study of four schemes for groundwater vulnerability mapping in a diffuse flow carbonate aquifer under Mediterranean climatic conditions. Environ Geol, 47:586-595

Vías J, Andreo B, Perles M, Carrasco F, Vadillo I, Jiménez P (2006) Proposed method for groundwater vulnerability mapping in carbonate(karstic)aquifers:the COP method. Hydrogeol J 14(6):912-925

Vías JM, Andreo B, Ravbar N, Hötzl H(2010) Mapping the vulnerability of groundwater to the contamination of four carbonate aquifers in Europe. J Environ Manage 91(7):1500-1510

Yildirim M, Topkaya B(2007) Groundwater protection:a comparative study of four vulnerability mapping methods. CLEAN—Soil, Air, Water Pollution 35(6):594-600

Zaporozec A(1994) Concept of groundwater vulnerability. In:Vrba J, Zaporozec A(eds) Guidebook on mapping groundwater vulnerability. International contributions to hydrogeology, vol 16. Verlag Heinz Heise, Hannover, pp 3-8

Zwahlen F (ed) (2004) Vulnerability and risk mapping for the protection of carbonate (karst) aquifers. Final report of COST Action 620. European Commission, Directorate-General XII Science, Research and Development, Brussels

第9章 岩溶环境物理模拟

萨沙·米拉诺维奇（Saša Milanović）

9.1 引　言

　　含水层具有各向异性特征，通常很难确定水文地质参数；对于极端非均质和各向异性的岩溶含水层，即使采用各种方法也会产生错误和不确定的结果。近年来，岩溶含水层和岩溶管道三维模拟，作为全新的岩溶地质调查分支学科已开始广泛应用于地球科学。

　　物理模型是指根据现场调查获取地表岩溶和岩溶系统内部实际物理参数，在计算机环境下构建的三维模型。对岩溶环境开展物理模拟，一般需要将实体和参数模拟与先进调查技术结合，生成大大优于标准地下水流模型的决策支持工具。该方法以现实数据为基础，采用先进的原创性技术，对岩溶管道空间位置进行预测，而不是采用集总参数优化、统计模型、有限单元数值模型或其他水文地质数值模型中常用的理想化假设。

　　物理模型能在视觉上表达管道系统形态和水文地质数据，详细展示地质、水文地质、洞穴探测和潜水及其他调查细节；另外，在岩溶研究中，岩溶含水层和洞穴二维分布图仅能有限展示和解译其中的信息数据。岩溶管道具有三维立体结构，简化二维图件难以反映管道形态以及水文地质与地质参数之间的关系（Kincaid，2006）。

　　本章采用数值模拟方法将岩溶实体进行三维重建，这也是对洞穴网络结构进行可视化的唯一途径，能同时展示洞穴系统的地表地形和地质环境（Jeannin et al.，2007）。ArcGIS及其他三维模拟软件等强大工具，能快速定量分析并重建自地表（落水洞、漏斗等）到排泄区（岩溶泉）之间的岩溶管道。

　　此外，也可用于计算非饱和带和饱和带现代开放岩溶管道的体积规模（储量）。目前，各种岩溶管道模拟软件包采用观测数据，从三维角度刻画管道特征，从不同角度展示数据趋势、管道形态，以及计算管道体积，并最终获取有效孔隙度等水文地质数据。

9.2 背　景

　　多年来，建立岩溶管道和岩溶含水层三维物理模型一直是研究者追求的目标（Ulfeldt，1975；Schaecher，1986；Fish，1996；Gogu，2001；Ohms and Reece，2002；Springer，2004；Strassberg，2005；Kincaid，2006；Butscher and Huggenberger，2007；Jeannin et al.，2007；Kovács，2003；Filipponi and Jeannin，2008；Filipponi，2009；Borghi et al.，2010，2012），上述作者和其他专家通过地面调查、专门的洞穴探测和潜水调查，获取大比例尺参数，建立岩溶系统内部三维模型。本章介绍的模拟方法以多参数方法为基础，以管道三维形态为输

出成果，并与所有收集的空间数据库相连接。岩溶系统内部物理模拟或三维模拟领域目前还处于"发展的最初阶段"，软件和地下岩溶调查技术发展水平是建立三维模型的关键。

目前，激光扫描仪和计算机三维可视化技术能以极高精度从三维角度展示洞穴，三维激光扫描仪以多视角扫描洞穴，精细调查洞壁和洞底，以毫米级精度定位洞壁；然后将洞壁或洞底照片投射到虚拟表面，几乎能完全复制洞穴，并在不破坏实际洞穴的情况下进行虚拟分析（Jeannin et al., 2007）。

9.3 方法概述

本节根据现场调查、远程数据分析确定岩溶管道几何结构，提出岩溶管道模拟方法。分析饱水带岩溶主管道结构及其与非饱和带管道的联系，可以获取岩溶管道内部结构，并建立管道三维模型。对地下水开展定性和定量监测，分析获取各种参数，通过物理模型分析，建立水流补给区与排泄区之间的关系，该模型还能进一步分析区域洞穴成因和水文地质条件。

在对岩溶含水层的模拟研究中，通常在垂向空间上将其划分为三个带，第一个为补给带，相关岩溶形态主要包括漏斗、落水洞、洞穴等；第三个为饱水带，主要形态包括岩溶泉及充水岩溶管道，是岩溶含水层核心区域；条件最为复杂的是上述两带之间的过渡带，根据岩溶发育特征和发育强度，利用三维模拟软件可重建该区带结构，并评价入口到出口的通道（管道）联系。

建模方法包括五步：建立概念模型、定义输入数据级别并生成模拟层、建立物理模型及其基础联系、生成三维岩溶管道、通过实例研究分析物理模型。

综合考虑水文地质规律和地质特征，建立岩溶管道结构分析模型，能否对建模质量进行分析，或者能否阐明岩溶地质问题，是选择模拟方法的关键。到目前为止，构建岩溶管道网络三维模型的方法还不多，有些是以洞穴成因过程的物理和化学模拟为基础；有些是以区域地质、区域水文、水文地质知识为约束条件，以对管道成因的概念认识为基础，对区域尺度的岩溶管道结构进行模拟（Borghi et al., 2012）。Filipponi（2009）在其博士论文《岩溶管道网络空间分析以及洞穴沿地层选择性发育的控制参数》中，提出岩溶系统三维建模方法。从四个方面探讨了建模问题：理论方法（概念模型），在最初阶段起主要作用，为野外工作提供指导；进行详细深入的野外调查；建立三维模型基本输入项，然后采用经验方法和数学方法，建立最终模型；与实测数据关联，对模型进行修正。

由此可以认为，对已知二维参数和部分确定的三维参数进行交互式运行，并综合应用，可形成具有三维性质的输出。通过求解，需要证明在不完备数据序列的辅助下，岩溶含水层三维几何（物理）模型和参数模型构建方法是可行的。

建立三维地质模型，目的是生成自落水洞、漏斗或潜在入渗补给区至排泄区之间的岩溶管道网络。

本章采用的模型开发工具是具有三维分析、空间分析以及拓展的网络分析功能的 ArcGIS 软件和 COMPASS 软件，最后通过特殊程序处理，重建岩溶管道分布特征。将地质图、横断面、洞穴、落水洞、泉、岩溶通道等所有空间数据转换成数字格式，根据 $x-$、

y-、z-坐标确定各空间单元。所有元素在三维环境中编译，生成岩溶通道网络空间分布模型。

以贝利亚尼察山（Beljanica）岩溶含水层（面积约 300km^2）为例，展示岩溶管道三维建模方法的一般过程与成果，进一步分析流域边界、水流通道和岩溶水的静储量和动储量。

1. 建立概念模型

对地质和水文地质数据记录、解译进行分层次客观处理，建立复杂岩溶含水层物理模拟的概念模型。

建立概念模型过程中，需将断裂、管道和洞穴等地下水通道的基础信息与实测数据合并，对岩溶水文地质系统进行简化。由于岩溶是极为复杂的水文地质系统，建立概念模型的原则是尽可能对系统进行简化；同时，还需保留用于模拟系统基本特征的所有复杂要素。概念模型至关重要，能直接决定后期三维物理模型的准确程度（Milanović，2010）。图 9.1 是岩溶含水层物理概念模型示意图。

2. 确定输入数据级别并形成模型层

数据输入是建立岩溶含水层模型的出发点，包括将可用数据转化为图形和字母等数字格式，模型设计系统包括四个主要要素：准备工作和数据输入、数据联系之间的逻辑分组与合理连接、数据分析、可视化和解译。

数据准备包括确保地形、水文、地质、水文地质、洞穴和地貌等图形层的准确性以及在合适图件投影下进行可用层地质编码或"合并"。

建立模拟岩溶管道分布和岩溶含水层基本功能的三维模型，需要通过室内研究（收集栅格和矢量实体）和野外详细调查结合获取各图层，最基础的必要图层包括地形层、数字高程模型（DEM）、地表DEM、岩溶基底DEM、地质图、水文地质图、漏斗和落水洞分析图、地下水位（GWL）图、森林和小型植被以及岩溶裸露区分布图、洞穴管道分布图、构造分布图、岩溶基底分布图、落水洞和地形以及岩溶泉位置高程分布图。

1）地形层

地形层是等高距一般为 10m（取决于调查区规模）的矢量图层，是开发三维模型的基础之一，是所有三维空间分析的必备图层，该层主要输出成果是 DEM。

2）地质图

根据地质图分析，按照不同地质、地貌特征对区域进行划分，进一步分析其中权重较大的因子。数字化完成后，通过自动生成多边形对整个区域所有特定属性进行选择，按照对岩溶的重要性等级，对地质形态进行分类。

3）水文地质图

构建三维物理模型的水文地质图，是包含相关地质数据库的数字图件。在图上以三维坐标定位最重要的信息，并在数据库中详细解释，提供所有类型的水文地质特征、岩溶厚度分布、落水洞类型和消水能力、泉的类型和流量、示踪试验确定的地下水流向和流速、钻孔录井数据等。水文地质图是空间分析和三维模拟的基础图件。

4）漏斗和落水洞分析图

岩溶区漏斗和落水洞是确定岩溶含水层发育的基础要素之一，准确定位漏斗和落水

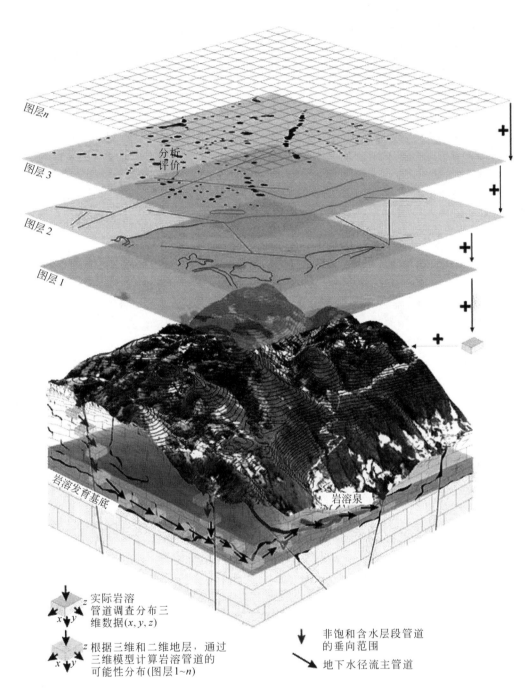

图 9.1 岩溶含水层物理概念模型示意图

洞,对地下岩溶管道和洞穴发育起到良好的指示作用,连续分布的系列落水洞代表岩溶发育的优先方向,但小范围内大量集中发育的落水洞除了表明岩溶发育强度较高外,不能准确反映其他因素,无法确定岩溶管道分布的空间参数。

5）地下水位（GWL）图

地下水位图是最复杂的图层之一，对确定地下水分布有重要影响，需要大量充分覆盖调查区的点数据生成地下水位图，而且成果图件还存在大量复杂问题，最大问题是实测点插值问题，如果根据岩溶强度和相差数十米的水位点插值，相邻点可能位于完全不同的岩溶层位，模拟结果与实际情况会相差甚远。

6）森林和小型植被以及岩溶裸露区分布图

植被和土壤类型是影响降雨、水流入渗补给速率的主要参数，需对植被覆盖程度和土壤类型进行分析。

7）洞穴管道分布图

准确刻画岩溶管道分布特征，是建立物理模型最复杂的任务之一，特别是含水层深部管道及其与岩溶地下水循环的关系。了解地下岩溶形态特征，能确定管道网络几何形态及其与地质、水文地质条件的联系。

为分析复杂岩溶含水层系统，必须建立精确图层，通过岩溶管道三维模型预测可能存在但无法直接探测的管道。

在绘制包含所有必要元素的洞穴分布图之前，必须在三维环境中精确模拟各对象要素。

8）构造分布图

地质构造在模型中以线性实体表示，按照长度和空间方位（方位角和倾角）进行分类，确定权重并进行统计分析，建立三维构造图层，作为岩溶管道发育和分布的控制因素。

9）岩溶基底分布图

岩溶作用作为模型的垂向单元，可区分水流快速循环的补给区与水流循环缓慢的排泄区之间的各区带，岩溶强烈发育带一般是地下水循环的主要区带，有时还形成虹吸管循环，或者是最大岩溶管道形成区带（深部饱水带）。岩溶基底是岩溶含水层水文地质物理模型的必要图层。

确定岩溶基底是一项极为复杂的工作，调查技术手段包括在岩溶系统的排泄区开展钻探或洞穴潜水调查获取有限信息，用于模型分析。

10）落水洞和地形以及岩溶泉位置高程分布图

建立岩溶含水层三维物理模型和水文地质模型，需建立补给区、补给区与排泄区之间的地下岩溶管道以及排泄区岩溶泉的高程位置模型。

3. 建立物理模型及其关系基础

图9.2是以上所有图层合并形成的空间实体单一模型。所有分类要素的实体，通过计算机网络和地质统计学分析，生成岩溶含水层的三维输出，实际也是物理模型的结果。输出数据结果是地表空间定向数据与岩溶系统中已知岩溶管道位置之间的连接，是有效数据库与二维空间和三维实体之间的逻辑连接。

网络二维空间数据和三维实体实际上代表它们的数值簇域，这些数值簇通过模拟模型将二维数据转换为三维对象。三维对象属于"多路径要素类"，包含了三维信息。

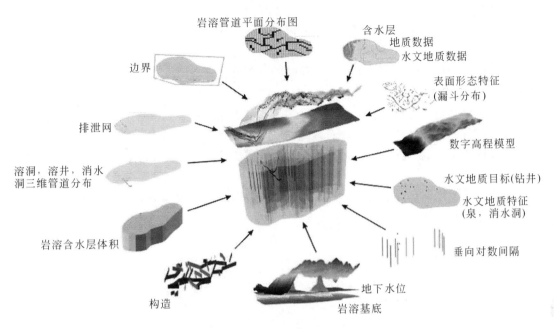

图 9.2　生成三维岩溶模型示意图

集成到模型中每个网络域包含的所有数据及其数值描述,可用于任何已知扩展的计算,从而最终形成一个二维曲面的数值网络。利用该系统用于绘制岩溶管道的二维分布图,然后将所有综合数据转换成三维视图(图 9.3)。

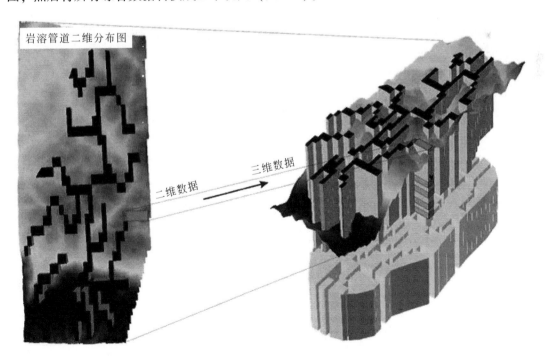

图 9.3　空间图层从二维转换至三维模型

地理信息系统数据库是物理模型的重要组成部分之一，包括模型内部所有可靠数据之间的连接。地理信息系统的主要优势是能以复杂的关系连接图提供给数据库，各层都包含了与数据库相关联的适当图形布局（图件）。

相关图层和数据库能在很大程度上反映物理模型，通过空间展示可以完全描述岩溶含水层物理特征。

建立岩溶管道三维模型，就是将已知地下水节点和管道方向节点从二维模型转化为三维模型的过程。通过已知要素建立三维网格，生成三维模型的基础参数，包括断层与其他断裂形态的内部剖面、漏斗、落水洞和洞穴等形态。这些参数将二维转换为三维点，确定新点位 z 坐标，并对 x、y 坐标进行修正。

根据前文描述，可以认为，对已知二维和部分明确的三维参数进行交换和对接，可获得具有三维特征的输出。

4. 物理模型分析

根据岩溶管道三维网络，可分析了解岩溶含水层属性，包括确定岩溶区面积、补给区范围、地下水流域分级、岩溶块体的体积、管道体积、溶蚀孔隙度、地下水流主方向以及局部分水岭等。

开展现场研究与持续监测工作，根据研究成果与岩溶管道网络三维模型之间的相关性，可以重建复杂岩溶含水层，包括预测其空间分布、时间动态的定量和定性特征，有利于促进大型含水层水资源合理开发利用与可持续管理。

参 考 文 献

Borghi A, Renard P, Jenni S (2010) How to model realistic 3D karst reservoirs using a pseudogenetic methodology—example of two case studies. In: Andreo B, Carrasco F, Duran J, LaMoreaux JW (eds) Advances in research in karst media. Springer, Berlin, pp 251-256

Borghi A, Renard P, Jenni S (2012) A pseudo-genetic stochastic model to generate karstic networks. J Hydrol 414-415:516-529

Butscher C, Huggenberger P (2007) Implications for karst hydrology from 3D geological modeling using the aquifer base gradient approach. J Hydrol 342:184-198

Fish L (1996) Compass. http://members.iex.net/lfish/compass.html

Filipponi M, Jeannin PY (2008) Possibilities and limits to predict the 3D geometry of karst systems within the inception horizon hypothesis, geophysical research abstracts, vol 10. EGU General Assembly 2008, EGU2008-A-02825

Filipponi M (2009) Spatial analysis of karst conduit networks and determination of parameters controlling the speleogenesis along preferential lithostratigraphic horizons. Thèse no 4376, École Polytechnique Fédérale de Lausanne, Suisse

Gogu RC, Carabin G, Hallet V, Peters V, Dassargues A (2001) GIS-based hydrogeological databases and groundwater modelling. Hydrogeol J 9:555-569

Jeannin PY, Groves C, Häuselmann P (2007) Speleological investigations. In: Goldscheider N, Drew D (eds) Methods in karst hydrogeology, vol 26, International contribution to hydrogeology, IAH, Taylor & Francis/Balkema, London, pp 25-44

Kincaid TR (2006) A method for producing 3-d geometric and parameter models of saturated cave systems with a discussion of applications. In: Sasowskiy I, Wicks C (eds) Groundwater flow and contaminant transport in carbonate aquifers. Balkema, Rotterdam, pp 169-190

Kovács A(2003) Geometry and hydraulic parameters of karst aquifers—a hydrodynamic modelling approach. Ph. D. thesis, La Faculté des sciences de l'Université de Neuchâtel, Suisse, p 131

Milanović S(2007) Hydrogeological characteristics of some deep siphonal springs in Serbia and Montenegro karst. Environ Geol 51(5):755-759

Milanović S(2010) Creation of physical model of karstic aquifer on example of Beljanica mt(Eastern Serbia). Ph. D. thesis, University of Belgrade, Faculty of Mining and Geology, Belgrade, Serbia

Milanović S, Stevanović Z, Vasić LJ(2010) Development of karst system model as a result of Beljanica aquifer monitoring. Vodoprivreda, Belgrade, 42(2010)/ 246-248, 209-222

Milanović S, Stevanović Z, Vasić LJ, Ristić-Vakanjac V(2013) 3D Modeling and monitoring of karst system as a base for its evaluation and utilization—a case study from Eastern Serbia. Environ Earth Sci 71(2):525-532

Ohms R, Reece M(2002) Using GIS to manage two large cave systems, wind and jewel caves, South Dakota. J Cave Karst Stud 64(1):4-8

Stevanović Z(1991) Hidrogeologija karsta Karpato-Balkanida istočne Srbije i mogućnosti vodosnabdevanja (Hydrogeology of Carpathian-Balkan karst of eastern Serbia and water supply opportunities; in Serbian). Faculty of Mining and Geology(spec. ed.), Belgrade, p 245

Stevanović Z(1994) Karst ground waters of Carpatho-Balkanides in Eastern Serbia. In: Stevanović Z, Filipović B (eds) Ground waters in carbonate rocks of the Carpathian—Balkan mountain range. CBGA, Allston Hold., Jersey(spec. ed.), pp 203-237

Schaecher GR(1986) 3D cartography for the rest of us. Compass and tape 4(1):20-23

Strassberg G(2005) A geographic data model for groundwater systems. Ph. D. thesis, The University of Texas at Austin, USA

Springer G(2004) A pipe-based, first approach to modeling closed conduit flow in caves. J Hydrol 289:178-189

Ulfeldt S(1975) Computer drawn stereo three-dimensional cave maps. Proceedings of the national cave management symposium. Albuqerque, New Mexico

第 10 章　岩溶含水层数值模拟

吉姆·W. 拉莫罗（James W. LaMoreaux）和佐兰·斯特万诺维奇（Zoran Stevanović）

10.1　引　言

地下水模型复杂程度不一，从简单孔隙介质解析模型到描述三维非均质性和各向异性的复杂数值模型。模型能帮助水文地质学家更好地了解地下水系统，并验证各种假设。随着计算机技术高速发展，数值模型已成功支撑地下水开发利用决策管理。目前几乎所有模型均以符合达西定律的等效孔隙介质概化作为基础，但等效孔隙介质方法无法适用于复杂岩溶区；基于简单均质沙柱试验的达西定律方程（Darcy，1856）并不适用于管道（洞穴）水流、明渠流和岩溶泉，达西流与岩溶系统水流之间存在显著差异，如图10.1所示。

岩溶水文地质学家了解这种挑战，很多人认为对岩溶水流开展数值模拟是不可行的。某些专家和管理者采用了不可行的地下水模型，如简单松散孔隙介质模型，导致问题复杂化。管理者通常相信地下水模型完全具有非唯一性结果，也就是说模拟者可以通过调整参数达到预期目的，同时还能满足校验要求。水文地质学家可以通过修改难以追溯的变量，以实现控制模型结果。基于以上及其他原因，某些"专业人士"受利益团体雇佣，为赢得诉讼等目的，可能会扭曲职业道德，开发出即便是专家也无法理解的地下水模型。由于明渠流、管道水流的复杂性和随机性，岩溶模型特别容易受这种"专业人士"操纵。

如 Kresic 和 Mikszewski（2013）所述，地下水模拟的主要目的是了解当前条件的成因演化和预测未来。水文地质学家通常需要评估开发供水和有害污染修复效率，特别是地下水修复等人工干预措施，需要安装运行新的供水井，或用于污染处理修复的抽水井，或者以场地化学氧化修复或促进污染物生物降解为目的，向地下注入化学试剂等，地下水模型是模拟上述干预措施是否有效运行的最可靠、最简便的方式。模拟也可填补分散采集数据空白，帮助水文地质学家更好地了解和模拟瞬态过程。尽管持怀疑论者认为岩溶水文地质系统模拟具有不确定性，但数值模拟在岩溶研究方面具有一定的作用。例如，各岩溶管道对水流和污染物迁移所起的作用各不相同，水文地质学家借助基岩和管道数值模型，可以更好地了解管道内部、管道之间以及基岩与管道之间的水流、溶质运移情况，这些模型已成功应用于地下水供水设计和污染过程研究。相反，采用等效孔隙介质模型，将岩溶系统不合理地概化为高渗透性与低有效孔隙度的单元组合，无法模拟上述交互作用。

本章介绍等效孔隙介质和管道水流概化的数值模拟方法。

图 10.1 （a）适用达西定律的松散沉积物——冰水沉积的沙和砾石（USGS，2011）；（b）Darcy（1856）最早采用的装置示意图；(c)、(d) 为岩溶地下水流运移提供通道的各种形态规模的洞穴和溶蚀裂隙（Kresic，2013，经 McGraw-Hill 授权）

10.2 数值模拟技术概述

10.2.1 等效孔隙介质概化

数值模型能同时描述整个流场,为用户指定的空间数据点提供解决方案。首先,将孔隙介质体(模型区)细分为小型单元体(单元或要素)(图10.2),建立各单元地下水流运移的基本微分方程,并以代数方程近似代替以达西定律为基础的微分方程,以 x 为未知数的方程表示流场,其中 x 为单元序号;最后,通过迭代法求解代数方程组,因而称其为数值模型。有限差分法和有限单元法是求解地下水流方程的两种常用方法。方法选择取决于需要解决的问题类型和模拟者认知,有限单元法主要用于描述不规则模型边界和断裂等内部边界,更适用于处理岩溶区常见的点源、明渠流和地下水位剧烈变化等问题,很多人据此认为有限单元法比有限差分模型更适用于岩溶区,但有限差分模型更易于设计,对数据的要求较低,对数据输入更友好,比有限单元法更能体现质量守恒定律。

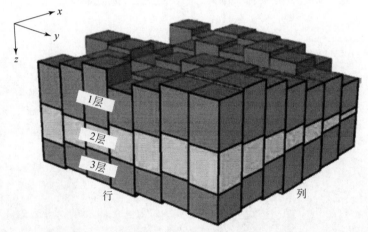

图 10.2 MODFLOW 三维模型区分为各层和单元(Kresic and Mikszewski,2013)

与时间序列分析方法等基于输入-输出的统计学模型相比,数值模型能回答如下问题:地下水开发所需的井孔数量和井位;目前或未来地下抽水对地下、地表水位的影响;污染物抵达地下水位或接收位置的时间和浓度;人工修复等干预措施对源区污染物浓度和污染羽下降梯度的影响。

在模型解决上述问题的基础上,还需针对场地地下水模型目标,解决地下水流和污染物迁移、聚集等相关问题。美国地质调查局开发了模块化三维有限差分地下水流模型(MODFLOW)最新版本(Harbaugh,2005),是目前最可靠和最实用的地下水流计算程序。

MODFLOW 具有多个界面友好的预处理和后处理图形软件包(GUIs),极大地方便了数据输入和模型的可视化输出。但经典 MODFLOW 仍难以精确刻画复杂地质和岩溶系统,在概念上存在严重局限性，包括假设整个模拟区所有模型层连续；当断裂或人工设施在垂向上发生大幅位移时，模型的不稳定性增加；模型的所有单元必须为矩形，其行和列由模型的某一边界延伸至另一边界；当模拟渗透系数差异极大的孔隙介质接触带时，模型不稳定性增加。采用等效孔隙介质方法模拟管道时，也会产生上述局限性问题。作者已经注意到，有些模拟模型中，相邻单元的渗透系数差异超过六个数量级，但是，并未评价这种合并处理的合理性。为克服 MODFLOW 在岩溶环境应用的局限性，美国地质调查局（USGS）为 MODFLOW-2005 开发了模拟管道水流过程（CFP）的新软件包（Shoemaker et al.，2008）。

10.2.2 岩溶管道水流过程（CFP）模拟

管道水流过程通过如下方式模拟地下水流紊流条件：传统地下水流方程与圆柱状管道离散网络概化进行耦合（模式 1 或 CFPM1）；在线性水流和紊流之间插入高渗透性水流层（CFPM2）；在插入高渗透性水流层的同时，与离散管道网络耦合（CFPM3）。

根据美国地质调查局解释，CFPM1 能刻画岩溶含水层的溶蚀-侵蚀形态、裂隙基岩的空洞、玄武岩含水层的熔岩管道，以及存在线性水流或紊流的饱水带；高渗透性水流层（CFPM2）可以刻画在已知水力梯度下发生紊流的孔隙介质；具有单一次生孔隙的地下形态，如边界清楚的水平地下洞穴；由多个相互联系的空洞组成的水平优先水流层。

据美国地质调查局所述，CFP 设计应具有足够弹性，以满足野外数据丰富程度不同的各地区需求。例如，肯塔基州猛犸洞具有详细精确的位置、直径、曲率和粗糙度等信息，可对其设计 CFPM1；而对于南佛罗里达州比斯坎（Biscayne）含水层，优先水流层内空洞分布与连通性极为复杂，难以实现完整刻画，则应设计 CFPM2 模型，以有限数量的有效参数或主体层参数表示通过复杂空洞联系的线性流和紊流。

CFP 选择之一是在空洞结构和水力条件等数据充分的情况下，管道水流网络的管道和节点组成复杂的二维或三维网络，用于描述地下相互联系或独立的溶洞。水流计算中，假设管道节点位于 MODFLOW 单元中心位置，垂向上存在例外情况时，可有两种选择：第一，管道节点指定为基准面以上的任意高程，并不严格限制在 MODFLOW 单元高程中心；第二，管道节点可以指定在 MODFLOW 单元中心以上或以下一定距离处。根据第二个选择，如果距离设定为零，管道节点位于 MODFLOW 单元的垂向中心。管道可以在同一层或相邻模型层之间的两个有限差分单元之间建立对角联系（Shoemaker et al.，2008）。

CFPM1 模拟对数据的要求比 CFPM2 更为复杂，CFPM1 模型需要管道位置、长度、直径、水温、弯曲度、内壁粗糙度、临界雷诺数、管道与基岩之间的交换传导系数等参数；CFPM2 模拟需要的参数主要包括水温、溶洞平均直径、临界雷诺数；CFPM3 模拟需将 CFPM1 和 CFPM2 输入参数联合。边界条件和初始条件（瞬态模拟）与经典孔隙介质 MODFLOW 模型相同。伏流等岩溶含水层集中补给点可直接指定为管道节点。

图 10.3~图 10.5（Mikszewski and Kresic，2012）是利用地下水视景图形用户界面（Groundwater Vistas GUI）（Rumbaugh and Rumbaugh，2011）开发的 MODFLOW CFP 模块概念模型。等效孔隙介质与耦合连续管道-水流（CCPF）模型对比，模拟计算了水头等值

线（图 10.3），水流自右向左流动，两端分别为定水头边界。在这两种情况下，对所有有限差分单元指定相同的渗透系数值，CCPF 实例包括对管道（粗线）单独计算的水流方程，然后根据达西水流公式对各有限差分单元进行耦合。图 10.4 反映了管道网络对基岩等水头线的影响；图 10.4（b）通过管道节点反映管道②直接集中补给的影响，管道②导水性强于①管道，导致管道①水头上升，管道作用降低，等值线图显示水流自管道向基岩孔隙流动。可在外部处理 MODFLOW-2005 保存的水均衡结果，传输至图形用户界面，对模型的基岩或管道部分进行可视化。

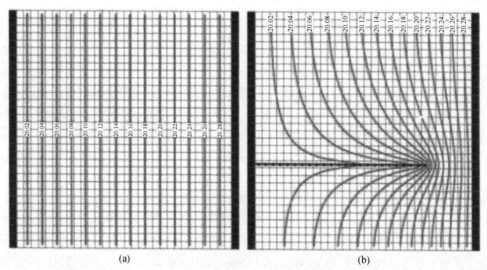

图 10.3　等效孔隙介质模型 EPM（a）和耦合连续管道-水流（CCPF）模型（b）模拟计算的水头等值线
（Mikszewski and Kresic，2012）

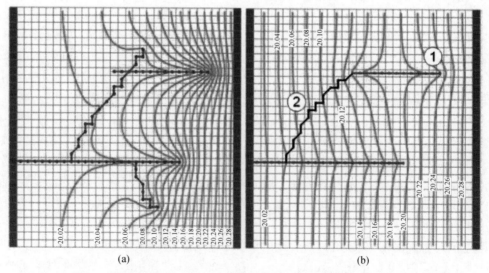

图 10.4　耦合连续管道-水流（CCPF）模型中含水层管道网络对基岩水头等值线的影响

MODFLOW 2005 CFP 模块仍在研发中，目前已无法应用包括溶质运移、归宿模拟以及颗粒示踪等传统孔隙介质模拟附加组件。在地下水视景图形用户界面上选择性勾选已标记的颗粒轨迹与相关地下水流速，在管道附近停止，并可完全忽略。用户必须从外部处理模型结果，以便分析和直观呈现这些特性。

10.3 岩溶模拟研究实例

10.3.1 场地概念模型

研究区位于美国岩溶区，如图 10.5 所示，地形垂向比例尺放大，古生界碳酸盐岩中分布断裂和缓倾褶皱，如图 10.6 和图 10.7 所示，地质单元自下而上依次为：A 单元，低渗非碳酸盐变质岩；B 单元，渗透性灰岩，永久饱水；C 单元，强岩溶化灰岩，饱水条件可变；D 单元，低渗非碳酸盐岩沉积物。

该场地主要接受降雨补给，降雨补给地下水量约为 508mm/a，无河流补给，含水层通过大型常流泉排泄并供水。

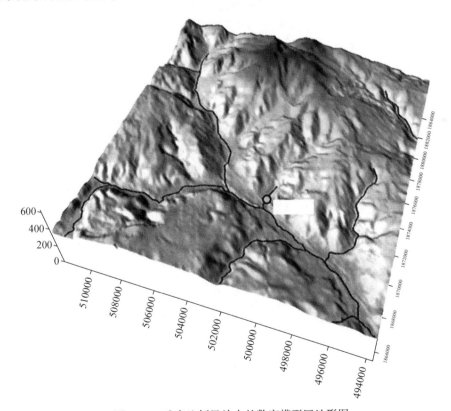

图 10.5 垂直比例尺放大的数字模型区地形图

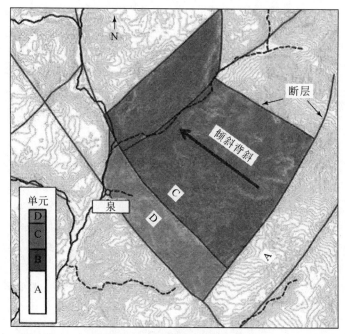

图 10.6 模型区简化地质简图

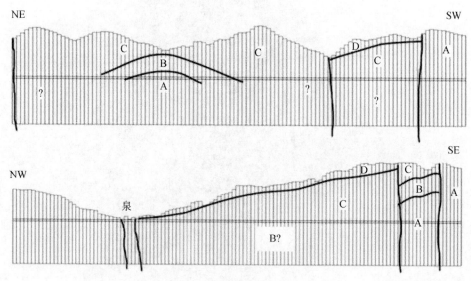

图 10.7 模型区代表性剖面

10.3.2 EPM 模型概化

10.3.2.1 模型结构

模型区显示了控制地下水流排泄的主要形态（图 10.8），该情况下，最好调整模型单元格，使行、列平行于边界断层、倾伏褶皱轴等主要构造形态，与渗透系数张量主方向一致。

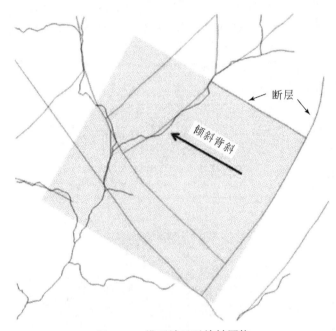

图 10.8 模型域显示旋转网格

断裂垂向位移会使模型层复杂化。在经典 MODFLOW 中，各层所有模型单元必须相互连接。模型层高程和地形（坡度）并不总与现场实际一致。为克服局限性，将不同多孔介质渗透系数与模型分层合并，表示不连续性，使该模型能更准确地模拟与不连续性相关的地下水流或水文地层。根据经验法则，使用统一网格（即所有单元格大小相等）进行模型初始化，以便在不同平台（如 GIS）或网格化程序（如 Surfer）之间调用模型输入和输出参数。

10.3.2.2 模型边界条件

标准水文地质学和地下水建模实践中，水流进出模型域分三个边界条件：已知流量、流量控制水头、已知水头，其中"水头"是指水力水头，这些条件同时指定给内外部边界或所有水流进出模型的位置和界面。外部边界有时会被忽略，如接受渗流带（非饱和带）补给的非承压含水层地下水位。一般将一定面积的补给率作为进入模型的垂向水量，以单位时间（天）的长度单位（米）表示，乘以面积即流量。疏干含水层的大泉也是已知流量的外部边界；抽水井是已知流量的内部边界，其中水流流出模型，抽水速率单位为 m^3/d。

水流能以自然和人工的方式进出模型，取决于水文地质、水文、气候和人为活动条件。很多情况下，水流无法直接测量，必须在模型外部估算或计算。最简单的边界条件是含水层与低渗/隔水岩层之间的界面，无水流或极有限水流通过的界面，称为零流量边界。

在建模实践中较为常见的做法是，记录外部或内部边界水头，间接确定流量，而不是直接分配流量。根据水头确定的水力梯度、渗透系数和边界断面积，可确定进出模型边界的地下水流量。这种以边界两侧水头和渗透系数表示的边界条件，称为流量水头边界，如地下水排泄。模型排泄取决于代表排泄单元渗透性的导水系数和含水层网格与排泄单元之间的水头差。

如图10.9模型边界条件，沿低透水性地质单元 A 的界面为零流量边界。由于排泄的间歇性，水流边界以排泄单元表示。排泄模块（DRAIN）与类似的水流模块的重要区别是，当地下水位下降到排水高程以下时，排泄单元不再发挥作用。排泄单元以这种方式间歇性发挥作用，如同模拟水流。排泄模块的局限性之一是无法模拟水流漏失段，需要采用 MODFLOW 的水流模块（STREAM）。

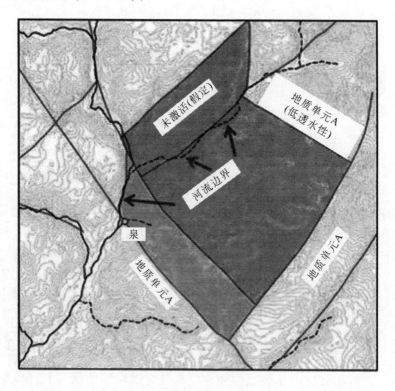

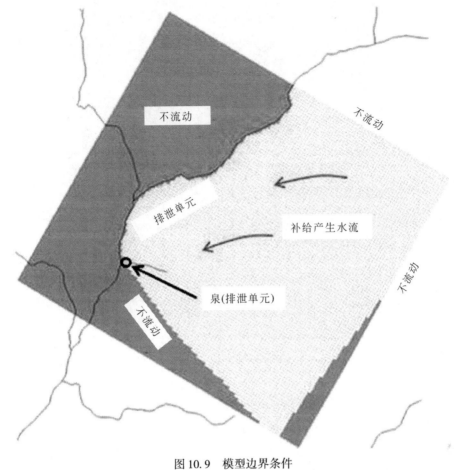

图 10.9　模型边界条件

10.4　等效孔隙介质（EPM）模拟结果

EPM 模型水流解析如图 10.10 所示，地下水按预期流向间歇性河流和泉口。虽然模型某些区域显示存在湿地，但在该位置实际并未观察到积水。因此，模型显示的洪水存在错误，需要另行解释。

泉口附近水文地质资料表明地下可能存在输送大量水流的岩溶管道，这支持了沿淹没单元格轴线方向大致分布管道的推断。传统 EPM 方法将极高的渗透系数分配给管道单元格，以这种方式整合"虚拟"管道。虚拟管道将更多水流输送至泉口，并成功地减少洪水显示。然而，正如前文所述，该方法在模拟大量水流通过伏流直接补给管道的瞬变条件时，存在严重的局限性。

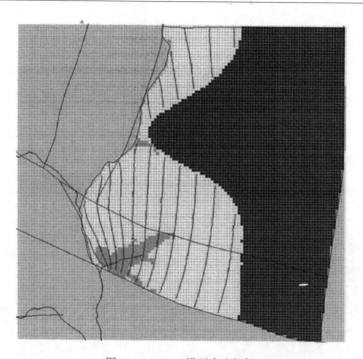

图 10.10　EPM 模型水流解析

地下水流向间歇性河流和泉，深灰色单元格代表背斜低渗核部顶层的干涸单元格，中灰色单元代表淹没区，计算的等压面在地表高程以上

10.5　管道水流过程集成

与使用"虚拟"EPM 管道不同，管道水流过程（CFP）可获取具有实际物理意义和紊流特征的管道–基岩之间水流交换能力。管道水流过程（CFP）的输入参数如图 10.11 所示，输入管道直径和底部高程等几何参数，由导水系数决定管道与基岩的水流交换，雷诺数决定层流与紊流的转换，以固定的泉口高程表示管道末端。CFP 的局限性之一是管道无法连接到基质 MODFLOW 外部边界，如排泄单元。该模拟将大气降水直接补给进入管道的百分比设置为零，也就是地表没有落水洞与管道相连。

模拟结果如图 10.12 所示，等压面清楚显示 CFP 管道的水力影响。虽然等压面与 EPM 虚拟管道近似，但在通过伏流进行瞬时补给时，二者水流过程存在明显差异。同时，还可以集中补给直接进入管道系统进行模拟，集中补给途径是与岩溶洼地相联系的小型管道。图 10.13 显示了补给区、汇水管道和模拟的等压面。等水头线显示了岩溶的独特属性，即不能通过任何 EPM 方法简单复制：由于补给带来的压力提升了管道水头，水流由管道向基岩流动。

很多情况下，从管道到基岩的水流交换对工程设计至关重要，包括采用泵和处理系统进行污染羽的捕集，或者作为建设项目的一部分，调整排水系统规模等。

第 10 章　岩溶含水层数值模拟

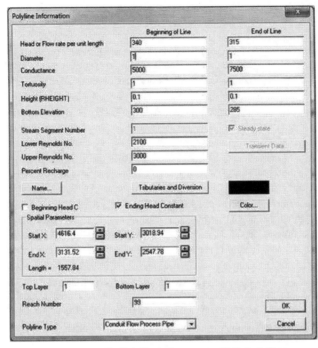

图 10.11　管道水流过程（CFP）的输入参数

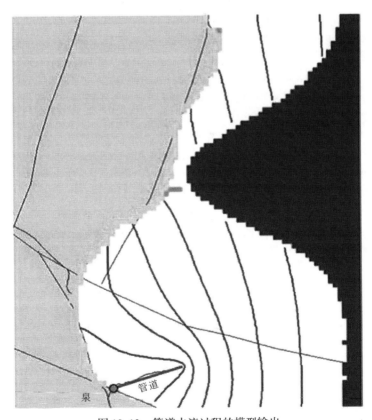

图 10.12　管道水流过程的模型输出

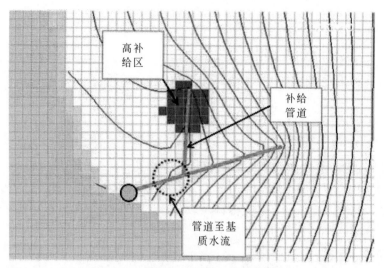

图 10.13 管道水流向基岩的模拟图解
管道接受大量补给，在管道中形成了高水头

参 考 文 献

Darcy H(1856)Les fontaines publiques de la ville de Dijon; Exposition et application des principes a suivre et des formulas a employer dans les questions de distribution d'eau; Appendice, Note D. Victor Dalmont(editeur), Libraire des Corps Imperiaux des Ports et Chausses et des Mines, Paris

Harbaugh AW(2005)MODFLOW-2005, the U. S. Geological Survey modular ground-water model—the groundwater flow process. U. S. Geological Survey Techniques and Methods 6-A16(variously paginated)

Kresic N(2013)Water in karst: management, vulnerability, and restoration. McGraw-Hill, New York

Kresic N, Mikszewski A(2013)Hydrogeological conceptual site models: data analysis and visualization. CRC/Taylor & Francis Group, Boca Raton

Mikszewski A, Kresic N(2012)Numeric modeling of karst aquifers: comparison of EPM and CFP models. In: Proceedings IAH 2012 congress, Niagara Falls, Canada

Rumbaugh JO, Rumbaugh DB(2011)Guide to using groundwater vistas, Version 6. Environmental Simulations, Inc., Reinholds, p 307

Shoemaker WB, Kuniansky EL, Birk S, Bauer S, Swain ED(2008)Documentation of a Conduit Flow Process (CFP)for MODFLOW-2005. U. S. Geological Survey Techniques and Methods, Book 6, Chap. A24

USGS(United States Geological Survey)(2011)USGS photographic library. Available at: http://libraryphoto.cr.usgs.gov

第11章 岩溶地下水开发

佐兰·斯特万诺维奇（Zoran Stevanović）

地下水是一种不可见资源，开发利用难度较高，而对于非均质性和各向异性岩溶含水层，地下水流探测与开发更为复杂。岩溶地下水开发分为两种主要类型：在岩溶系统天然排泄点（泉、地下河等）开发地下水；通过井、集水廊道或类似人工设施等开发岩溶含水层地下水。

开发地下水主要用于饮用、工业、热源或灌溉，以及在地下水位较高时，为保护矿坑、城市或耕地而进行排水，两种情况都需要抽取地下水。对多数泉和自流井，取水设施可依靠重力作用直接利用地下水，钻孔取水则需要其他能耗。抽取方式开发地下水应该与含水层工程调控措施区分开来，尽管调控措施也会抽取地下水，但其主要目标是对含水层水量进行控制和管理，本书第14章和15.5节将对其进行详细介绍。

11.1 泉的开发利用

泉——地下水之"眼"，是珍贵的不可见地下水资源在地表的出露位置，同时产生持续水流。在古代中国、巴比伦、波斯和埃及等国家，很多大泉周边还保留了取水设施遗迹。毕达哥拉斯和阿基米德等古希腊著名的哲学家和数学家，提出了水利设施工作原理。罗马时代是泉水开发和远程传输的黄金时代（Bono and Boni，1996）。在美索不达米亚砖石建筑中首次出现了圆拱建筑，而罗马人进一步用于修筑长途输水渡槽，如罗马城利用11条长渡槽输送 $16\sim91km$ 以外的泉水，输水量达 $13m^3/s$ 以上（Lombardi and Corazza，2008）。

全球大部分取水设施均由当地半熟练工或有建筑经验的居民建设，存在很多失败的案例。有些是因为技术不合理，在取水点附近发生渗漏；有些在高水位时期和极端暴雨过程中，取水设施遭到淹没和破坏；有些设施通过管道抽引所有水流，没有为当地居民和水生态系统留下任何水流。此外，众多作为重要供水源的泉，没有设立防护区进行保护。为避免出现上述偏差，在设计、建设和开发利用过程中，有必要采取多重有效措施，以确保泉水开发利用技术合理并保持环境友好（Stevanović，2010）。

划分泉类型和开展流量动态分析是评价泉水开发潜力的出发点（Krešić，2010），也是决定泉是否可开发的两个关键因素。此外，还应考虑以下因素（根据 Stevanović，2010，有修改）：与用户的距离；泉点地形、管线路径和利用范围；排泄区和整个流域地质、水文地质条件；地下水质，特别是饮用供水水质；用水需求；抵达泉点的交通便利性（机械、卡车、工人和电力等）；泉和整个流域范围污染特征及潜在污染物；泉和流域的污染防护模式；径流要素（泉口周边的最大地表洪水）；环境和景观需求；工程设计、建设成本及经费来源；运行和维护成本概算等。

泉水简易采集设施（图 11.1）的基本组成包括泉口采集水箱、输水管和溢流管、水龙头等，有时还包括小型储水箱（库）、装有氯化和监测设备的维修室、重力作用无法完成水流分配时采用的泵、收集和引导水流同时也防止碎屑和滑坡的防渗墙与挡土墙、通风设备以及防护栅栏等。

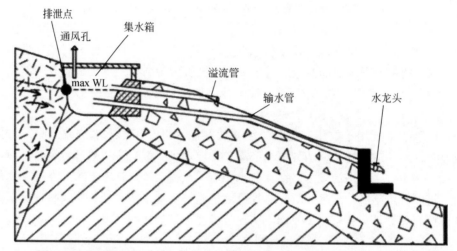

图 11.1 岩溶接触带泉的泉口集水箱简化模型（Krešić and Stevanović, 2010）

泉的类型和流量直接影响取水设施设计方案和建设规模。例如，重力泉具有集中水流，开发利用难度低；上升泉具有多个分散排泄点，开发技术难度较高。淹没泉开发需要将地下淡水与海水、湖水、河水等进行分离，开发利用技术难度最大。消溢水洞地下水位波动较大，且补给和排泄功能交替变化，开发技术较为复杂。上升泉和裂隙泉的典型开发利用设施分别见图 11.2 和图 11.3。

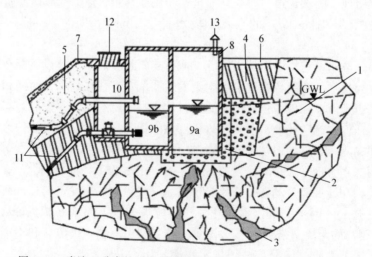

图 11.2 岩溶上升泉的开发利用设施（Krešić and Stevanović, 2010）
1. 岩溶含水层；2. 回填物；3. 洞穴；4. 黏土封水层；5. 粉砂盖层；6. 顶部土壤；7. 草被覆盖；8. 钢筋混凝土结构的两个室和出入室；9a. 沉淀箱；9b. 净水库；10. 带阀维修室；11. 溢流管和输水管；12. 入口；13. 通风孔

第 11 章 岩溶地下水开发

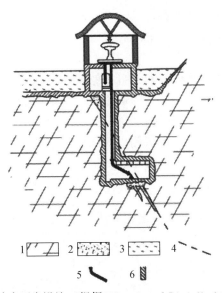

图 11.3　裂隙泉开发设施（根据 Filipović and Dimitrijević，1991 修改）
1. 裂隙可溶岩；2. 断裂；3. 黏土堵体；4. 推测断层；5. 直接插入断裂的小型管道，防止 CO_2 逃逸；6. 混凝土

在确定最终设计方案之前，首先需要清理泉点位置场地，通过移除碎屑物、松散碎片、石块及土壤层，揭露泉口并确定水流来源。单个泉口水流易于采集（图 11.4）；否则，需修筑防渗墙（集水槽），或采用黏土或水泥堵塞基岩中其他小型出口，以便集中收集水流。

图 11.4　克罗地亚斯普利特（Split）的贾德罗（Jadro）泉
主泉口设置混凝土阻水设施（古罗马时期取水设施）

各泉口间距较远时,应安装穿孔排水管或建设防渗墙,以收集和转移水流。一般需要深挖切穿土壤(岩石),但应避免破坏下伏隔水层,以免造成水流损失(Stevanović,2010)。

在泉的周边或上部采用黏土堵塞和封堵,是成本最低的污染防护方式。建议将黏土与少量水混合压实,采用滚压机对顶层进行处理。通常要保持黏土湿润以防止开裂。在压实层上种植花草,增加腐殖质有利于保护上部压实层。

泉口附近第一个防护区应合理设置栅栏,仅允许水资源开发工作人员进入泉口房屋。栅栏支柱间距一般 2~3m,高约 3m(图 11.5)。

图 11.5 泉口取水设施

表土覆盖于可溶岩之上;合理设置的栅栏防止随意进入;渠道上安装了测流计观测泉水溢流

11.2 岩溶含水层地下水开发——钻井

垂直管井钻探技术已经家喻户晓,目前已在深层岩溶地下水开发方面取得了丰硕成果。但在单井成功出水之前,应按步骤开展如下工作。

(1)可行性分析:供水需求分析以及其他技术方案分析,岩溶区钻井成本和技术要求均较高,应以成本-收益分析支撑最终决策。

(2)钻探位置:应开展地质、水文地质调查,包括采用遥感、地质勘探、地球物理调查(电阻率法、层析成像、超低频、地质雷达、重力法、微振动法等)、水电记录、洞穴调查、同步水文观测和示踪试验等手段确定最佳钻探位置(Stevanović and Dragišić,1998;Milanović,2000;Goldsheider and Drew,2007;Krešić,2009),上述方法已在本书第 4 章详细论述。除此以外,很多情况下,土地属性、道路交通、是否存在水流等因素也会影响钻探位置选择。

(3)井孔设计:开钻之前,必须准备合理的工程文件和井孔设计。井孔设计和合同中,必须明确的主要事项包括钻井技术、终孔深度、开孔和终孔孔径、套管/灌浆工程等。但是,由于钻探工作和岩溶环境的特殊性,最终工程方案中,钻井技术、终孔深度、套管、滤网位置等可能与初步设计会有偏差。因此，建议根据实际情况（钻深、工时、套管长度以及类似事项），尽可能编制一份弹性较大的合同文件，以便考虑最终费用。

井深。完整井井孔底部达到含水层底板，在岩溶区则需到达岩溶发育基底。Driscoll（1986）认为完整井揭露的含水层厚度和地下水降深更大，供水能力高于普通浅井。

孔径。多数深钻孔自顶至底采用不同直径，终孔直径比开孔要小得多。如果设计多个孔径，自底向顶反向考虑，即井底部分应能满足水泵及电缆安装要求，并能进行正常运行和维护。此外，取水段直径，即滤网部分直径应确保良好的水力效率。Driscoll（1986）提出套管直径应该两倍于水泵的最大直径，但现代高效泵直径更小，也就是说空间已不成问题。

套管/灌浆。为保护地下水免受地表污染，应将引导柱（上套管）插入钻孔内，套管和井壁之间的环形空间采用水泥灌浆胶结，或采用膨润土粉末与水混合密封。类似地，钻孔底部由于井壁不稳定，或者有劣质地下水流连续注入等原因，也应采用灌浆分隔。为合理封闭套管和井壁之间的环形空隙，阻止水流流入，应采用高压泵进行固井。为便于向更深部钻进，各封隔段需要降低井径，有时会导致开孔井径变大，而终孔井径变得极小，井孔设计因而更为复杂。

Driscoll（1986）认为良好的钻孔设计目的是确保性能优化组合，使用寿命较长，且费用合理。

为合理钻进和降低取水设施成本，建议首先开展小孔径钻探，即测试孔，根据测试孔成果，扩大该孔井径或在其附近钻探另一大口径孔。术语中"钻孔"通常指小口径钻孔，而"井"则指能抽取地下水的大口径钻孔。钻孔通常安装穿孔管，该情况下称之为观测孔或测压孔。如果钻孔壁稳定，则无须安装套管。对井而言，由于地下水进入井孔没有滤网阻力，因而开放井孔产水量更高。

很多经典教材和手册上记录了过去的水井钻探，最著名的和引用最多的著作当数Driscoll（1986）。全球很多大学开设了水文地质课程，教授钻探技术、成井技术、套管安装以及砾石充填、抽水试验等相关专业技术，适用于水文地质专业实践或采矿、机械和钻探专业的工程师和技术人员。但各种课程和指南无法涵盖所有钻探实践。

11.2.1 钻探技术

在松散岩层中，通过挖掘或简单机械设备作业即可完成井孔建设；但岩溶介质，即便是白垩和多孔碳酸盐岩，也均属于坚硬岩组，最简单的成孔方法都需要成套安装在各种车载液压钻机。常用钻探技术包括流体直接循环旋转钻进，流体反向循环旋转钻进，使用空气、泡沫或其他润滑剂的潜孔锤钻进，旋转-潜孔锤组合钻进，电缆工具冲击钻；螺旋钻孔、驱动井和爆破等钻孔技术很少用于岩溶区。

上述技术均需采用泵驱动流体或空气，并去除岩屑；而且还需要开挖沉淀池存放钻井液。

（1）在直接旋转钻井中，将钻井液泵入钻杆上，并到达钻头末端，钻井液通过钻杆与井壁之间的环形空间向上循环，同时去除岩屑。岩心通过钻杆或导线系统取出，是最便利的取心钻探方法。

（2）反向循环方法移除岩屑效率高于其他方法。水流或空气在套管和井壁之间，或两个套管壁（双重内壁）之间向下循环，从底部取出岩屑之后，水流或空气通过内部套管向上循环。该方法多用于冲积层和松散岩石钻探，很少用于可溶岩，特别是白云岩等坚硬岩层。

常见的钻井液包括泥浆、浑水、清水、空气和泡沫，钻井液易渗漏进渗透区，并与地层流体发生化学反应，因此，钻孔结束后应清除钻井液。钻井液黏度是极为重要的参数，很多钻探工作完成后，未能进行正确处理，泥浆残留物充填空隙、孔隙，导致钻井涌水量远低于产水潜力。膨润土和重晶石表面活性极强，易形成黏土/有机复合物，与初始地下水混合容易发生堵塞（Aller et al., 1989）。采用膨润土或重晶石制成重泥浆钻井液时，处理过程必须延长至所有泥浆被移出钻孔。因此，在确保井壁稳定前提下，最好采用清水钻进。

（3）岩溶区一般推荐潜孔锤钻探（图11.6），采用空气冷却和移除岩屑，其优点在于钻探效率高，准确测定地下水位，无须加入破坏地下水正常循环的泥浆或其他流体，为成井处理提供便利。流域内某些部位或偏远山区，有时可能缺水，而且回旋钻过程易发生钻井液循环漏失，这也是选择潜孔锤和空气钻探的原因。此外，潜孔锤钻探易于确定出水段水位，而回旋钻必须经过长时间处理，且需要地球物理测井确定各井段涌水量和主渗透率。

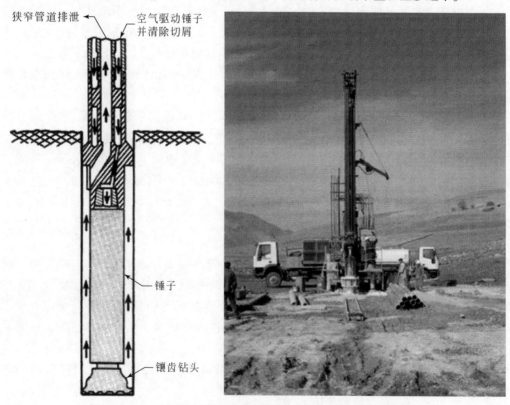

图11.6　潜孔锤钻探示意图以及伊拉克北部的钻机运行情况

(4) 采用压缩空气或泡沫的小回转潜孔锤钻探组合方法，在灰岩区钻探效果最好。泡沫能有效吸附岩屑并冷却钻头，但在泡沫与地下水发生反应之前应将其完全清除。

根据中东地区白垩系和古近系—新近系灰岩的钻探经验，钻进速率可达到100m/d以上（Stevanović and Iurkiewicz，2004）。

11.2.2 成井设备（套管、滤管、砾石回填、井盖保护）

套管材料主要取决于井壁稳定性、地下水化学特征、细菌含量及其他可能影响水力效率和成井寿命等因素，套管和滤网一般采用同种材料。古代通常采用木头或陶瓷等保护井壁；在19世纪和20世纪上叶，金属材料开始占主导地位，多数深井以镀锌铁管等作为套管；近年来，套管多采用铝等轻质材料和塑料。套管强度必须能克服围岩地层应力。在评估套管强度时，应分别评估抗拉、抗压和抗破坏等多方面条件。例如，套管抗破坏能力由管壁厚度和外套管直径所决定；套管屈服强度与壁厚立方成正比，增加壁厚能大幅提升套管抗压强度。

Aller等（1989）将套管材料分为三类：金属类，包括碳钢、低碳钢、镀锌钢、不锈钢；热塑性材料类，包括聚氯乙烯（PVC）及其类似物；高分子材料类，包括聚四氟乙烯（PTFE），含氟聚合物及其类似物。

腐蚀是开采井的常见问题，对碳钢和低碳钢采取镀锌等电镀工艺能有效提升耐腐蚀性能。塑料材质和不锈钢能有效抗腐蚀，但不锈钢材料成本比塑料要高得多。

套管安装过程中极易垮塌，而且在放置砾石过滤层或在套管周边放置密封材料之前也易受损。Purdin（1980）提出如下措施以减少垮塌：直线钻进、清洗钻孔；均匀分布砾石过滤层；安装热塑性套管时避免使用高温水泥；在水泥中加入砂或膨润土，降低水化热；在成井过程中，控制井内负压。

在水文地质学意义上，滤网是成井的最重要部分，滤网材料应与套管一致，各段长度一般为3m或6m，各段之间通过热焊接或螺纹接头连接（图11.7）。

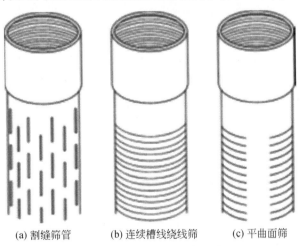

(a) 割缝筛管　　(b) 连续槽线绕线筛　　(c) 平曲面筛

图11.7　带螺纹接头的各种滤网

Driscoll（1986）指出理想滤网应具有如下主要特征：滤网周围应连续分布槽状孔眼；槽状孔眼紧密分布，使其开放面积的百分比最大；V形槽状孔眼向内扩大；采用不同材料以适应各种条件；开放面积最大化，同时保持一定强度；全系列的配件及管端配件，方便滤网安装及完井作业。

常见滤网为桥缝滤网（图11.8），槽状孔眼垂向分布，两个平行孔眼与井轴线纵向对齐（Aller et al., 1989）。

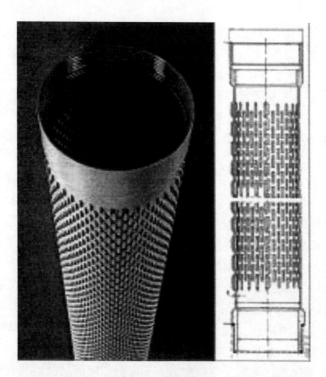

图11.8　桥缝滤网

孔隙含水层一般采用井孔滤网和砾石过滤层结合，将与含水层粒度分级一致的高纯度石英砾石放置于滤网周围（图11.9）。

连续槽状井孔滤网是最高效的滤网之一，由螺旋线制成，通常以建造商或制造商命名，如加夫里尔科（Gavrilko）或约翰逊（Johnson）。导线一般具有三角形横截面，环绕于环形阵或纵杆周围以螺旋方式连续上升。通过增加外围导线间距形成槽状孔眼。在制造过程中视实际情况而定，改变V形孔眼尺寸。V形孔眼可使细小颗粒物进入滤网，并在成井过程中提取，克服了楔形出口的缺陷。

连续槽状井孔滤网相对于其他类型滤网，单位面积的过水断面更大（Driscoll, 1986）。自由水流和较大的过水断面有利于岩溶含水层开发（图11.10）。尽管碳酸盐岩中，特别是构造带附近存在细小颗粒物和岩屑，但滤网和砾石过滤层极少发生堵塞，而孔隙含水层则相反。类似地，岩溶含水层滤网老化速度一般较慢，即使滤网安置在深部承压部分以及不良水化学条件下也是如此。

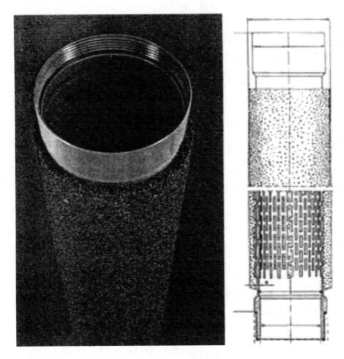

图 11.9 带砾石过滤层的井孔滤网图

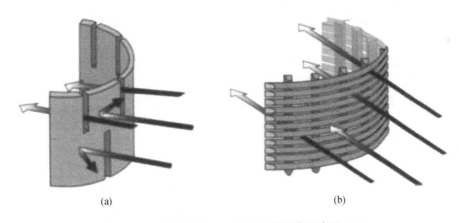

(a) (b)

图 11.10 槽状滤网（a）和连续槽状线圈滤网（b）
孔眼百分比之间的差异反映在流线通道和自由水流效率

在确保井壁稳定性前提下，裸眼井是效率最高和成本最低的开发方式。

从地表通过管道将砾石放入滤网周围，即套管和井壁之间的空隙，形成砾石过滤层，防止大型地层物质进入井内，与滤管同步滤除细小颗粒物。相反，天然井内地层物质崩塌，在套管和滤网四周形成天然砾石过滤层，在滤网周围形成连续的圆柱状分级带，在成井过程后期，地层物质稳定后，将得到无沉淀物的净水。

11.2.3　成井

井（孔）开发的持续时间和强度取决于多个因素。在很多情况下，甚至很难预测井内淤泥或早期钻探物质的清洗耗时（Campbell and Lehr，1973）。特别是岩溶区，流水挟带厚层次生粉砂质、黏土质和砂质沉积物，充填洞穴和节理，需要数周乃至数月才开始产生净水。

Driscoll（1986）认为成井具有三大优点：弥补钻探的负效应——岩溶含水层损坏或堵塞问题；增加含水层孔隙度和渗透率；固定滤网周边松散岩层，使出水中无砂。

传统成井工艺包括冲洗和气举，采用钻机泵和净水循环进行初步冲洗（反洗），洗去钻探过程所用的泥浆水，并形成天然砾石过滤层。在岩溶区钻探中，某些地层段存在松散物质时，才能形成天然砾石过滤层。

压缩空气是非常有效的成井方法，对于仅用于监测的小口径勘探孔，气举法是唯一可以测算含水层产水量的方法。采用压缩机、压力表和安全阀门以及气举管或软管直通井内，即可开展气举试验，气举管或软管要有足够弹性，能进入井底，且能向上移动。

对于深80~90m的钻孔，供压10bar①的压缩机即能满足成井要求。分步骤逐渐增加压力、提高井内和降低井内空气线，能完全清除井内钻探碎屑和地层的次生颗粒物。只有当所有孔洞和裂隙向井内自由供水时，含水层才能完全有效供水。由于抽水泵极易损坏，在安装抽水泵和开展试验之前，应全面洗井。

更先进的成井或修复技术包括喘振、高速喷射、化学处理甚至爆破。孔洞水流挟带的细黏土会堵塞滤网，可采用次氯酸钠等化学品进行稀释。盐酸、硫酸等能溶解灰岩或蒸发岩，同时消除滤网周围的水垢，可用于岩溶地层钻探。

11.2.4　抽水试验

抽水试验是成井、评估成井质量和效率、测试含水层产水量、评价含水层渗透性以及完井（设备安装）的基础。一般分为短期控制性抽水试验和长期抽水试验。短期控制性抽水试验的主要目的是评价成井和各要素（滤网水头损失）质量；长期抽水试验用于模拟实际开采状态，并为永久性地下水开采确定最佳日开采量、水泵类型和安装深度。在自流井中，还需以高于天然流量进行抽水试验，为加大开采强度提供依据。

短时分阶段降深试验（step-drawdown tests）适用于稳定流或非稳定流条件。稳定流条件下，在一定的持续时间段，抽水流量和水位同时相对稳定；而非稳定流抽水时，保持抽水流量稳定而水位不断变化，或者仅保持水位稳定而不断改变抽水流量。"阶段"是指持续抽水过程中，将泵流量从最小增加至最大，一般为2~4个落程，抽水试验期间，应持续观测抽水对地下水位的影响。

根据水位降深或恢复观测数据，采用泰斯（Theis）、雅各（Jacob）、汉图什（Hantush）、

---

①　$1 bar = 10^5 Pa$。

科佩尔（Coper）公式计算非稳定流条件水力参数和井损（水流向井管的运动阻力）（Castany，1967，1982）。

抽水试验技术简单，但需要大量的能耗和人工，成本较高，而且需要合理组织。必须确保有合格的机械和备件，最大程度降低发生损坏以及试验中断风险。对于非承压岩溶含水层，抽水排放应尽可能远离抽水井，以免回流入渗进入试验含水层。根据含水层潜力评价确定抽水流量，为此，在钻探过程应收集标志性信息，包括溶洞记录（岩心缺失段）、泥浆稀释、地下水直接流入等现象，以及地质和地球物理测井信息、洗井过程中气举等，获取对含水层潜力的初步认识，进而以某一最小流量开始抽水，根据水位波动情况修正抽水流量。例如，如果在某一抽水流量下，地下水位相对稳定，则应在下一试验阶段加大抽水流量；相反，在某一抽水流量下，降深大幅增加，则应在下一试验阶段降低抽水流量。建议降深不超过含水层总厚度的1/3，如果降深超过含水层厚度2/3，整个含水层就会有疏干的危险，而且临界抽水量也会损坏抽水泵（图11.11）。但是，在谨慎操作的前提下，试验抽水流量应大于后续开采抽水量。建立地下水埋深（恢复）–时间曲线 $[d = f(\lg t)]$，作为非稳定流条件下参数计算的基础（图11.12）。

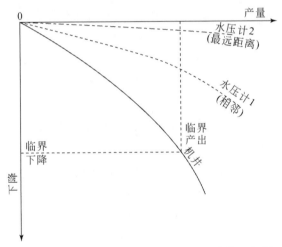

图11.11 抽水井中临界产水量/降深以及最远和最近的测压水位（根据Castany，1967修改）

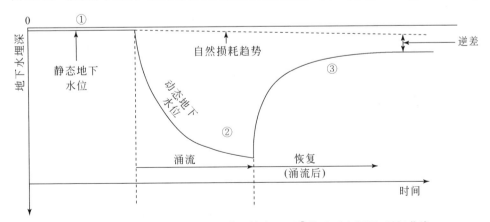

图11.12 抽水前①、抽水过程②及抽水以后③的地下水埋深–时间曲线
抽水导致初始天然静水位与最终恢复水位之间存在较小差异

地下水位可采用自动监测，井内难以安装自动观测设备时，必须采用人工记录，观测频率应确保收集所有数据，特别是抽水试验开始和水位恢复阶段数据。

11.2.5 优化开采量、安装泵和井筒保护

抽水试验的目的是确定最佳开采量、泵的类型和安装深度。开采量的主要关联参数是降深，图 11.13 是承压岩溶含水层和非承压岩溶含水层抽水试验示意图。抽水量也受终端用户位置控制，当水流需要远程输送至高海拔用户时，水头计算必须考虑额外高差。

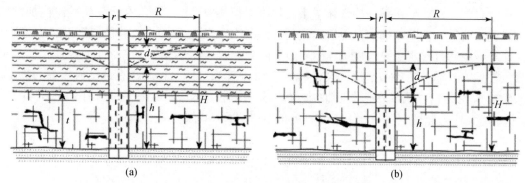

图 11.13　承压岩溶含水层（a）和非承压岩溶含水层（b）抽水试验示意图
H：测压水位或饱水带厚度；h：测压基准或在抽水期间进水区饱水带厚度；t：承压含水层厚度；d：降深；
R：降深漏斗半径；r：抽水井半径

泵流量随水深成比例下降，制造商一般会根据各种条件生产多个型号水泵。市场上水泵一般能抽取 300m 以深的地下水，有些地区岩溶发育深度大，地下水位深埋，这是水文地质学家需要面对的现实问题。最佳选择是安装变量泵，能根据水头变化输送各种水量，而定量泵仅能输送固定水量。水泵外径也是重要参数，套管直径必须与泵一致。目前，制造商已经改进技术，泵的功能更为强大，尺寸越来越小。图 11.14 是 7 种不同功率的变量泵流量曲线图，$Q=f(H)$，H 为总水头，功率范围 10～50 马力（hp①），运行转速均为 3000r/min，各泵效率差异极大。即使是功率 50hp 的水泵，若安装深度减小一半，则最大产水量超出一倍以上，如 90m 深处产水量 70m³/s；而在 180m 深处产水量仅为 30m³/s。

Driscoll（1986）将变量泵分为三类：离心泵、喷射泵和气举泵，在其经典著作《地下水和井》（*Groundwater and Well*）中，解释了离心力驱动水流进入泵并上升的原理。在地下水中，"涡轮泵"与所有离心泵基本属同一术语，尽管不尽相同。根据叶轮叶片数量还分为单级泵和多级泵。

涡轮泵马达和多数部件安装在水面以上，在某种程度上限制了安装深度（图 11.15），而潜水泵完全淹没于水中，马达一般直接安装在进水口下方，潜水泵叶片数量可以很多，而且可随取水深度增加（图 11.16）。泵自身没有动力，必须与电网或发电机连接运行。

---

① 1hp=745.700W。

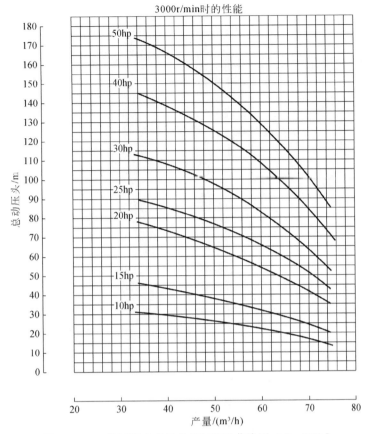

图 11.14　7 种不同功率的变量泵流量曲线图 $[Q=f(H)]$

图 11.15　在伊拉克北部卡姆丘加（Qamchuga）灰岩地层中立式涡轮泵的安装和运行

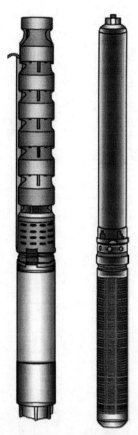

图 11.16 潜水泵

在合理安装水管、滤网、砾石过滤层和完成井孔测试后，还应安装井盖和锁等地面保护措施，防止损坏、无序使用和污染。

当含水层上覆隔水层，饱水带为承压状态时，通常会形成自流井。用水点高程如低于含水层测压水位，仅安装水管就可获取自由水流。否则，必须安装泵，又提高了运行成本。

总之，岩溶裂隙含水层找水是一项细致的工作。含水介质具有各向异性和非均质性，为获取最大水流，井、管和泵必须安装在坚硬基岩的节理、裂隙、断层、孔洞甚至大型洞穴管道等优先通道。Krešić（2013）认为，在岩溶区建设水井，最大的秘诀就是总需要那么一点运气。唯一例外是可溶岩孔隙中存在分散水流，而不是沿优先通道的集中水流。

受含水层有效孔隙度、补给和储水特征以及钻井效果等因素限制，有些井产水能力极低，甚至<1L/s，有些钻井纯粹是以人道主义为目的。但也有些高产井，最高产水量可达2000L/s以上，如位于美国圣安东尼奥附近的得克萨斯州爱德华（Edward）含水层。

岩溶含水层地下水开采——集水廊道、竖井。接触带下降泉通常利用水流重力作用，采用微倾斜或近水平集水廊道开发地下水。建设集水廊道的方式一般是揭穿天然排泄点以下的隔水层（图 11.17）。集水廊道建设如同传统采矿作业，主要工作是钻探或开挖至含水层承压部分或地下水流汇集区，使水流在重力作用下自由排泄。由于其功能与泉口水箱的清洗排水管类似，有时也称为底孔。在廊道上安装管道和阀门，即可完全控制水流。该设施能储存水流，特别适用于季节性用水。为临时关闭阻断水流，还需要建造隔离门，与很多采矿廊道内为防洪或安全原因采用的隔离门原理类似（Stevanović，2010）。实施上述工程，必须谨慎采取多重措施，并且需要充分了解地质背景知识，以防出现不良后果（Milanović，2000）。

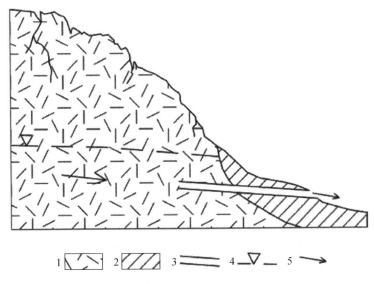

图 11.17　近水平廊道
1. 岩溶含水层；2. 隔水岩层；3. 廊道；4. 地下水位；5. 地下水流向

上述取水设施联合运用可扩大采水能力。例如，在泉口周边布置井或井群。15.5 节讨论了含水层的合理控制与可持续开发，全球很多地方无节制地钻井导致含水层疏干以及天然泉眼干涸。

叙利亚境内邻近土耳其边界的拉斯艾因（Ras el Ain）泉是最好的开发案例（Burdon and Safadi, 1963; Hole and Smith, 2004; Stevanović, 2010），该泉是全球最大的泉之一，天然流量为 $34.5 \sim 107.8 m^3/s$，目前低水位期间已不再出流。流域内土耳其边境种植棉花，大量抽水井中超采地下水用于灌溉，引起了地下水位严重下降。如今，该地区是近东最肥沃和开垦最密集的地区之一，但从环境和跨边界平等共享资源的角度出发，这种高强度开发存在公平合理性问题。

岩溶地下水井开采的另一案例来自经典卡尔索（Carso）地区，位于斯洛文尼亚境内的边境城市塞扎纳（Sežana）附近，蒂马沃（Timavo）泉是意大利海岸带北部的里雅斯特（Trieste）海湾最著名和最大的海底泉。岩溶"脉管"将地下水向大泉输运，但水质并无明显恶化。20 世纪 80 年代，在岩溶主管道上钻探了多个高产水井，将地下水流输送到蒂马沃。例如，抽水井 VB-4 流量 $0.05 m^3/s$，水位仅降深 $0.45 m$（Stevanović，2010）。

参 考 文 献

Aller L, Bennett WT, Hackett G, Petty JR, Lehr HJ, Sedoris H, Nielsen MD, Denne EJ(1989) Handbook of suggested practices for the design and installation of Ground-water monitoring wells. EPA 600/4-89/034. Publication National Water Welfare Association, Dublin

Bono P, Boni C(1996) Water supply of Rome in antiquity and today. Environ Geol 27(2):126-134s

Burdon D, Safadi C(1963) Ras-El-Ain: the great karst spring of Mesopotamia. An hydrogeological study. Hydrol J, 1:58-95

Campbell MD, Lehr J(1973) Water well technology. McGraw-Hill, New York

Castany G(1967) Traité pratique des eaux souterraines, 2nd edn. Dunod, Paris

Castany G(1982) Principes et méthodes de l'hydrogéologie. Dunod Université, Paris

Driscoll FG(1986) Groundwater and wells. Johnson Filtration systems Inc., St. Paul

Dupuit J(1863) Estudes thèoriques et pratiques sur le mouvement des eaux dans les canaux dècouverts et à travers les terrains permèables, 2nd edn. Dunod, Paris

Filipović B, Dimitrijević N(1991) Mineral waters(in Serbian). University Belgrade, Faculty Mining Geology, Belgrade, p 274

Forchheimer P (1886) Über die ergiebigkeit von brunnen-anlagen und sickerschlitzen. Z Architekt Ing Ver Hannover 32:539-563

Goldsheider N, Drew D (ed) (2007) Methods in karst hydrogeology. International contribution to hydrogeology, IAH, vol 26. Taylor & Francis/Balkema, London

Hole F, Smith R(2004) Arid land agriculture in northeastern Syria—will this be a tragedy of the commons? In: Gutman G et al. (eds) Land change science. Kluwer Academic Publication, The Netherlands, pp 209-222

Krešić N(2009) Groundwater resources: sustainability, management and restoration. McGraw-Hill, New York

Krešić N(2010) Types and classification of springs. In: Kresic N, Stevanović Z(eds) Groundwater hydrology of springs: engineering theory management and sustainability. Elsevier BH, Amsterdam, pp 31-85

Krešić N(2013) Water in Karst management vulnerability and restoration. McGraw-Hill, New York

Lombardi L, Corazza A(2008) L'acqua e la città in epoca antica. In: La Geologia di Roma, dal centro storico alla periferia, Part I, Memoire Serv. Geol. d'Italia, vol LXXX. S. E. L. C. A, Firenze, pp 189-219

Milanović P (2000) Geological engineering in Karst. Dams, reservoirs grouting, groundwater protection, water tapping, tunneling. Zebra Publ Ltd., Belgrade, p 347

National Water Well association of Australia(1984) Drillers training and reference manual. NWWA, St. Yves, South Wales, p 267

Purdin W(1980) Using nonmetalic casing for geothermal wells. Water Well J 34(4):90-91

Stevanović Z, Iurkiewicz A(2004) Hydrogeology of Northern Iraq general hydrogeology and aquifer systems, Spec edn TCES, vol 2. FAO, Rome, p 175

Stevanović Z(2010) Utilization and regulation of springs. In: Kresic N, Stevanović Z(eds) Groundwater hydrology of springs: engineering theory, management and sustainability. Elsevier, BH, Amsterdam, pp 339-388

Stevanović Z, Dragišić V(1998) An example of identifying Karst groundwater flow. Environ Geol 35(4):241-244

第 12 章　岩溶地下水监测

萨沙·米拉诺维奇（Saša Milanović）和利利亚娜·瓦西奇（Ljiljana Vasić）

12.1　引　　言

地下水监测包括水量和水质监测，对地下水开采供水与长期安全利用具有特别重要的意义。地下水水量和水质通常处于变化状态，为获取含水层相关信息，必须采取一系列措施和方法追踪水量和水质动态变化特征，在处理岩溶地下水相关问题时更应重点关注。合理建设监测系统，监测地下水储量和化学组分动态变化是岩溶地下水可持续利用的第一步（Milanović et al.，2010a；Stevanović et al.，2010）。

为确保获取高质量地下水监测数据，需建设地下水监测网，合理确定监测站点数量、观测频率以及观测参数，监测数据有利于掌握地下水现状，并提出地下水开发或优化开发利用方案的建议和措施。地下水质、水量监测工作具有一定难度，而岩溶区监测难度更高。

根据不同任务，岩溶区地下水监测主要包括以下 6 个方面：

(1) 监测点位置，包括落水洞、洞穴、泉/地下河、井；

(2) 监测类型，包括水量和水质；

(3) 监测设备，包括机械装置、半自动监测装置、数字仪器设备等地下水位和水量监测设备，水质分析仪器，抽水试验设备；

(4) 监测时间间隔，包括持续观测、日观测、周观测、月观测；

(5) 监测基本数据，包括空间特征、时间序列、数据解译和分析报告；

(6) 监测网络范围，包括局部和本地的、区域和地区的、全国性和跨国界的。

12.2　监 测 位 置

每个岩溶含水层具有各自的独特属性，但也具有共同的基本要素，只是各要素的相对重要性不同（Ford and Williams，2007），对落水洞、洞穴水流、泉和井等主要水文地质形态开展观测，能有效获取岩溶含水层特征参数（图 12.1）。

落水洞是监测岩溶系统"输入"要素的最佳场所之一。一般根据落水洞的消水能力及表面形态对其分类，如永久性和暂时性落水洞；具有宽大入口（竖井或洞穴）的和沿河床分布的狭窄节理系统落水洞。根据落水洞特征，监测设备可安装于落水洞入口或伏流附近地表水流中。

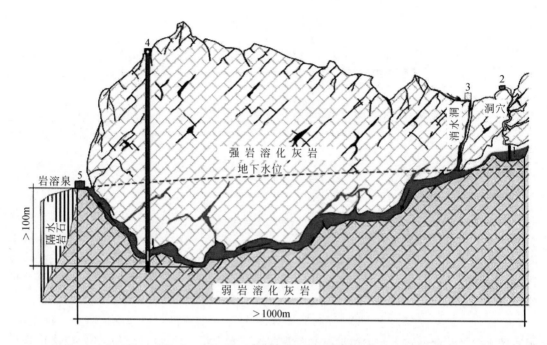

图 12.1 岩溶含水层地下水监测部位

1. 地表位置；2. 与数据记录仪连接的水位和流速观测站；3. 观测伏流消水能力的各种类型的堰、自记水位计及其他观测站等数据或机械观测设备；4. 观测地下水位波动的各种类型数据记录设备；5. 岩溶泉流量观测的各种类型的堰、自记水位计及其他观测站等数据或机械观测设备

地下河是岩溶系统内部可以直接观测地下水的仅有场所。根据 Ford 和 Williams (2007) 提出的概念，洞穴是直径或宽度 5~15mm 的溶蚀通道，但更被大众接受的概念是，地下河是由地下管道、厅堂及各种可供人类活动（如调查）的洞穴组成的通道系统。洞穴内监测设备安装受水文和水文地质等条件限制。选择监测位置需要考虑地下水位波动（如洞穴池水）(Toomey, 2009)，以及不同水位条件下含水层的流量动态。

泉是最重要的岩溶水文地质形态，泉水监测是岩溶含水层水文地质调查最基本的组成部分，多数泉沿侵蚀基准面、河谷以及海岸带附近分布（Milanovic, 2000）。岩溶泉流量、水文地质特征以及补给区面积决定了监测设备类型和安装位置。监测设备可以安装在岩溶泉口或其下游，一般位于岩溶泉管道或排泄区附近。

根据工作目标，可以新建监测井或利用已有钻孔作为岩溶含水层监测孔，新建监测孔成本极高，应尽可能利用已有钻孔开展监测 (Toomey, 2009)。岩溶区观测孔一般包括安装套管的监测孔和未安装任何设施的开放孔。

在开展监测前需收集以下数据信息：监测孔名称或编号、位置、三维坐标 (x, y, z)、监测位置类型、落水洞或洞穴深度、泉的深度（如虹吸管）、孔深、井孔类型和直径、观测站位置简短描述等。

12.3 监测类型

12.3.1 水量

岩溶地下水量监测主要目的是获取补给量（落水洞-伏流）、管道流、泉流量以及地下水位和井流量等地下水量信息。水量监测主要考虑流入系统的水量和监测点位置的流量，流量通用单位是 L/s 或 m^3/s，流量以水流断面积与平均流速的乘积计算，通过相应的设备在观测孔内也可获取流量数据。

12.3.2 水质

地下水质监测获取岩溶含水层水质数据信息，以此描述水化学变量的空间差异与时间演化趋势，以及从系统入口到出口的循环过程与变化特征。岩溶水质监测基本参数包括温度、pH、溶解氧、电导率、硬度，以及钙、镁、钾、钠、重碳酸根、硫酸盐、氯化物、硝酸盐和磷酸盐含量等。此外，地下水质保护和污染防治中，需要监测大肠杆菌群等微生物参数及地下水流速；根据流域内土地利用情况，对有机、无机污染物以及来自污水处理系统的污染物开展监测同样重要。地下水化学样品采集简单且测试成本较低，目前，多数化学分析可在现场完成，无需特殊的实验室专业设备。

12.4 监测设备

流量精确评估是岩溶含水层可持续管理的关键，水量观测包括四种方法：根据水位观测，通过标定曲线转换为流量（Brilly et al., 2008）；采用各种带水位刻度的堰开展小流量观测；由自记水位计、记录仪、堰和水位观测组成半自动和自动化观测站；利用多普勒效应的数字化流量观测。

12.4.1 机械装置

水文监测中，流速仪和水位观测是最常用的传统流量观测方式。水位观测法在低、中、高水位期开展水位观测，通过单值标定曲线将水位转换为流量数据（图 12.2）；流速仪根据转子的单位时间转数换算表来测定流速。

便携式堰由钢板制成，用于测定小型泉或伏流流量，合理安装能实现精确测量。堰板必须垂直水流方向竖直安置，且顶端水平（图 12.3），保持堰顶水流自由跌水；同时，堰板周围需要灌浆或使用聚乙烯材料进行防渗处理。

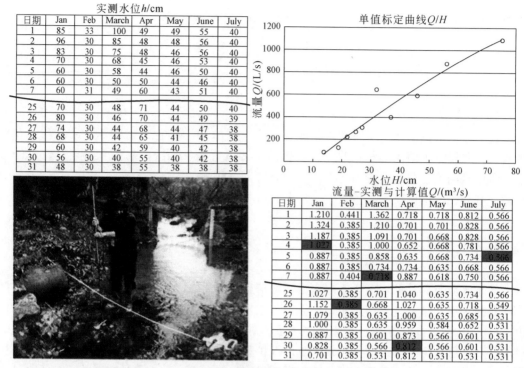

图 12.2　泉流量的观测和计算

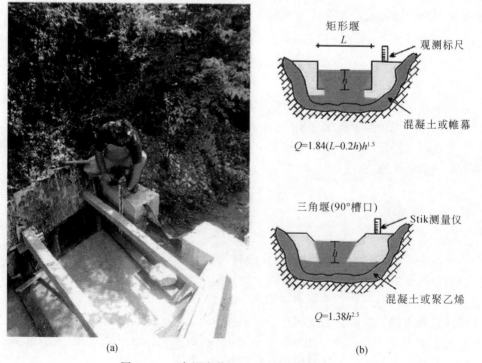

$Q=1.84(L-0.2h)h^{1.5}$

$Q=1.38h^{2.5}$

图 12.3　三角堰安装（a）与两种典型堰（b）

测流杆一般以厘米刻度标注，必须垂直安置于堰的上游，用于测量水头 h（即堰上游水位与堰顶高差，cm），各种尺寸、形状的堰均有流量计算标准公式，部分在图 12.3 中显示。与流速仪观测法相同，必须按一定时间间隔进行观测。

12.4.2　半自动-自动观测设备

通过自记水位计或数据记录仪与不同类型的堰测水位结合，同时以流速仪标定流量，建立 Q-H 曲线，是岩溶区最常用的流量监测方式，特别是对于远程监测以及通行不便的监测点，但该类型监测设备价格高昂且安装难度大。

12.4.3　数字设备

现代测试设备利用多普勒效应持续观测流速，各种设备可同时观测水深、流速和温度（图 12.4），通常与自动数据记录仪结合使用，数据记录仪在设定或默认时间间隔内将测试值取平均值。通过探测发射和接收水体内运动粒子和气泡反射的超声波信号频率变化，观测水流路径主方向流速（Brilly et al.，2008）。

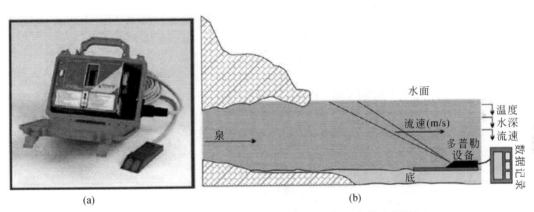

图 12.4　利用多普勒效应的仪器设备（a）与仪器安装示意图（b）

12.4.4　水质分析设备

完善的地下水监测系统必须建立监测网、确定监测频率以及监测参数，同时具有一定水平的监测数据精度和设备质量，物理-化学参数测试装备分现场设备和实验室设备。某些物理-化学参数值会在水样运输及保护处理过程中发生变化，因此，条件允许时，最好在现场开展测试（图 12.5）。

近年来，已开发出精度实用的便携仪器，能够在现场完成温度、pH、电导率、氧化还原电位、碱度和溶解氧等必测参数测试。此外，最新便携式设备可以现场测试硝酸盐、亚硝酸盐、碳酸盐、铵离子、铁、锰、氯、钙及其他离子浓度（图 12.5）。但便携式设备

图 12.5 现场监测地下水质（a）与地下水监测设备（b）

存在价格较高和精度较低等缺陷，对精度要求更高的复杂测试还需在实验室完成。

12.4.5 抽水试验设备

抽水试验的主要目的是获取含水层涌水量、导水系数、贮水系数等属性参数，也用于评价抽水井影响范围，含水层试验结果为计算和预测区域地下水位降深提供基础输入数据。抽水试验设备包括输送管、水位记录仪、叶轮、进水口、发动机等设备（图 12.6）。

图 12.6 抽水试验设备
1. 流量控制阀；2. 水表

12.4.6 地下水位观测设备

一般根据监测目标和时间动态变化特征选择地下水位观测设备；同时，还需考虑场地条件、人力资源和采样间隔，地下水位观测设备包括机械装置和数字记录设备。

机械式地下水位计通过地下水与探头接触时发出声光信号获取地下水位信息（图 12.7），可观测 1cm 以内的水位变化。地下水位计测量深度范围在 50~300m，测深的限制因素包括导线长度、电路设计和设备重量。

图 12.7　索马里柏培拉（Berbera）地区应用地下水磁倾角测量仪开展地下水监测

目前，各种地下水位数字记录仪（磁倾角测量仪）已投入实际应用，可记录水压和温度等数据，设备便携、易于安装，能在各种气候条件下，以 0.5s、1min、1h 和 1d 等时间间隔开展自动观测，记录水位波动范围为 50~100m，有时甚至可超过 100m（图 12.8）。

图 12.8　某型号地下水数据记录仪

12.4.7 监测频率

监测频率取决于水文地质条件和含水层动态特征，对于地下水快速循环的岩溶地区，通常需要开展密集监测。选择监测频率主要考虑四个条件：场地条件、监测设备类型、工作任务和预期目标。观测频率分如下几种：

（1）持续监测（以小时为间隔），主要在暴雨过程前后等特殊条件下，监测泉流量或伏流消水能力，以高频率记录水位，并获取精确的水文曲线，但数字设备（数字记录仪）应用会受限于电池容量和数据存储空间。

（2）日监测，可以满足多数泉、伏流、落水洞和洞穴水流监测要求，为进一步分析提供充分数据。

（3）周监测，多用于动态稳定的泉流量观测，特殊情况下用于水质监测。

（4）月监测，水文地质调查中，很少以月为周期开展流量观测，通常作为水质分析周期。

12.5 监测数据库

地下水监测的最后任务是收集特定地区所有监测数据，建设专门数据库，并与 GIS 连接，用于将来的分析研究。组成数据库的基本单元包括定性和定量的时间序列数据、监测点空间分布和位置。图 12.9 是岩溶地下水监测的 GIS 概略图。

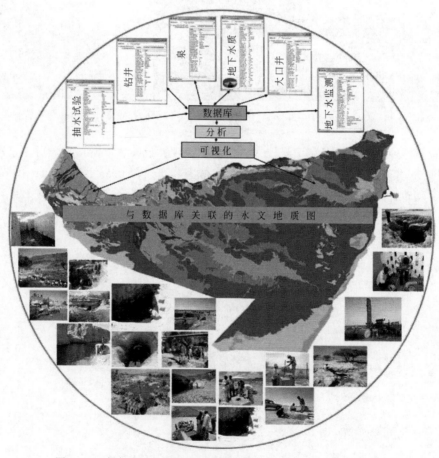

图 12.9　岩溶地下水监测的 GIS 概略图（Stevanović et al., 2012b）

12.6　监测网分布范围

岩溶地下水监测按范围大小可分为局部的、区域的、国家级和跨边界的。

局部监测指监测对象和目标，距离一般数千米，主要监测泉、落水洞或 1~2 个开采井。由于单个岩溶泉数据就能反映岩溶含水层整体功能，岩溶区普遍采用局部尺度监测。

区域监测覆盖范围为数百平方千米，对整个岩溶含水层的多个岩溶泉、落水洞及水井同时开展监测。区域尺度监测通常应用于大区域的高精度调查，技术要求和经济成本均较高。

对于地中海盆地典型岩溶国家，岩溶含水层国家级监测工作主要针对最低产水量超过 50L/s 的岩溶泉，或者对于瓶装水和市政供水具有重要意义的泉。国家级地下水监测覆盖全国地下水，包括整个岩溶区地下水。

跨边界监测与信息交流通常需要两国或多国签署岩溶地下水保护和联合管理的监测共享协议，以协调相关工作，跨边界监测通常也是国家地下水监测网的一部分。

参 考 文 献

Brilly M, Stravs L, Vidmar A, Rusjan S, Petan S(2008)Discharge estimation by the continuous measurements of the water velocity. In:Proceedings of the conference:Measurement and data processing in hydrology, Plitvice Lakes National Park, 26-28 Nov 2008, pp 1-14

Ford D, Williams P(2007)Karst hydrogeology and geomorphology. Willey, Chichester

Groves C(2007)Hydrological methods. In:Goldscheider N and Drew D(eds.)Methods in karst hydrogeology, IAH Book Series. Taylor & Francis, London

Milanović P(2000)Geological engineering in karst. Monograph, Zebra Publ. Ltd., Belgrade

Milanović S(2010)Creation of physical model of karstic aquifer on example of Beljanica Mt. (eastern Serbia). PhD thesis, University of Belgrade—Fac Min Geol, Belgrade, Serbia

Milanović S, Stevanović Z, Jemcov I(2010a)Water losses risk assessment:an example from Carpathian karst. Environ Earth Sci 60(4):817-827

Milanović S, Stevanović Z, Vasić LJ(2010b)Development of karst system model as a result of Beljanica aquifer monitoring. Vodoprivreda, Belgrade 42(246-248):209-222

Milanović S, Stevanović Z, Vasić LJ, Ristić-Vakanjac V(2013)3D Modeling and monitoring of karst system as a base for its evaluation and utilization—a case study from eastern Serbia. Environ Earth Sci Springer 71(2):525-532

Stevanović Z (1991) Hidrogeologija karsta Karpato-Balkanida istočne Srbije i mogućnosti vodosnabdevanja (Hydrogeology of Carpathian-Balkan karst of eastern Serbia and water supply opportunities;in Serbian). Spec. ed. Fac Min and Geol, Belgrade p 245

Stevanović Z(1994)Karst ground waters of Carpatho-Balkanides in Eastern Serbia. In:Stevanović Z, Filipović B (eds) Ground waters in carbonate rocks of the Carpathian—Balkan mountain range, Spec. ed. of CBGA, Allston Hold, Jersey, pp 203-237

Stevanović Z, Iurkiewicz A(2004)Hydrogeology of northern Iraq. Regional hydrogeology and aquifer systems, Spec. ed FAO(Spec. Emerg. Prog. Serv.), Rome, vol. 2, p 175

Stevanović Z, Iurkiewicz A(2009)Groundwater management in northern Iraq. Hydrogeol J 17(2):367-378

Stevanović Z, Milanović S, Ristić V(2010)Supportive methods for assessing effective porosity and regulating karst aquifers. Acta Carsologica 39(2):313-329

Stevanović Z, Ristić-Vakanjac V, Milanović S(eds)(2012a)CC-WaterS—climate changes and impact on water supply. University of Belgrade—Faculty of Mining and Geology, Belgrade

Stevanović Z, Balint Z, Gadain H, Trivić B, Marobhe I, Milanović S et al(2012b)Hydrogeological survey and assessment of selected areas in Somaliland and Puntland. Technical report no. W-20, FAO-SWALIM(GCP/SOM/049/EC)Project(http://www.faoswal im.org/water_reports), Nairobi

Toomey RS(2009)Geological monitoring of caves and associated landscapes. In: Young R, Norby L(eds)Geological monitoring:boulder. Geological Society of America, Colorado, pp 27-46

第13章 岩溶区工程及其影响

佩塔尔·米拉诺维奇（Petar Milanović）

13.1 引　言

　　岩溶区各类工程建设都具有极高的风险性，特别是水坝、水库、隧道和人工洞穴等大型设施，即使采取最佳工程措施，也无法完全消除风险。由于岩溶地区的特殊性，在选择坝址、库区、隧道线路以及尾矿库等工程时几乎无法完全规避风险。即便充分调查和采取补救工作，岩溶水库最终还是可能因渗漏而导致蓄水失败。成功的工程需要经过严格而复杂的调查，包括长期监测和运行期间的维护工作，维护工作需要足够的耐心、努力和投资。多数情况下，采用合理处理措施能成功解决多数问题，但有时水文地质和工程地质条件太过复杂，即便采用可靠的技术仍无法解决难题。极端情况下，在无法克服水库渗漏时，最终只能放弃工程。根据多年经验，可溶岩中大型建筑工程最终设计方案直到项目执行阶段才能最终确定，并且在施工过程中，需要根据遇到的地质问题及时修改和调整。

　　在合适的地质条件下，合理选择坝基和库区，并在建设阶段解决渗漏问题，或者渗漏量不影响大坝稳定性，岩溶区水坝工程或者水库建设也能取得成功。

　　下文中列出部分岩溶区（碳酸盐岩和蒸发岩）大坝和水库，均出现相应的渗漏问题。仅中国广西就存在644个岩溶渗漏水库（Yuan，1991）。根据水库渗漏的某些共性问题和补救措施对部分成功案例进行简短描述和分类：无须采取额外修复措施的工程、成功修复的工程，不成功或部分成功的修复工程，重新设计的防渗工程，渗漏在允许范围之类的大坝和水库，废弃大坝，已废弃或暂时冻结的工程，岩溶地下水坝，蒸发岩中的水坝和水库。

　　部分特殊术语将在文后解释，术语中也对某些工程措施进行了简单定义，如岩溶水库建设工程帷幕灌浆、防渗铺盖、防渗墙、喷射混凝土以及类似防渗、减渗措施，上述用于封堵地下管道的干预措施，其成效取决于如下因素（Milanović，2000）：岩溶管道或集中径流带位置；管道规模（断面面积）；管道中地下水流特征（有压或具有自由液面、永久性或间歇性水流、流向和流速等）；黏土和粉砂质洞穴沉积物及其厚度等。

13.2 岩溶区水坝和水库建设

（工程实例略）

13.3 地下水坝

中国南方岩溶地下河中已修筑了数以百计的地下水坝，袁道先于1990年将这些水坝分类为：地表蓄水工程、地下蓄水工程及灌溉、发电调水工程。水坝包括广西宜东、贵州鱼寨、四川龙王洞、广西鸡叫。

五里冲地下水坝是中国最大的地下工程之一，该水坝修建在三叠系强岩溶化灰岩中两条地下河交汇处，地下水坝由帷幕灌浆组成，长1333m，最大深度260m，面积262000m^2，建设混凝土堵体拦截洞穴地下水流，堵体高33.46m，宽13.9m，厚2~10m。堵洞成库以满负荷运行（Kang and Zhang, 2002）。

中国云南琳琅洞地下水坝（1955~1960年），通过建设高15m水坝对岩溶管道系统进行人工蓄水，琳琅洞地下河年平均流量为23.8m^3/s。

中国湖北在忠建地下河上修筑了狮子关地下水坝（2004年），坝高192m，宽16m，库区主体位于地表峡谷中，库容约1.41亿m^3（与袁道先个人通信）。

在中国众多地下水库中，最出色的工程包括云南玉宏，混凝土堵体高10.5m，宽7m，厚3m；广西北楼地下水坝高24m；浙江双龙地下水坝等。有时地下管道堵截成库采用地表-地下联合工程，如贵州枫发和广西福六浪（图13.1）。

图13.1 中国广西福六浪水库 ［照片/图由 P. 米拉诺维奇（P. Milanović）提供］
建设地下水坝形成地表水库，左上是地下坝址断面简图

日本宫古（Miyakojima）岛苏纳加瓦（Sunagava）和福库斯（Fukuzato）地下水坝完成于 2001 年，实现成功蓄水，防渗墙深度分别为 50m 和 27m，灰岩含水层地下水库蓄水约 $2×10^7 m^3$，主要用于灌溉。

法国马赛（Marseille）地区米欧港（Port-Miou）海底泉最深处位于海平面以下 147m，距离泉口 2200m，泉流量变幅为 $2.6～45m^3/s$，在岩溶管道内建设地下工程，距离海底泉口约 500m，深度为海平面以下 10～15m，建设地下水坝的主要目的是降低泉水氯离子浓度（Potie et al., 2005）。

克罗地亚翁布拉（Ombla）地下水坝，抬升 Ombla 大泉后方灰岩含水层水位，形成地下水库（图 13.2），Ombla 泉出露于海平面位置，流量变幅为 $3～150m^3/s$，该泉主管道为深部虹吸管，位于海平面以下 130～150m，地下水坝（帷幕灌浆）深度自海平面以下 280m 到海平面以上 130m，帷幕灌浆的顶部长度近 1500m。

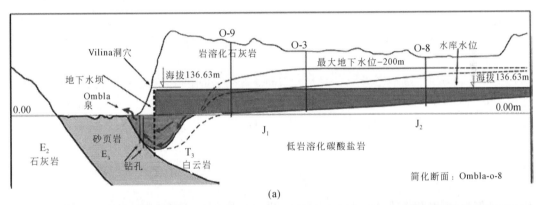

(a)

(b)

图 13.2 克罗地亚 Ombla 地下水坝（照片/图由 P. Milanović 提供）
(a) 岩溶地下水库简化剖面图；(b) Ombla 泉

13.4 岩溶区隧道

3000年前，地下廊道就已成功应用于开发利用地下水，伊朗、伊拉克和其他中东国家开挖了成千上万条地下廊道（坎儿井）用于改善饮水和灌溉条件，其中部分开挖于岩溶化灰岩地层中。耶路撒冷赛洛姆（Siloam）隧道（长533m）是最古老的水利工程之一，可以追溯到公元前700年（Frumkin and Shirmon, 2006），用于开发圣经记载的吉翁（Ghion）岩溶泉；塞文（Severn）铁路隧道开凿于19世纪60年代，是世界上首个海底隧道，位于英国Severn河口厚层至块状灰岩中（Ford and Williams, 2007）。

岩溶区交通隧道、引水隧道（高压隧道）、运输隧道以及排水隧道等都是极为脆弱的工程。岩溶区地下开挖过程中遇到洞穴或大量地下水涌入会引发严重问题。隧道路线上岩溶管道和洞穴无法预测，很多隧道开凿过程中，线路上发现溶洞或发生大规模突水，导致工程延缓，特别是工程在地下水位以下，问题会更加突出。岩溶区隧道运行期间同样普遍存在上述问题，整个运行期间必须进行永久严格的维护，通常还要开展复杂的修复工作。

在可溶岩中应用隧道掘进机（TBM）应特别小心，钻进机前方每个溶洞和断裂带都会延误钻进，有时会长达数天乃至数月之久。如果溶洞充填弹性黏土，钻进效率会降到最低，而且掉钻概率极高。1982年，危地马拉（Guatemala）隧道工程事故以损失整个钻进机而终止。

存在相关岩溶问题的隧道包括：希腊焦纳（Giona）隧道；德国施泰因布尔（Steinbühl）隧道；瑞士阿尔卑斯山景观（Vue-des-Alpes）、洛泊（Lopper）、勒奇山（Lötschberg）和恩格尔贝格（Engelberg）隧道；克罗地亚Učka、Vrata隧道、意大利Montelungo隧道、斯洛文尼亚Kastelec隧道。根据Han（2010）提供的研究实例，中国岩溶区存在涌水和钻遇洞穴的隧道包括：野三关隧道（长3.69km）、八字岭隧道（长3.55km）、朱家岩隧道（长1.32km）、扁担垭隧道（长3.36km）、夹活岩隧道（长5.23km）、乌池坝隧道（长6.69km）、把水寺隧道（长1.38km）、岩湾隧道（长2.27km）、寒坡岭隧道（长1.80km）和齐岳山隧道（长4.09km）。龙潭隧道（长8.69km）分布于探春关地下河系统内，超过770m的隧道段位于充填黏土和砾石沉积物的巨型洞穴内。黄河万家寨引水隧道由四个隧道组成，全长88.7km，开挖过程中受到松软黏性土充填洞穴影响；波黑-克罗地亚Plat-PP Dubrovnik引水隧道全长16.5km，穿越12个岩溶区，尽管隧道位于最高地下水位之上，在超过100mm/12h的强降雨之后，外部强大的集中水压破坏隧道内壁，每5~7年就需要开展帷幕灌浆等修复工程。

大规模地下涌水会大大延缓隧道掘进速度：克罗地亚Zakučac引水隧道，长6.85km，涌水量2m³/s；波黑两个季节性淹没的岩溶坡立谷之间的达巴尔—法特尼卡（Dabar—Fatnica）输电隧道，长3.24km；黑山索吉纳（Sozina）交通隧道，长6.17km，因突发地下涌水而淹没，涌水量达6.5m³/s。大量涌水和洪水对以下岩溶隧道运行和维护制造了难题：瑞士特万（Twann）隧道，涌水量达4000L/s，索热（Sauges）隧道涌水量达1000L/s，弗利姆斯（Flims）隧道涌水量达800L/s（Jeannin et al., 2007）；斯洛文尼亚和奥地利之间的卡拉万克

(Karawanken) 隧道及瑞士戈特哈德 (Gothard) 地下隧道均出现大量涌水。

在波黑Čapljina引水隧道和法特尼卡—比莱卡 (Fatnica—Bileća) 运输隧道的上方均发生塌陷问题，希腊多多尼 (Dodoni) 隧道长3.3km，发生了两次塌陷，在地表形成了深100m的竖井状塌陷坑 (Marinos，2005)。

岩溶区隧道开挖如遇一定规模和形态的洞穴，无论洞穴充填与否，都可能会发生各种问题。特殊情况下，唯一可行的方法是改变局部隧道线路以避开溶洞，如塞尔维亚B. Basta引水隧道、波黑长8km的卡普利纳 (Čapljina) 引水隧道 (Milanović，1997)，以及中国南昆铁路隧道、轿顶山铁路隧道、宜宾—珙县铁路隧道 (Guoliang，1994) (图13.3)。

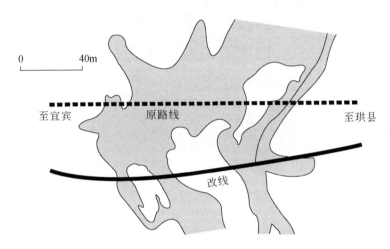

图13.3 铁路宜宾—珙县段因轿顶山大型溶洞而改线

波黑法特尼卡—比莱卡 (Fatnica—Bileća) 水库隧道 (图13.4) 位于季节性淹没的Fatnica岩溶坡立谷和第纳尔岩溶区最大的特雷比奇 (Trebišnjica) 泉之间，长15.6km，是岩溶区开挖技术最为复杂的隧道之一 (Milanović，1997)，隧道位于区域地下水最强径流区，雨季地下水流量超过300m³/s，水流淹没开挖隧道中段，隧道入口位于消水能力100m³/s伏流区，每年超过200天被洪水淹没。数十个洞穴多数充填黏土，大大延缓了掘进工程。在某一长仅70m的隧道段穴，采取了极为复杂和耗时的处理措施，才穿越8个洞穴。在雨强>100mm/24h的暴雨之后，地下水位上升到隧道上游段以上，在掘进期间，该段每年平均淹没时间达120天之久。

伊朗诺苏德 (Nowsoud) 输水隧道用于胡泽斯坦 (Khouzestan) 地区灌溉，长50km，由分别长24.2km和25.6km的隧洞段组成。岩溶形态沿节理与Ilam灰岩层面的交叉裂隙发育，天然条件下，地下水位高于隧道路线100m，由于隧道疏干，进入隧道的地下水量约为200L/s，邻近某些泉眼干涸。

伊朗库朗 (Kuhrang) Ⅲ隧道，长23km，也是岩溶区开凿技术难度最高的隧道之一，该隧道从卡伦 (Karun) 河向高程2200m的扎扬德 (Zayandeh) 河调水，隧道线路超过70%位于岩溶强烈发育的灰岩和白云岩区，当地下水涌水量超过1000L/s时，两个连接入口数次淹没，主隧道段掘进期间，发生了数次严重地下涌水和突水，仅在里程5+605 (过

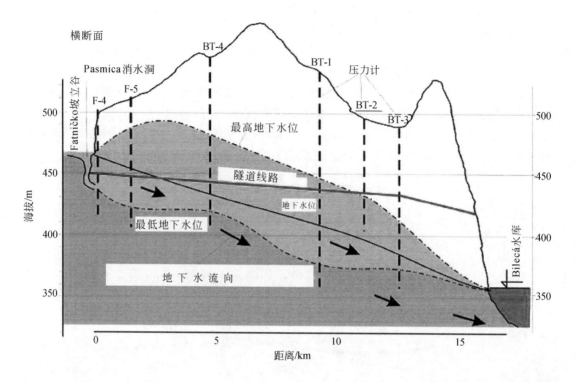

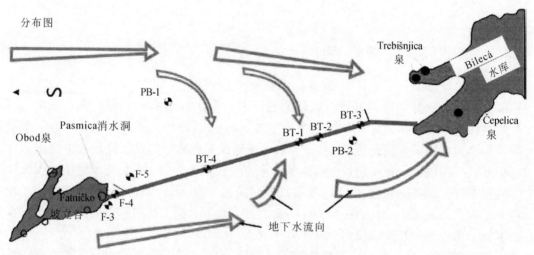

图 13.4 Fatničko—Bileća 水库隧道

载 1100m，水压 26bar），流量达 1167L/s 的洞穴水流涌入隧道，随之而来的是超过 1000m³ 的巨石、砾石、砂和粉砂质，以及 500t 左右悬浮物。采用 7m 厚混凝土堵体，并在隧道掘进机前方喷射 446t 干混凝土浆体，形成大块灌浆才固定了该区域（图 13.5），隧道其他区段也遇到类似情况。由于岩溶区存在各种问题，钻进时间通常超过预计工期两倍。

涌水防治措施包括衬垫和灌浆、修筑大型混凝土堵体、锥状超前灌浆和开挖排水廊

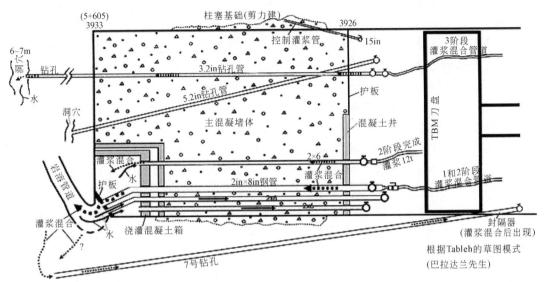

图 13.5　伊朗 Kuhrang Ⅲ 隧道掘进机刀盘前端大面积突水封堵技术 [根据巴拉达兰（Baradaran）修改]

1in=2.54cm

道。索吉纳（Sozina）交通隧道为解决突水问题，在主隧道下方开挖了 1.75km 长排水隧道。

如果未充分调查隧道掘进机前方可溶岩，则会错过提前发现重要充水洞穴的机会，增加隧道工程涌水风险。对隧道掘进机前方洞穴，目前还没有精确的探测调查方法，在隧道面进行超前水平探孔仍然是较为可靠的方法。

13.5　教训与建议

根据地表调查无法预测岩溶地下管道水流，这是岩溶区最突出的水文地质特殊性。岩溶区不存在单元水文地质体（EHV），也就是说，常规水文地质规律和定律难以适用于岩溶区。而且每个岩溶区各具特性，条件相近的很少，出现问题也各不相同。基于上述事实，对岩溶区工程问题和修复方法进行分类，需要更大的弹性。合格的岩溶水文地质分析应具备如下关键点：精确的地质图、岩溶类型（后生岩溶或深部岩溶）、岩溶发育深度（岩溶基底）、地下水动态、地表水和地下水之间的关系及监测（降雨、测压、流量等）。

总体上，选择狭窄峡谷作为水库坝址，风险要低于宽谷和岩溶坡立谷；岩溶基准面以下隧道建设的风险性，要低于基准面以上。从水力学角度，饱水基流是具有活塞效应的有压系统，集中地下水流的动能较高。岩溶触发地震及其水文地质特征是岩溶的独特性（Lu and Duan, 1997; Milanović, 2004）。

坝址及库区以下的深部地下水位、库区底部消溢水洞、蒸发岩、深部岩溶、坝址及隧道沿途未发现的洞穴和岩溶管道、地下结构涌水以及紊流侵蚀都可能引发严重问题，甚至导致工程失败。

为获取地质和水文地质综合信息,需要采用特殊调查方法,还包括示踪试验(染料、烟雾和放射性示踪剂)、洞穴探测(传统探测和潜水)、放射性测井、地热测井、视频测井、钻孔雷达、地质雷达(LOZA Terravision)、回声测深以及适用于岩溶区的各种地球物理方法,还包括充电法在内的地电法、地电探测和爆炸法等各种地震方法。

岩溶的特殊性导致地表和地下建筑都存在大量风险,即使增加调查项目和时间也无法消除各种风险,但实施各种地表、地下修复措施可将其降至可接受程度。

了解地质条件和岩溶演化过程、技术创新、提高工程实践和实施方案可行性,是成功处理岩溶区大型设施建设问题的基本先决条件。先准备大量设计和施工方案,在充分考虑地质、水文地质条件的基础上,再形成合理的方法和方案。帷幕灌浆阻断是最常见的地下处理措施,但在强岩溶发育地区,还需采取其他措施。处理大型溶洞、管道和大型构造-岩溶带等岩溶形态的常用方法包括采用钢筋混凝土或自密实混凝土封堵洞穴和管道;以混凝土或黏土充填深槽或重叠混凝土桩,建设地下连续防渗墙;分段帷幕灌浆等。

在帷幕部位或隧道路径上遇到特大型洞穴,最好是重新规划线路以避开洞穴。当隧道线路完全处于岩溶含水层饱水带时,唯一的解决方法是锥形超前注浆。

可溶岩中帷幕灌浆会横向和垂向延伸,有些特殊岩溶形态的处理会极为耗时,在开始钻探和灌浆之前,应开展坑探至岩溶层。由于灌浆廊道垂向间距不超过30m,可溶岩极度非均质性导致灌浆混合料的消耗量差异极大,岩溶区80%以上帷幕耗浆量超过100kg/m,灌浆混合料配比稳定,水/水泥值为0.6~1.0,灌浆压力最高可达40~50bar。对高压快速水流,需要特殊的灌浆技术、防护措施、材料(沙、砂浆、泡沫、沥青、大集料分数)以及化学添加剂。

为降低水库和河床漏失,在地表可采取如下技术设施:压实地表冲积覆盖层、各种防水隔垫(黏土层、各种土工合成材料)、三明治式衬垫(黏土和土工膜)、裸岩喷射水泥砂浆、坝基补缝填坑处理、采用堤或圆筒形坝隔离大型落水洞区、采用水泥堵体制作单向阀封闭消溢水洞并布设灌浆衬垫。为避免气锤效应或水锤效应,需在衬垫下安装排水系统或安装与岩溶管道连通的通气管。

只有在工程实施阶段才能确定帷幕灌浆的最终设计方案,岩溶区帷幕灌浆需要以新发现的地质问题为基础进行修正和调整,各种防水设施建设期间或隧道开挖阶段还需进行调整。

水库首次蓄水以后,才能验证帷幕灌浆或隧道防渗效果,岩溶区大型工程运行期间经常需要再次灌浆和堵截,所有计划都需围绕该项工作进行实施和调整。

13.6 某些特殊术语解释

某些特殊术语解释见表13.1。

表13.1 某些特殊术语解释

术语	解释
气锤效应（air-hummer effect）	岩溶洞穴和管道内因水位快速上升引起的气爆
Bat-tab 结构（Bat-tab structure）	在坝基以下垂向、倾斜、水平和近水平的分段帷幕灌浆，与隔水层连接
压实衬垫（compaction blanket）	对上层冲积物进行人工压实，局部采用土工合成材料衬垫
防渗墙（cut-off wall, diaphragm wall）	以黏土胶泥或水泥（加或不加钢筋）充填截水槽或连线重叠桩，建成垂向地下防水墙
帷幕灌浆（grout curtain, cut-off）	在高压下将灌浆混合料充填成排钻孔，直至围岩裂隙被充填形成不透水的隔水屏障
隔水衬垫（impervious blanket）	在多孔介质表面人工制成的隔水层（由黏土、不渗透膜或各种不渗透层组合而成）
诱发沉降（induced subsidence）	人为活动引起的地面塌陷，多数由于水库和集中地下抽水
完全截水墙（positive cut-off）	灌浆进入隔水地层，反挂帷幕（与隔水层不接触）
自密实混凝土（self-compacting concrete）	不需要灌筑和压实的混凝土
喷射混凝土（shotcrete）	在多孔可溶岩表面喷射混凝土形成保持隔水内衬，为阻断裂隙，通常采用钢筋或纤维筛网
诱发地震（triggered seismicity）	水库蓄水或洞穴管道内地下水位快速上升引发气爆导致的地震现象
TBM	隧道掘进机
水锤效应（water-hammer effect）	岩溶管道的地下水流被切断，导致对隧道内衬或防水衬垫产生突然强烈的集中水压

参 考 文 献

Altug S(1999) Oymapinar arch dam, Turkey: foundation treatment in karstic limestone and reservoir curtains. International Commission on Large Dams(ICOLD), Antalya, pp 193-212

Altug S, Saticioglu Z(2001) Berke arch dam, Turkey: hydrogeology, karstification and treatment of limestone foundation. In: Gunay G, Johnson K, Ford D, Johnson IA(eds) Proceedings of the 6th international symposium and field seminar, Marmaris, Turkey. Technical documents in hydrology, vol I(49). UNESCO, Paris, pp 315-323

Bergado TD, Areepitak C, Prinzl F(1984) Foundation problems on karstic limestone formation in western Thailand: a case of Khao Laem Dam. In: Back BF(ed) Proceedings of the first multidisciplinary conference on Sinkholes, Orlando, pp 397-401

Bianchetti G, Roth P, Vuataz FD, Vergain J(1992) Deep groundwater circulation in the Alps: relations between water infiltration, induced seismicity and thermal springs. The case of Val d'Illiez, Wallis, Switzerland. Eclogae Geol Helv 85(2): 291-305

Božović A, Budanur H, Nonveiller E, Pavlin B(1981) The Keban dam foundation on Karstified Limestone—a case study. Bull Int Assoc Eng Geol 24: 45-48

Cooper AH, Calow RC(1998) Avoiding gypsum geohazards: guidance for planning and construction. British geological survey. Technical report WC/98/5 overseas geological series

Dawans P, Gandais M, Schneider TR, Waldmeyer JP(1993) Sealing of the Salanfe reservoir(Switzerland)—grout curtain. In: Widmann(ed) Grouting in rock and concrete, Balkema, pp 259-268

Flagg ChG(1979) Geological causes of dam incidents. Bull Int Assoc Eng Geol 20:196-201

Ford D, Williams P(2007) Karst hydrogeology and geomorphology. Wiley, Chichester

Frumkin A, Shirmon A(2006) Tunnel engineering in the Iron Age: geoarcheology of the Sioam Tunnel, Jerusalem. J Archeol Sci 33:227-237

Guidici S(1999) Darwin Dam design and behaviour of an embankment on karstic foundations. Int Comm Large Dams(ICOLD), Antalya, pp 619-698

Guifarro R, Flores J, Kreuzer H(1996) Francisco Morozan Dam, Honduras: the successful extension of a grout curtain in karstic limestone. Reprint from Int J Hydropower and Dams 3(5):1-6

Günay G, Arikan A, Bayari S, Ekmekci M (1985) Quantative determination of bank storage in reservoirs constructed in karst areas: case study of Oymopinar Dam. IAHS 161:179

Guoliang C(1994) Prediction of covered karst halls. 7th International IAEG congress, Balkema, Rotterdam, pp 1841-1845

Guzina B, Sarić M, Petrović N(1991) Seepage and dissolution at foundations of a dam during the first impounding of reservoir. Congress des Grandes Barrages, Q66, R78, Vienna, pp 1459-1475

Han X(2010) Prediction and engineering treatment of water gushing and caves for tunneling in karst. Guangxi Normal University Press, Guangxi

Jeannin PY, Hauselmann P, Widberger A (2007) Modellierung des einflusses des flimserstein-tunnel auf die karstquelle des Lag Tiert(Flims, GR). Bull Angew Geol 12(2):39-48

Johnson KS(2003) Gypsum karst and abandonment of the Upper Magnum damsite in southwestern Oklahoma. In: Johnson KS, Neal JT (eds) Evaporite karst and engineering/environmental problems in the United States, Oklahoma geological survey circular, p 109

Johnson KS(2004) Problems of dam construction in areas of gypsum in karst. In: Proceedings of the international symposium, Karstology—XXI century: theoretical and practical significance. Perm, pp 236-240

Kagan A, Krivonogova N(1999) Impact of engineering geological conditions on decision making during the design and construction of hydraulic structures in areas of karst development. In: Turfan M (ed) Dam foundations, problems and solutions. Int Comm Large Dams(ICOLD). Antalya, pp 673-680

Kang YR, Zhang BR(2002) Karst and engineering handling to the karst in Wulichong reservoir, Yunan Province. Carsologica Sinica, vol 21(2)

Kiernan K(1988) Human impacts and management responses in the karsts of Tasmania. Resources management in limestone landscape. Department of geography and oceanography, University College, The Australian Defense Force Academy, Cambera(Special publication no 2), pp 69-92

Kutepov VM, Parabuchev IA, Kalin YA(2004) Karst and its influence on territory development. In: Proceedings of the international symposium, Karstology—XXI century: theoretical and practical significance, Perm, pp 192-198

Lu Y, Duan G (1997) Artificially induced hydrogeological effects and their impact of karst of North and South China. In: Fei J, Krothe NC (eds) Proceedings of the 30th international geological congress, vol 22. Hydrogeology, VSP Utrecht, Tokio, pp 113-120

Lu Y(2012) Karst in China—a world of improbable peaks and wonderful caves. Ministry of Land and Resources and China Geological Survey, Beijing

Maximovich NG(2006) Safety of dams on soluble rock(The Kama hydroelectric power station as an example). In: The Russian Federal Agency for science and innovations. Federal state scientific institution "Institute of Natural Science", Perm(Russian language)

Marinos P(2005) Experiences in tunneling through karstic rocks. In: Stevanović Z, Milanović P (eds) Water resources and environmental problems in karst. Proceedings of international conference KARST 2005, University of Belgrade, Institute of Hydrogeology, Belgrade, pp 617-644

Milanović P(1997) Tunneling in karst: common engineering-geology problems. In: Marinos P, Koukis G, Tsiambos G, Stournaras G(eds) Engineering geology and the environment. Balkema, Roterdam

Milanović P (2000) Geological engineering in Karst—Dams, reservoirs, grouting, groundwater protection, water tapping, tunneling. Zebra Publishing Ltd, Belgrade

Milanović P(2004) Water resources engineering in karst. CRC Press, Boca Raton

Milanović S, Vasić LJ(2014) 3D modeling of karst conduit; case example Višegrad Dam. In: Kukurić N, Stevanović Z, Krešić N(eds) Proceedings: international conference and field seminar, Karst without boundaries, DIKTAS Project, Trebinje, pp 301-306

Nikolić R, Raljević B, Franić M, Zidar M(1976) Possibility for solving of underground areas gaps and cavities in the area of storage "Buško Jezero", In: Working papers of the 1st Yugoslav symposium for soil consolidation, JUSIK, Zagreb, pp 91-96

Okay G, Soidam B-A(1999) Experience on two karstic sites. Int Comm Large Dams(ICOLD), pp 709-722

Pantzartzis P, Emmanuilidis G, Krapp L, Milanović P(1993) Karst phenomena and dam construction in Greece. In: Gunay G, Johnson I, Back W(eds) Hydrogeological processes in Karst Terrains, IAHS 207:65-74

Potié L, Ricour J, Tardieu B (2005) Port-Miou and Bestouan freshwater submarinesprings (Cassis—France) investigations and works(1964-1978). In: Stevanović Z, Milanović P(eds) Water resources and environmental problems in Karst. Proceedings of the International conference KARST 2005, University of Belgrade, Institute of Hydrogeology, Belgrade, pp 249-257

Riemer W, Gaward M, Sourbrier G, Turfan M(1997) The seepage at the Ataturk fill dam. In: Q73, R38, Comm Int Des Grandes Barrages(ICOLD), Florence, pp 613-633

Ruichun X, Fuzhang Z(2004) Karst geology and engineering treatment in the Geheyan project on the Qingjiang River, China. Eng Geol, pp 155-164

Stevanović Z (2010) Regulacija karstne izdani u okviru regionalnog vodoprivrednog sistema "Bogovina" (Management of karstic aquifer of regional water system "Bogovina", Eastern Serbia; in Serbian). University of Belgrade, Faculty of Mining and Geology, Belgrade

Stojić P(1966) Bearing capacity of abutment and improvement of stability of left slope of Grančarevo Dam. In: Proceedings of the VII congress of the Yugoslav national committee for large dams, Sarajevo, pp 177-184

Turkmen S(2003) Treatment of the seepage problems at the Kalacik Dam(Turkey). Eng Geol 68(3-4):156-169

Vlahović M(2005) Hydrogeological properties for construction of reservoirs in karst environment. Case study Nikšićko Polje. MS thesis, University of Belgrade—Faculty of Mining and Geology, Belgrade

Weyermann WJ(1977) The karstic rock mass of Canelles Dam. In: Rock conditions improved through pressure grouting, RODIO in collaboration with the Institute for Engineering Research, Zurich, pp 16-23

Wuzhou H(1988) A study on the formation of Triassic "Gypsum—dissolved—strata" in Guizhou Province and the seepage prevention for reservoirs. In: Proceedings of the IAH 21st Congress, Geological Publishing House, Beijing, pp 1117-1126

Yuan D(1990) The construction of underground dams on subterranean streams in South China Karst. Institute of Karst Geology, Guilin, pp 62-72

Yuan D(1991) Karst of China. Geological Publishing House, Beijing

Zoumei Z, Pinshow H(1986) Grouting of the karstic caves with clay fillings. In: Proceedings of the conference on grouting in geotechnical engineering. Published by the American Society of Civil Engineers, New Orleans, pp 92-104

下　篇
岩溶含水层治理与保护案例研究

第14章 岩溶含水层管理——概化、方法与影响

佐兰·斯特万诺维奇（Zoran Stevanović）

14.1 引　　言

不可见的地下水资源管理难度极大，而非均质性和动态不稳定的岩溶含水层管理更为复杂。但这项挑战性工作吸引了全球研究者的目光，特别是在很多地区，岩溶水是唯一的可靠水源，促使他们积极寻求合理的解决办法。

岩溶含水层研究主要分三大类问题：供水——岩溶水资源有效开发利用，作为饮用或其他用途；排水——采矿、城市、坝区以及其他设施水患防治；保护——岩溶水污染防护和修复。

本章内容主要包括确定岩溶含水层研究的主要问题、必要的概化与深入研究、解决方案与技术方法、最终优化方案、工程实施以及环境影响评价等。

14.2　确定问题和研究程序

研究通常分三步走：从发现问题和构想，到提出解决问题方案（规划），再到最终解决问题。

在工程水文地质实践中，通常由投资者提出问题；但纯科学研究则由研究者提出科学问题。例如，多数洞穴调查由专业或业余洞穴探险爱好者组织实施，但是，实际工程必须由研究团队提出构想，需要收集了解更多信息和数据，包括主要的关键性问题，并向国家或国际研究机构提出申请财政资金支持建议。

首先，查询相关文献，构思科学问题，评价调查解决问题的可行性，查阅局部气候、水文、地质背景条件，了解地下水主要分布特征，初步了解调查区情况，通过进一步调查，将其转化为水文地质概念模型。了解其他地区是否已解决类似问题，对构思科学问题和研究定位也极为重要。

随后，对人力资源、专业能力、设备和技术方法、经费和工作时间保障等进行评估，判断开展各项工作和解决问题的可行性（Stevanović，1990）。

确定科学问题之后，则需准备研究方案或调查设计等技术文件，并提交批准。有些国家法律法规强调程序规范，严格限制项目研究内容，但其他很多国家，只需研究者提出合理建议，提交自主格式的技术文件。国际研究机构在为某些研究提供资金支持时，为进一步评估项目研究的可行性，会明确规定项目文件格式。

地质科学研究工作通常包括如下阶段：选择和构思科学问题、收集并评估文献、规划研究、实施调查、获得详细结果、编写报告以及研究成果、技术方法在实践中应用（Stevanović，1990）。

很显然，上述所有阶段相互关联，并在调查阶段不断重复，查阅参考文献贯穿整个研究过程，包括收集文献，将研究成果与前人成果进行对比。最后，验证监测数据和研究结果，作为进一步调查、修正观测或者产生新想法的基础，推动研究发展。

14.3 水文地质调查分类

很多专家提出水文地质调查工作分类方案（Klimentov，1967；Milanović，1979；Filipovic，1980；Fetter，2001；Moore，2002；Goldsheider and Drew，2007）。除了所有科技领域通用的经典分类——实验室研究和现场调查外，按工作类型和时间阶段，水文地质调查工作可分为踏勘、基础调查、详细调查、监测。

1. 踏勘

踏勘工作需在短时间内，以低成本高效完成，同时还应获得整个研究区水文地质条件的概念性认识，为构思科学问题和进一步开展调查奠定基础。如工作区成果资料丰富，或者仅需补充调查或修测，则无须开展踏勘工作。例如，在已有井区增加钻探工作，或对水质防护区进行轻微调整等。

踏勘工作包括：收集前期调查资料，开展初步评价；收集和分析地质图、水文地质图、气候和水文资料；遥感以及实地考察等。现场踏勘应覆盖大多数重要的泉、井等水点以及代表性地层露头、岩溶形态等。

2. 基础调查

基础调查工作更为复杂、耗时，且成本更高，是确定最终解决方案以及部署详细调查的基础。调查成果应包括中等比例尺水文地质图（如1:25000到1:100000）。水文地质调查技术手段包括物探、钻探、渗透系数测试、水质测试、洞穴探测和示踪试验等（见第4章）；同时需开展传统的水文地质测绘，记录水点并建立卡片信息。

基础调查应建立研究区概念模型，预测地下水分布、补给-径流等水流运动基本要素，以及评价可利用水资源等。尽管所有调查阶段均可开展水动力模拟，但模型的确定性和有效性与收集资料的质量有关，输入信息越可靠，最终模型越可靠。基础调查阶段能获取充分信息，并建立概念模型，因此，该阶段开展水动力模拟更为合理。

3. 详细调查

详细调查侧重于专项技术方法与方案。例如，建设新井区作为供水水源地或用于矿坑排水，该阶段需开展探采结合井工程、长期抽水试验、水动力分析以及模型预报工作。岩溶含水层动态调控水文地质调查见15.5节。

4. 监测

监测工作是收集信息的关键手段，用于对技术方法可行性、终端用户需求以及环境许可进行验证，监测对新数据采集及改进方法、措施极为重要（图14.1）。

图 14.1 水文地质调查流程

水文地质调查是一项复杂的工作，调查工作应循序渐进，成果认识也应从基础到复杂。忽略某些调查阶段和步骤，或忽略调查工作程序，通常会导致设计和实施方案失败。

14.4 概念模型建立方法

含水层概化是最基础的水文地质工作，有经验的专家会根据基础调查和相关资料，在评估的基础上建立概化模型。

专业人员的技术能力和经验很重要，很多欠发达地区的人们虽声称自己是水资源和环境（包括水文地质学）专家，却最终导致地下水相关项目失败。

Jeannin 等（2013）基于 SWISS KARST 框架，提出岩溶系统概化的 KARSYS 方法，该方法目前已推广应用于很多国家和地区。Kresic 和 Mikszewski（2013）在著作 *Hydrogeological Conceptual Site Model：Data Analysis and Visualization*（《水文地质场地概念模型——数据分析和可视化》）中，将"水文地质场地概念模型"（CSM）定义为各种控制和影响地下水流运移的自然和人为因素综合。建立 CSM 的主要目的是将由文字、图片和动画等集成的成果，用于项目实施各阶段的决策支持。Kresic 和 Mikszewski 强调了数据可视化的重要性，是获得不同专业背景的利益相关者支持的重要基础。建立概念模型需要开展大量工作，而且需要对各要素进行识别研究，包括需要评估岩溶含水层结构、渗透性和储水性、补给、地下水径流、排泄、水动力条件、地下水-地表水关系、相邻含水层之间的关系、地下水动态等。以上要素仅针对含水层定量模型概化，在水文地质研究中，通常还需评价地下水水质以及对污染的脆弱性。

本书对上述要素进行了全面论述，特别是第3、第5~7章，各要素共同构成含水层系统的属性信息，是进一步应用和维护模型的必要基础。通过概念模型应能了解如下问题：水的起源和来源问题、引水和控水、水资源开采的最佳位置和方式、水资源保护和污染防治等。

14.5 岩溶工程环境影响

20 世纪中叶以前，通常是"人类根据需求改变自然"，后来发生重大转变，更多倾向于"人类根据环境需求调整技术方案"。20 世纪 90 年代，随着布伦特兰委员会报告《我们共同的未来》（Brundtland Commission，1987）及 1992 年《里约宣言》（Stevanović，2011）的提出，可持续发展理念被社会生活和政治领域广泛接受。目前几乎所有技术方案都必须符合环境需求，对严重人为干预开展影响评估，已成为技术文件、项目以及水文地质工作方案的强制性内容。

20世纪70年代，新西兰和澳大利亚在工程实践中采用环境影响评价研究（EIAS）；美国将工程实践依照国家环境政策法（NEPA）管理；European Union（1985）提出"公共和私人项目对环境影响评价的指令"；Environmental Agency（UK）（2003）将环境影响评价定义为开发者通过一定的技术和程序，收集建设项目对环境影响的最新信息，相关监管机构据此决定是否采取超前措施。例如，英国法律要求所有水资源管理项目必须开展环境影响评价，包括抽水量超过 $20m^3/d$ 的灌溉工程。某些小型工程并未强制要求开展环境影响评价，但多数情况下需提交申请，由监管机构决定是否需要开展环境影响评价。各国环境影响评价内容存在差异，一般由国家立法机构管理，包括但不限于以下内容：项目投资方（受益者）、项目位置说明、项目建议书（目标、受益人、建议措施、费用等）、替代方案、现场环境条件、环境影响、突发情况下直接和间接影响、环境保护措施、减排措施、建议措施以及环境影响监测方案等。

环境保护、减排措施以及环境影响监测规划通常只是环境管理计划（EMP）的一部分，该计划还应包括详细费用预算、环境资源损失实物补偿、提高环境资源质量建议、公众征求意见过程说明书以及实施减排措施和监测工作责任方与权威机构。

14.6 地下水开采环境安全与指示

岩溶含水层水文地质工程管理最先需要考虑的重要问题是生态需水量（ecological flow），即维护已有生态系统正常功能的水质和水量。表14.1列出了地下水可采储量的定义公式，生态需水量和安全开采量都受最小生态需水量或水利法规对抽水量和抽水时间的特殊规定限制。

表14.1 地下水可采储量的定义公式

标题	公式	生态环境许可
1. Q_{exp} 仅有静态（地质）储量	$Q_{exp} = n \times Q_{st}/T$	无
2. Q_{exp} 作为动态总储量（可更新部分）和部分静储量	$Q_{exp} = Q_{dyn} + n \times Q_{st}/T$	不确定坡高
3. Q_{exp} 作为部分动储量，但受最小生态需水量所限（最小排泄流量或河川流量）	$Q_{exp} = Q_{dyn} - BM$	通常存在问题
4. Q_{exp} 作为总动储量和部分静储量，但受取水法规所限（定量或定时）	$Q_{exp} = Q_{dyn} + n \times Q_{st}/T - WL$	可能存在问题，但很普遍
5. Q_{exp} 作为部分动储量，但受取水法规所限（定量或定时取水）	$Q_{exp} = Q_{dyn} - WL$	生态许可
6. 无 Q_{exp}	$Q_{exp} < WL$	极端情况，生态最优，但不许可取水

注：Q_{exp} 为地下水可开采量；Q_{st} 为地下水静储量；Q_{dyn} 为地下水动储量；T 为取水时限；n 为相关因子（总数的百分率）；BM为最小生态需水量（记录或计算获取泉、河流最小流量）；WL为取水许可限制（定时或定量取水）。

Preda 等（2012）在 GENESIS 项目中，将环境影响指示分为如下几类。

（1）包括地下水在内的水文地貌单元指示：环境示踪剂、水均衡要素、地下水位和压力、地下水脆弱性、地下水水质、河川流量。

（2）物理化学要素指示：温度、电导率、叶绿素、溶解氧、NO_3^-、NO_2^-、NH_4^+、PO_4^{3-}、金属等。

（3）生物室/营养动态模块指示：浮游植物、大型底栖动物、鱼类等物种富集程度、多样性指数、物种指示、多度量指标等。

应欧盟水框架指令要求，萨瓦河流域国际委员会（2011）提出了监测参数列表，其中核心参数包括氧浓度、pH、电导率、NO_3^-、NH_4^+等。

14.7 岩溶水开发利用矛盾

岩溶含水层工程建设和人为调控措施会引发人们对过度开采的担忧，会在用户之间、不同用水目的之间以及水资源和其他社会权益之间产生各种冲突。冲突范围包括局部个体之间、区域之间，甚至是国际性冲突（Stevanović，2011）。局部冲突的起因通常是钻孔抽水导致地下水位下降和泉流量枯竭。因此，采用抽水井和泉同时开发利用含水层时，必须考虑抽水对泉或地下水位降落漏斗范围内其他井的影响。区域冲突一般是指同一流域不同用户间的利益冲突（Burke and Moench，2000），抽水输送至流域外其他城市供水，对抽水补偿不合理，会危害水源地居民利益。跨界岩溶含水层将在 17.6 节探讨。为了将开发工程和干预措施负面影响降至最低，应优化调查技术方法和评估环境影响，并向水源地居民和用户详细解释工作任务和效益。

参考文献

Asian Development Bank(2003) Content and format environmental impact assessment(EIA). In: Environmental assessment guidelines, Appendix 2. http://www.gdepp.cn/ewebeditor/uplo adfile/20140505170216272.pdf. Visited 10 July 2014

Brundtland Commission(formally the World Commission on Environment and Development, WCED)(1987) Our common future, report. Oxford University Press. Published as annex to General Assembly document A/42/427, Development and international co-operation: environment, 2 Aug 1987

Burke JJ, Moench HM(2000) Groundwater and society: resources, tensions opportunities. Special edition of DESA and ISET, UN public, ST/ESA/265, New York p 170

Dahl AL(2012) Achievements and gaps in indicators for sustainability. Ecol Ind 17:14-19

European Union(1985) Council directive 85/337/EEC on the assessment of the effects of certain public and private projects on the environment. Official Journal No. L 175, 27 June 1985

European Union(2000) Water framework directive WFD 2000/60. Official Journal of EU, L 327/1, Brussels

Environmental Agency(UK)(2003) Environmental impact assessment in relation to water resources authorisations. Guidance on the requirements and procedures, Bristol. www.environment-agency.gov.uk

Fetter CW(2001) Applied hydrogeology, 4th edn. Prentice Hall, Upper Saddle River

Filipović B(1980) Metode hidrogcoloških istraživanja(Methods of hydrogeological research, in Serbian). Naučna Knjiga, Beograd

Goldsheider N, Drew D(eds)(2007) Methods in karst hydrogeology. International contribution to hydrogeology, IAH, vol 26. Taylor & Francis/Balkema, London

International Sava River Basin Commission(2011) Sava River basin management plan. Background paper no. 2: Groundwater bodies in the Sava River Basin, v 2.0, Zagreb, p 37. www.savacommission.org

Jeannin PY, Eichenberger U, Sinreich M, Vouillamoz J, Malard A, Weber E(2013) KARSYS: a pragmatic approach to karst hydrogeological system conceptualisation. Assessment of groundwater reserves and resources in Switzerland. Environ Earth Sci 69:999-1013

Klimentov PP(1967) Metodika gidrogeologicheskih isledovaniy(Methods of hydrogeological research, in Russian). Vishaya skola, Moscow

Kresic N, Mikszewski A(2013) Hydrogeological conceptual site model: data analysis and visualization. CRC Press, Boca Raton

Milanović P(1979) Hidrogeologija karsta i metode istraživanja. HET, Trebinje

Moore JE(2002) Field hydrogeology: a guide for site investigations and report preparation. CRC Press LLC, Boca Raton

Preda E, Kløve B, Kværner J et al. (2012) New indicators for assessing groundwater dependent eco systems vulnerability. Delivereable 4.3. GENESIS FP 7 project: groundwater and dependent eco systems, p 84. www.thegenesisproject.eu

Stevanović Z(1990) Uvod u naučno-istraživački rad u oblasti hidrogeologije—sa osnovama opšte naučne metodologije (Introduction into scientific-research work in hydrogeology—with basics of general scientific methodology; in Serbian). University of Belgrade—Faculty of Mining & Geology, Belgrade, p 112

Stevanović Z(2011) Menadžment podzemnih vodnih resursa(Management of groundwater resources; in Serbian). University of Belgrade—Faculty of Mining & Geology, Belgrade, p 340

Stevanović Z(2014) Environmental impact indicators in systematic monitoring of karst aquifer— Dinaric karst case example. In: Kukurić N, Stevanović Z, Krešic N(eds) Proceedings of the DIKTASconference: "Karst without boundaries", Trebinje, 11-15 June 2014, pp 80-85

United Nations Economic Commission for Europe(UNECE)(2007) Environmental indicators and indicators-based assessment reports: Eastern Europe, Caucasus and Central Asia. United Nations Publication. ECE/CEP 140, New York; Geneva p 93

Vrba J, Lipponen A(2007) Groundwater resources sustainability indicators, IHP—VI series on groundwater no. 14. UNESCO, Paris

第 15 章 岩溶水资源可靠性与可持续开发利用

15.1 岩溶含水层的水力特征

弗朗西斯科·菲奥里洛（Francesco Fiorillo）
贝尔格莱德大学矿产地质学院水文地质系岩溶水文地质中心

15.1.1 引言

低渗碳酸盐岩基岩裂隙在岩溶作用下，形成复杂的管道网络，导致岩溶含水层的非均质性（White，1988；Kiraly，2002；Ford and Williams，2007）。岩溶作用在含水层内部形成分级组织的管道网络（Kaufman，2003；Kresic，2010），将地下水向岩溶泉汇聚排泄。岩溶地质条件如同过滤器，在连通性岩溶管道裂隙的控制下，调整地下水流通道向岩溶泉方向发育（Fiorillo and Doglioni，2010）。

岩溶地下水流具有双重特性：慢速流和快速流是介质导水性的函数。入渗过程也存在双重性：集中入渗和分散入渗。集中入渗指地表径流通过落水洞、竖井向下快速运移，快速流经非饱和带，并最终到达饱水带。强降雨、雨季或融雪过程中，竖井和落水洞吸纳地表水或相邻非岩溶区地表径流（外源补给）。分散入渗主要发生在土壤覆盖层或裸露碳酸盐岩基岩裂隙中，是非饱和带水流的主要来源；受非饱和带厚度与导水性控制，分散入渗水流到达地下水位可能耗时极长。

一般很难甚至完全无法了解岩溶含水层内部结构，根据分析泉或井的水文动态曲线可推断其主要水力特性。

系统记录泉流量确定泉流动态水文曲线，是评价含水层岩溶条件的有用工具（Bonacci，1993a；White，2002）。岩溶发育强烈的含水层，泉流水文曲线在暴雨过后出现明显的峰值，表明岩溶管道网络之间连通性良好，并发育水动力活跃的竖井或落水洞。水流主要沿大型裂隙和不规则管道快速运移，这些系统称为快速流或管道流系统（Atkinson，1977a；Gunn，1986；Bonacci，1993a）。而有些泉流量曲线平滑，不具备尖锐峰值，整个水文年中仅有一个或少数洪水峰值，表明系统内岩溶管道发育较差或管道间连通性较差，水流主要沿裂隙和微细裂缝以线性动态运移，以慢速水流为主，称为分散型岩溶系统（Atkinson，1977a；Bonacci，1993a），水流滞留时间长于管道型岩溶含水层。

水文曲线平滑且结构简单，表明含水层由分散水流补给（White，2002）。沉积盖层能限制径流和集中补给，而且高度风化的表层岩溶带也控制了岩溶含水层补给的时空分布（Bauer et al.，2005）。岩溶系统泉流量水文曲线能同时反映快速流和慢速流要素，这些要素主要受补给条件控制，在整个水文年内均会发生变化。

以下各节对岩溶含水层水力特性进行总体回顾，并以意大利亚平宁半岛南部皮森蒂民（Picentini）山为例，论述岩溶区旱季和地震过程的水力特性。

15.1.2 不同水文条件下水力特性

暴雨过程集中入渗水流快速注入含水层，竖井暂时性充水，管道网络水头升高，饱水管道产生快速的压力脉冲在泉口形成水位峰值（Ford and Williams，2007）。补给过程结束后，含水层饱水带水流通过岩溶管道排泄，水位下降，转为慢速流或基流过程。

Ford 和 Williams（2007）讨论了达西定律在岩溶区的适用性，并讨论了大部分水流通过管道系统的过程。根据 Mangin（1975a）假设，达西定律在岩溶区具有极为严苛的适用条件和范围，包括含水层的不同部位（空间），以及水文年内不同的补给条件（时间）。达西流主要发生在流量衰减的最末阶段，与微细裂隙排水相关，该阶段地下水平均流速最低。

图 15.1 是含水层水动力特征示意图，将水文曲线各部分与水力条件相关联。图 15.1 中各小图未考虑外源水补给，且含水层仅由单一泉口排泄。管道网络水头以竖井水位表示，受不同水文条件控制，该水位与含水层饱水带可能存在差异。

A 阶段：是长期无补给的水文条件，流量衰减，非饱和带补给可以忽略；该阶段，饱水带通过管道排泄，水头与饱水带相近或略低。

B 阶段：强降雨之后数小时或数天，地表径流通过竖井和落水洞快速入渗到达饱水带，能形成集中入渗的雨量取决于降雨强度和时间分布特征，但入渗水量受非饱和带厚度、竖井存在与否以及地形特征（内源补给区以及坡度分布等）等水力条件强烈控制。在 B 阶段，竖井临时充水，岩溶管道内水头升高，与泉口水位齐平（图 15.1）。流域内各处集中补给条件不同，各竖井水位也存在差异，导致水流向饱水带运移过程中，局部水流发生暂时性方向改变。泉流量对强降雨过程响应迅速，在泉流量水文曲线上出现典型峰值，与饱水带以上的管道水位升降有关，水流最终进入饱水带（Drogue，1980；Bonacci and Živaljevic，1993；Bonacci，1995；Halihan et al.，1998）。但管道网络渗透系数极高，会限制其内部水位升降。

泉流量上升后，地下水硬度会随之下降，水文过程线峰值区的大部分均是如此；Ashton（1966）根据泉流量与硬度关系，采用简易程序评价了淹没管道体积。观测表明，竖井与泉口之间通过岩溶管道网络发生密切联系，因此，衰减曲线第一部分（即曲线最陡的部分）是来自竖井和管道的"新鲜水"。

洪水过程中，管道网络水头高于基岩（Atkinson，1977a；Drogue，1980；Bailly-Comte et al.，2010；Fiorillo，2011a），二者之间发生水流交换（Martin and Dean，2001；Bailly-Comte et al.，2010）。在 B 阶段，竖井、管道网络和分散入渗向地下水位补给，泉流量与集中补给过程有关，并受管道网络水头控制。某些系统的岩溶发育强度弱，岩溶泉并不具备上述水力特征，水文过程线完全平滑，泉流的增减与长期的干湿季节交替有关。

有些含水层的岩溶发育强烈，当补给减少或终止时，泉流量下降，可解释为临时充水

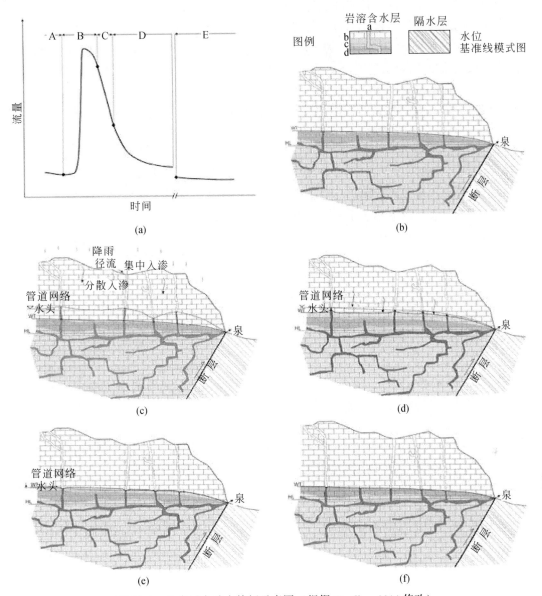

图 15.1 含水层水动力特征示意图（根据 Fiorillo，2014 修改）

(a) 暴雨脉冲引发的泉流量水文过程线；(b)~(f) 表示岩溶含水层不同部位的水动力特征补给分为流经非饱和带的分散入渗补给以及点状集中补给（落水洞、竖井）；分布于岩溶基底的泉通过管道网络排泄。以不同的示意图表示水动力过程，地下水位坡度被放大。(b) 无补给持续一段时间之后（图例：a. 管道和竖井；b. 非饱和带；c 和 d. 具有不同有效孔隙度的饱水带）。(c) 在强补给过程期间，集中入渗时充满竖井。(d) 强补给过程之后，竖井地下水位回落，地下水位仍在上升。(e) 在无补给的条件下地下水位下降。(f) 长期无补给地下水位下降

的竖井驱动地下水流，通过管道网络快速排泄［图 15.1（a）C 阶段］。C 阶段具有线性方程，在半对数曲线上表现为非线性特征，但该阶段也存在其他解析形式（Malík and Vojtková，2012）。Mangin（1975a）将衰减过程初始部分解释为影响阶段（influenced stage），代表流量随时间下降的非饱和带水流。C 阶段，地下水位因分散入渗补给而升高，

尽管管道网络水头会下降，但仍高于地下水位。

当竖井内水位下降至地下水位，管道网络水头与基岩孔隙或微细裂隙的水头相当，饱水带水流通过管道网络排泄，开始进入 D 阶段。很多岩溶泉由 C 阶段向 D 阶段过渡时，水文曲线坡度会发生急剧变化；D 阶段曲线变缓，表明大量水流储存于饱水带中，流量随时间缓慢降低。该阶段水流疏干过程会导致地下水位下降，小型管道和基岩水流受黏滞阻力和摩擦力影响，控制衰减曲线形状。水文曲线凹形段至少部分反映水流造成的能量损失。图 15.1 采用简单指数形式表示 D 阶段流量衰减过程，但第一部分仍然受分散入渗影响，随后才表现出指数形式。而且，D 阶段第一部分的理论模型（Rorabaugh，1964；Brutasert，1994；Kovacs et al.，2005）的以后部分，可用多个指数函数之和表示。

E 阶段代表长期无补给的水文条件，该阶段水位降至最低，衰减常数 α_3（或 α_n）与前期完全不同。如果存在指数形式，衰减系数从 α_2（D 阶段）变化至 α_3（E 阶段）取决于多个因素，表明含水层存在各向异性，或者在排泄阶段存在非稳定区（Fiorillo，2011a）。

有效孔隙度通常以非承压含水层储水系数表示（Stevanović et al.，2010a），由于岩溶介质的非均质性，有效孔隙度变化范围较大，是控制衰减系数的重要因素（Fiorillo，2014）。根据岩溶作用的主流理论，表层饱水带内有效孔隙度变化与内部各种成因的洞穴、管道和空洞有关（Ford and Ewers，1978）。数值模型已经证明，在非承压含水层水位以下，混合溶蚀作用会形成管道和孔隙（Gabrovšek and Dreybrodt，2010；Dreybrodt et al.，2010）。因此，在水位线以下附近，空洞分布差异性极大，这意味着在流量衰减阶段，沿水位方向的有效孔隙度会发生变化，同时改变了水文曲线形状，与其他水力参数和流域范围无关（Fiorillo，2011a）。

为研究 E 阶段的含水层，有必要在极度干旱的水文年之后分析泉流量衰减过程（Fiorillo et al.，2012）。很多无隔水基底的高位泉，在衰减阶段会干涸，并在年内多数时间断流，泉流量衰减规律并不符合指数形式，流量衰减过程比指数衰减更快。最简单的解释是，地下水分布范围在疏干过程逐步减小（Fiorillo，2011a）。

一般来说，具备基底的岩溶泉在流量衰减过程中，衰减系数逐步减小，如图 15.1（a）E 阶段，而其他泉的水文曲线形状则完全不同。利用半对数曲线分析泉流衰减过程，流量随时间呈简单指数衰减，而与理论直线有所偏差，也就是含水层疏干速率与简单指数衰减的差异。如果衰减系数 α 在干旱条件下降低，则该泉在长期干旱期能保证供水，可称为耐旱泉（Fiorillo et al.，2012），这种水力行为与有效孔隙度随深度增加有关。如果衰减系数在干旱条件下上升，则表明发生了完全不同的水力行为，即该含水层疏干速率比预期快，该泉可视作干旱脆弱性泉（Fiorillo et al.，2012），该现象与地下水位下降有关，或表明该含水层被其他低位泉疏干。

15.1.3 泰尔米尼奥（Terminio）和切维亚尔托（Cervialto）岩溶含水层地质与水文特征

皮森蒂尼（Picentini）山脉地貌与亚平宁（Apennine）山脉南部相似，由一系列晚三叠世—中新世灰岩和灰岩-白云岩组成，厚度 2500~3000m。山脉北部和东部，碳酸盐岩地层在构造上叠覆于陆源隔水沉积层之上，后者由古新世泥质杂岩和中新世复理石地层序列构成。Picentini 山脉北段分布高海拔山峰，Cervialto 和 Terminio 海拔分别为 1809m、1806m。Somma-Vesuvius 火山碎屑沉积覆盖了 Picentini 山脉，Terminio 山缓坡火山碎屑沉积厚度高达数米，沿陡坡则为数分米，火山沉积物覆盖整个 Cervialto 山，沉积物对水流下渗进入下伏岩溶地层起着重要作用。

这些岩溶区块具有典型的内源补给区特征，对补给过程起着重要作用。特别是 Terminio 山具有多个内流区，其中最大的龙滩（Piana del Dragone）内流区面积为 55.1km²，由数个落水洞排泄地表水，排水系统工程与龙口（Bocca del Dragone）落水洞连接，用于雨季防洪。示踪试验证实该落水洞与卡萨诺（Cassano）泉群之间存在联系，即落水洞分布区为泉群补给区。Cervialto 山区最大的内流区皮亚诺拉塞诺（Piano Laceno）面积为 20.5km²，区内有一永久性湖泊，雨季由数个落水洞排泄地表水，控制湖泊的分布范围。卡波塞尔（Caposele）泉是 Cervialto 山区唯一排泄口，因此 Piano Laceno 内流区构成了 Caposele 泉补给区的一部分。Piano Laceno 西侧局部发育洞穴系统——格罗塔德尔卡林多（Grotta del Caliendo）洞穴，仅有少量水流向区外卡洛雷（Calore）谷地排泄。这些岩溶山区是很多岩溶大泉的补给区，泉流量高达每秒数千升，是意大利南部重要供水源（表 15.1）。

表 15.1 泉和流域的主要水文参数（年平均值）

泉群和年平均流量 Q_s/(m³/s)		流域	主要特征	平均值	最大值	最小值	径流量 /(10^6m³/a)	补给率
塞里诺（Serino）	2.25	Terminio	降雨量 /(mm/a)	1887	2547	1463	334.3	50.1
卡萨诺(Cassano)I.	2.65							
索波塞普 (Sorbo Serp.)	0.43		温度/℃	10.3	15.5	4.4		
其他	0.15		实际蒸散量 /mm	587	703	413		
总输出	5.48							
卡波塞尔 (Caposele)	4.00	Cervialto	降雨量 /(mm/a)	2109	2620	1529	238.8	54.3
其他	0.17		温度/℃	8.5	14.0	4.4		
总输出	4.17		实际蒸散量 /mm	529	688	410		

Serino 泉群分布于 Picentini 山西北边界萨巴托（Sabato）河谷，包括 Aquaro-Pelosi 泉群（海拔 377~380m）和 Urciouli 泉（海拔 330m），年平均流量为 2.25m³/s，补给来源于 Terminio 山区（Civita，1969）。这些泉水为罗马时期（公元 1 世纪）渡槽供水，1885~1888 年，修建了由重力通道和压力管道系统组成的 Serino 渡槽，并重新开发 Urciouli 泉，向那不勒斯地区供水。此外，1934 年，利用 Serino 渡槽重新开发 Aquaro 泉和 Pelosi 泉。

Cassano 泉群包括 Bagnodella Regina 泉、Peschiera 泉、Pollentina 泉和 Prete 泉等（海拔 473~476m），沿 Picentini 山脉北界 Calore 河流域分布。这些泉也主要由 Terminio 地块补给（Civita，1969），年平均流量为 2.65m³/s。1965 年，修建重力隧道连接到普格利泽（Pugliese）渡槽，引泉向普利亚（Puglia）地区供水。

萨尼塔（Sanità）泉海拔 417m，位于 Picentini 山脉东北边界塞莱（Sele）河流域源头，形成了 Caposele 泉群，Sainità 泉主要由 Cervialto 山区补给（Celico and Civita，1976），年平均流量为 3.96m³/s。1920 年，修建 Pugliese 渡槽开发该泉，通过隧道穿越塞莱-奥凡托（Sele-Ofanto）分水岭，向 Puglia 地区供水。

整个意大利半岛为典型的地中海气候，夏季干热，秋季、冬季和春季湿润。11~12 月降雨量为年内峰值，而 7~8 月降雨量最低。在超过 1000m 的高海拔地区，冬季积雪会累积数周或数月，改变了入渗时间。

图 15.2 为有效降雨分布特征，代表可自由补给土壤水、入渗补给地下水和径流的降雨量。可以看出，补给过程一般从 10 月开始，8 月、9 月和 10 月部分降水完全被蒸散过程吸收或作为土壤水分持留。径流也发生在 10 月中旬之后，在次年 5~6 月结束。

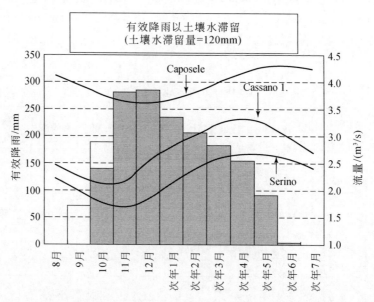

图 15.2 有效降雨［蒙特维吉尼（Montevergine）站，海拔 1270m］和卡波塞尔（Caposele）、卡萨诺（Cassanol）与塞里诺（Serino）泉群的流量

根据 Thornthwaite 和 Mather（1957），以月平均降雨和潜在蒸散量之差计算有效降雨量

Caposele 泉动态与降雨分布几乎完全相反，最小流量出现在 11~12 月，最大流量在 6 月。Cassanol 和 Serino 泉水文过程线的洪峰也滞后月降雨峰值达数月。

根据不同地面高程的降雨和温度分布，在地理信息系统环境下对年平均补给率和实际蒸散量进行评价（Fiorillo，2011b），结果见表 15.1。

15.1.4 干旱期与地震过程的水力特征

大范围长时间缺少降雨会造成气象性干旱，这种缺水通过水循环传播，产生各种类型的干旱。如果地下水补给和流量减少，则形成水文性干旱，水文性干旱是气象性干旱在时间上的转移（Tallaksen and Van Lanen，2004）。长期气象性干旱引起地下水位和泉流量下降，形成地下水干旱，是水文干旱的特殊形式。

如图 15.1 所示，泉流量水文曲线反映了岩溶含水层的水文条件。在干旱水文年，由于补给减少，泉流量低于平均值，特别是补给水量总是小于泉口排泄量时，能观测到流量在整个水文年持续下降，反映地下水干旱（Fiorillo，2009）。

在地下水干旱期间，泉流量降至最小值，反映了极端水文条件下泉的特征。

泉流量预测有利于水资源管理，特别是预测干旱水文年的地下水干旱时。该水文年开始，很难预测数月后的泉流量，但根据降雨与含水层响应之间的变化，可通过降雨观测预测未来地下水干旱。在地中海气候条件下，夏季蒸发量增加，降雨量下降，4 月以后有效降雨几乎可以忽略不计。因此，各水文年 3~4 月降雨补给岩溶含水层，此后直到 9~10 月，降雨通常不再补给含水层（Fiorillo，2009）。

岩溶含水层广泛分布于大陆地壳表层，或延伸至其他非岩溶地层之下，因而能反映地震的影响。受震级和震中距控制，地震不仅能引起泉流量的变化，还能引起地下水化学和物理属性的变化。地下水化学、物理特征，包括流量在震前的变化是一个充满争议的话题。

15.2 泉流量长期预测

韦斯娜·里斯蒂奇·瓦卡尼亚茨（Vesna Ristić Vakanjac）

15.2.1 引言

水质优良的岩溶水通常无须额外处理即可达到饮用水标准（Stevanović et al.，2011），因而是重要的饮用水源（Nikolic et al.，2012）。孔隙类型、地貌条件、交通不便的无人区以及岩溶泉出露位置等，在很大程度上决定岩溶地下水的动态监测（Stevanović et al.，2014）。

岩溶泉流量包含了极为复杂的水流形成过程，降水入渗经极为复杂的岩溶含水层地质环境，以岩溶泉等形式到达排泄点。假设高孔隙度岩溶地层中，存在各种尺度的洞穴、管道，以及裂隙、裂缝等（Ristić，2007），流经这些多孔环境的水流取决于孔洞尺寸、形状、属性、充填特征以及连通性。岩溶含水层对降雨径流的"流域响应"模式具有多样性（Ristić，2007；Ristić et al.，2012a）。有时，降雨快速转化为岩溶泉水流（图 15.3），水文曲线陡峭，水流滞留时间短暂，有些泉在降雨之后很快断流；相反，当地下空洞具有较强的储水和滞水能力时（图 15.4），降雨转化为泉流的过程极为缓慢，且持续时间较长，水文衰减曲线极为平缓（Stevanović et al.，2010b）。实际情况通常是这两种极端情形的变体或组合。

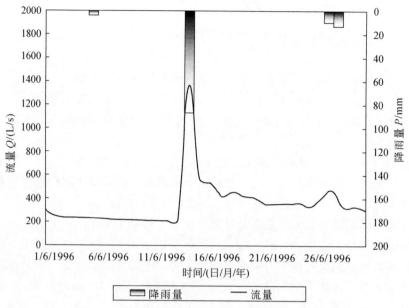

图 15.3 瓦列沃（Valjevo）附近的巴尼亚（Banja）泉
降雨快速传输，岩溶泉流量水文曲线速涨速消

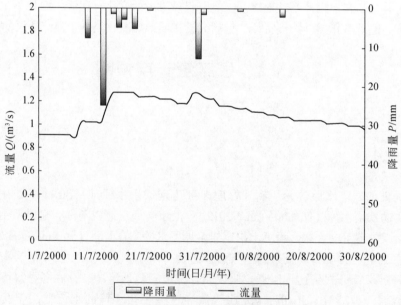

图 15.4 斯杰尼卡（Sjenica）附近的瓦帕（Vapa）泉
岩溶泉流量过程线长期缓慢衰减

15.2.2 自相关和互相关分析

自相关和互相关分析方法可用于评价岩溶泉流量上升和衰减过程。

自相关表示随机变量 X（如岩溶泉流量、泉口水池水位和地下水位等）在滞后时间为 1、2、3、4、…、n 时对其自身的影响，滞后时间可以用天、周、月等表示，数据集之间的相关性强度——相关系数 r_k 可用如下公式（Kresic，2010）表示：

$$r_k = \frac{\frac{1}{n-k} \sum_{i=1}^{n-k} (x_i - x_{av}) \cdot (x_{i+k} - x_{av})}{\frac{1}{n} \sum_{i=1}^{n} (x_i - x_{av})^2} \tag{15.1}$$

式中，n 为记录数据点数量；x_{av} 为样本平均值；x_i 为 $t=i+k$ 时刻随机变量值。

不同滞后时间的相关系数作为滞后时间函数，构成自相关图。

评价岩溶泉流量过程线时，当天流量在一定程度上受前一天、前两天、前三天甚至前更长时间的流量影响，同样地，当天流量将会影响次日及后续流量。相互依存度在很大程度上受流量动态、水位线上升或下降速率以及绝对最大流量与最小流量比值（$Q_{abs,max}/Q_{abs,min}$）影响，比值越接近1，相互依存度越高，自相关函数斜率越小。相反，如果比值超过100或更大，自相关图曲线较陡，则认为时间序列具有非自相关性和独立性（Kresic，2010）。

术语"记忆时间"是指自相关函数值变得无关紧要之前的时间，或者是自相关函数值不再具有统计意义的时间。统计的显著性阈值取决于分析的时间序列长度，一般以0.2作为参考阈值（Mangin，1984a）。时间周期可以是自相关函数与横坐标的相交时间，也可以是自相关系数变负的时间（Jukic，2005）。记忆性差一般代表强岩溶化地层，储水能力较差；相反，记忆性强（持续时间长）代表岩溶地层储水量大（Kresic and Stevanović，2010）。降水量在很大程度上控制岩溶泉的流量动态，因此，降水类型（雨、雪）、频率、数量和强度控制了自相关图的形状和坡度，在积雪覆盖情况下还应考虑气温因素（Eisellohr et al.，1997）。

降水的快速传播表现为流量过程线快速上升，因此，岩溶泉流量动态在很大程度上受降雨动态影响。岩溶区降雨需要一段时间到抵达含水层，随后通过地下优先水流通道到达岩溶泉。互相关分析可用于评估与时间相关的随机变量，尤其是流量和降水量。在互相关分析中，可以通过计算不同时间段的互相关系数，定量确定时间相关的随机变量（日流量、地下水位等）与独立随机变量（日降水量）之间的相关性（Kresic，2010）。作为滞后时间的函数，不同滞后时间的互相关系数相关性可用交叉相关图表示。滞后时间 k 的互相关系数表示如下（Prohaska，2006；Kresic，2010）：

$$r_k = \frac{COV(x_i, y_{i+k})}{\sqrt{VAR(x_i) \cdot VAR(y_i)}} \tag{15.2}$$

式中，COV 为两个时间序列之间的协方差；x_i 为自变量（日降水总量）；y_i 为因变量（日平均流量时间序列）；$VAR(x_i)$ 和 $VAR(y_i)$ 为两个时间序列的方差。协方差的计算公式如下：

$$COV(x_i, y_{i+k}) = \frac{1}{n-k} \sum_{i=1}^{n-k} (x_i - \bar{x}) \cdot (y_{i+k} - \bar{y}_{i+k}) \tag{15.3}$$

时间序列的方差由以下方程计算：

$$\mathrm{VAR}(x_i) = \frac{1}{n-k}\sum_{i=1}^{n-k}(x_i - \bar{x})^2 \tag{15.4}$$

$$\mathrm{VAR}(y_i) = \frac{1}{n-k}\sum_{i=1}^{n-k}(y_{i+k} - \bar{y}_{i+k})^2 \tag{15.5}$$

对流量和流域内或其附近降雨开展水文观测，是确定岩溶含水层流量水文过程线最可靠的方法（Ristić，2007）。但有时实际中不具备这种条件，如塞尔维亚仅对少数岩溶泉开展了系统水文观测。通常是零星监测岩溶泉流量动态，或按照用户需求开展监测，没有采取标准的数据收集、处理和传输程序进行长期监测。在大多数情况下，可靠的时间序列持续时间较短，一般不超过1年，对地下水储量和均衡评价都产生很大影响，进而影响含水层开发利用，如公共供水、水疗、灌溉、小型水力发电厂等情况。

为减少地下水可靠性评估的潜在误差，并计算水均衡参数，应采用回归模型或者线性和非线性多元回归模型，尽可能延长时间序列数据。

15.2.3 多元线性回归模型

当某一现象是两个独立现象的函数时，适用多元线性回归模型，该模型最常用于模拟或预测随机变量。在因变量 Y 和自变量 X_1、X_2、…、X_k 之间建立相关性，并据此对因变量进行模拟，得出了某一时段的预测结果。该相关性通过以下回归模型（Prohaska，2006）描述：

$$Y_i = \beta_0 + \beta_1 \cdot x_{1,i} + \beta_2 \cdot x_{2,i} + \cdots + \beta_n \cdot x_{n,i} + e_i \tag{15.6}$$

式中，Y_i 为 i 阶因变量；X_i 为 i 阶自变量；β_i 为未知多元回归系数；e_i 为随机误差。

采用最小二乘法计算未知多元回归系数，根据式（15.6）得出：

$$\tilde{y} = a + b_1 \cdot x_1 + b_2 \cdot x_2 + \cdots + b_n \cdot x_n \tag{15.7}$$

式中，$\tilde{y}$ 为因变量的解析值；a、b_1、b_2、…、b_n 为多元回归系数的数值计算值。

自回归（AR）模型常用于模拟（计算）岩溶泉流量，其中因变量为 Q_t-t 时刻预测流量，自变量 Q_{t-1}、Q_{t-2}、…、Q_{t-k} 为前1、2、…、k 天流量。在特定情况下，根据式（15.7）得出

$$Q_t = a + b_1 \cdot Q_{t-1} + b_2 \cdot Q_{t-2} + \cdots + b_k \cdot Q_{t-k} \tag{15.8}$$

式中，a、b_1、b_2、…、b_k 为模型参数。

交叉回归（CR）模型应用相同原理可达到此目的，其中因变量 Q_t 是 t 时刻预测流量，自变量 P_{t-1}、P_{t-2}、…、P_{t-n} 是前1、2、…、n 天的降雨量，式（15.7）变为

$$Q_t = a + b_1 \cdot P_{t-1} + b_2 \cdot P_{t-2} + \cdots + b_n \cdot P_{t-n} \tag{15.9}$$

式中，a、b_1、b_2、…、b_n 为模型参数。

最常用的模型是 AR 和 CR（=ARCR）的混合，式（15.7）变成：

$$Q_t = a + b_1 \cdot Q_{t-1} + \cdots + b_k \cdot Q_{t-k} + c_1 \cdot P_{t-1} + c_2 \cdot P_{t-2} + \cdots + c_n \cdot P_{t-n} \tag{15.10}$$

式中，a、b_1、b_2、…、b_k、c_1、c_2、…、c_n 为模型参数。

除回归模型外，转换函数也可用于模拟岩溶泉流量。实际操作中，为了把降水量转化

为岩溶泉日流量的过程线,一般将岩溶含水层假设为一随时间和空间发生变化的开放系统(Ristić, 2007)。系统的输入量为天气参数、降水量 $P(x, y, t)$,输出量为随时间分布的泉流量,采用如下关系式:

$$Q(t) = H[P(x, y, t)] \tag{15.11}$$

式中,H 为系统将输入转换为输出的函数运算符;t 为时间;x,y 为气象站空间坐标。

函数运算符由一系列函数组成,这些函数取决于能描述相关过程的转换数。降水到排泄的整个转化过程一般分为三个子过程,为此,需建立三个函数。

第一个子过程与总降水量转化为有效降水量有关,即到达流域的总降水量中,一部分通过蒸发损失(蒸散),一部分渗入地下补充土壤水分,其余部分到达地下水位,补充含水层。通过含水层到达岩溶泉的降水部分称为净降水或有效降水。

其他两个子过程与有效降水转化为岩溶泉流量过程线有关,由两个函数组成(Ristić, 2007):有效降水量随时间的分布函数(基本水文过程线),以及将基本水文过程线转化为岩溶泉流量水文过程线的传播函数。分布函数和传播函数通常由单个转换函数所代替。

特定情况下,通过径流系数 φ_j 将每月总降水量转换为有效降水量:

$$\varphi_j = \frac{h_j}{P_j} = \frac{P_{ef_j}}{P_j} \tag{15.12}$$

或

$$P_{ef_j} = \varphi_j \cdot P_j \tag{15.13}$$

其中,P_j 为总降水量;P_{ef_j} 为有效降水量;j 为月份;h_j 为径流深度。

$$h_j = \frac{Q_j \cdot T}{F} \tag{15.14}$$

式中,Q_j 为泉流量;F 为岩溶泉流域面积;T 为给定月份的秒数。

将净降水量转换为岩溶含水层日流量过程线的分布转换函数如下:

$$Q(k) = F \cdot \sum P_{ef_j} \cdot TF_{(k-s+1)} \tag{15.15}$$

式中,$Q(k)$ 为第 k 天流量过程线的纵坐标;P_{ef_j} 为第 j 月有效降水量;$TF_{(k-s+1)}$ 为时间 $k-s+1(1/d)$ 的转换函数;F 为流域面积(km²)。

以下方程用于计算第 v 个时间点的转换函数:

$$TF_{(v)} = \frac{1}{\tau \cdot (n-1)!} \cdot \left(\frac{v}{\tau}\right)^{n-1} \cdot e^{-\frac{v}{\tau}} \tag{15.16}$$

式中,τ 和 n 为参数,τ 为时间维度(d),n 无量纲。

通过校准获取模型参数 τ 和 n,校准质量水平受泉流量观测值与模拟值的相关系数控制。校准参数过程中,直到两个时间序列之间达到最强相关,换句话说,直到找到最高相关系数,即认为获得模型参数。

15.2.4 填补数据空白、评价流域范围和动储量的模型

贝尔格莱德大学矿产地质学院水文地质系开发了用于评价部分观测或未观测的岩溶泉

模型,该模型除了填补数据空白和延长流量时间序列记录外,还可计算实际蒸散发量、流域大小和岩溶含水层动储量(Ristić, 2007; Ristić Vakanjac et al., 2012b, 2013a)。该模型由以下四级组成。

(1) 1级:使用前面提到的模型之一,填补月平均流量时间序列空白;
(2) 2级:岩溶含水层水均衡计算;
(3) 3级:识别转换函数的模型参数;
(4) 4级:日流量长期模拟。

1级包括建立月平均流量时间序列标准化变量与流量相关的水文气象参数之间的线性相关函数。然后,对已建立相关性的参数进行空间分析,并在其均匀分布区域中,反用于查找相应的长期流量时间序列,在该时间序列中可以获得研究流域的"模拟"流域和气象数据的信息。

在特定情况下,采用多重非线性相关(MNC)模型建立水文气象参数标准化变量之间的相关性:

$$U(Q_{ij}) = a_{01} \cdot U_1(Q_{ij}^a) + a_{02} \cdot U_2(P_{ij}) + a_{03} \cdot U_3(T_{ij}) + a_{04} \cdot U_4(V_{ij}) + a_{05} \cdot U_5(N_{ij}) \tag{15.17}$$

式中,$U_k(X_{ij})$ 为对应变量 X_{ij} 的标准化值;Q_{ij} 为岩溶含水层月平均流量;Q_{ij}^a 为模拟河流月平均流量;P_{ij} 为岩溶流域月平均总降水量;T_{ij} 为岩溶流域月平均气温;V_{ij} 为岩溶流域月平均湿度;N_{ij} 为岩溶流域月平均蒸汽压;a_{0l} 为未知回归系数(参数)。

其中

$$j = 1, 2, \cdots, 12 \text{月}$$
$$i = 1, 2, \cdots, N \text{年(按顺序)}$$
$$l = 1, 2, m, \cdots, M, \text{自变量数-回归}$$

Prohaska 等(1977, 1979, 1995)详细描述了模型参数的确定程序。自变量和因变量[式(15.17)]简单组合的标准化变量及其与作为实际值 $U_1(X_{ij})$ 函数的相应标准化变量之间的互相关系数,作为计算模型参数的基础。标准化相关系数 r_{lm} 用于获取线性回归系数 a_{01}、a_{02}、$\cdots$、a_{0M} 和相应权重 δ_{01}、δ_{02}、$\cdots$、δ_{0M}。

2级采用了岩溶含水层基本水均衡方程,每月的时间步长为

$$P_j = h_j + E_j + (V_j - V_{j-1}) = h_j + E_j \pm \Delta_j \tag{15.18}$$

式中,P_j 为岩溶流域第 j 个月降水总量;h_j 为岩溶泉第 j 个月平均径流深度;E_j 为岩溶流域第 j 个月实际蒸散发总量;V_j 为岩溶含水层第 j 个月水量;Δ_j 为岩溶地层第 j 个月出水量变化。

数据可靠情况下,水均衡方程[式(15.18)]还有两个未知量 E_j 和 Δ_j。采用修正的 Thornthwaite 方法(Thornthwaite, 1948; Ristić Vakanjac et al., 2013a),可估算实际的月蒸散量和潜在日蒸散量(PET)。

为确定实际日蒸散量(RET),采用如下假设,并按水均衡方程[式(15.18)]分阶段求解(Ristić Vakanjac et al., 2013a):

(1) 岩溶含水层初始水量与分析周期末水量相等,$V_0 \cong V_K$,其中 0 和 K 表示分析周期的开始和结束。

(2) 实际日蒸散总量为非线性分布,因此,降雨时 $RET_i = PET_i$,随后几天内,实际日蒸散总量按如下规律下降:

$$RET_{i+\tau} = \Theta^{2\tau} \cdot PET_i \tag{15.19}$$

式中,$RET_{i+\tau}$ 为实际日蒸散总量;$\tau = 1、2、3、\cdots、m$ 为滞后天数。

(3) 根据不同 Θ 值($\Theta = 0、0.1、0.2、\cdots、0.9$)和 $V_0 \cong V_K$ 规则确定流域范围。

(4) 建立函数 $\Theta = f(F)$,根据函数 $\Theta = f(F)$ 与其正切函数的角对称轴交点来确定实际流域范围[非线性函数 $\Theta = f(F)$ 顶点](图15.5)。

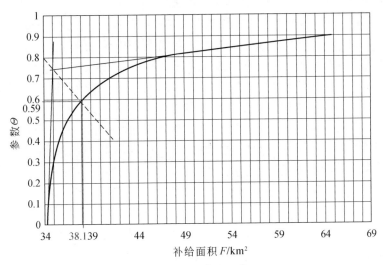

图 15.5　VelikoVrelo 流域的函数 $\Theta = f(F)$
(Stevanović et al., 2010a; Ristić Vakanjac et al., 2013b)

据此可得到实际流域范围,并且参数 Θ 值可计算实际日蒸散量。式(15.18)可计算给定周期的动储量变化值(已补全岩溶泉流量时间序列空白)(图15.6)。

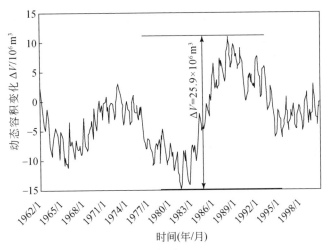

图 15.6　VelikoVrelo 含水层分析周期始末的储量变化(Ristić Vakanjac et al., 2013b)

15.3 含水层系统抽水效应评价模型

15.3.1 引言

岩溶地下水开发潜力评价在很大程度上决定了岩溶水资源能否合理利用,同时,潜力评价还应考虑影响天然流量动态的工程调控措施。

目前最常用的方法以抽取地下水静储量为基础(Bonacci,1987;Stevanović,1994),而最有效手段是井采(Pulido-Bosch,1999)。与以前方法不同的是,采用了技术更复杂的取水设施,如建设地下水库,由于工程极为复杂,地下水坝建设的成功案例极少。所有岩溶地下水开发都采取了不同复杂程度的有效管理系统,通过各种调控措施激发高水位期补给,能以可持续的方式获取比自然条件下更多的水量。

地下水有效管理调控系统一般遵循两个基本概念,第一是充分利用自然储量,即所谓的静储量,在流量衰减阶段"借用"岩溶地下水;第二是通过建设地下水坝和水库,通过人工增加地下水动储量。方法选择取决于岩溶含水层系统特征。第一种情况,调控系统的主要排泄口(泉)以下还存在地下水流,条件优越,在实践中被广泛采用;第二种情况,建设地下水坝和水库,增加人工储量,控制地下水排泄动态,但工程极为复杂。某些研究表明,人工地下水储存系统是地下水资源有效管理的理想形式(Milanović,1988)。地下水库建设的重要先决条件之一是出口区具有隔水水文地质结构。

由于岩溶系统的内在特征,有些岩溶地下水管理措施产生了很多不可避免的负面效应。有些情况下,失败的原因是采用了错误的概念模型。开采产生的直接和间接影响(Pulido-Bosch,1999;Milanović,2004),会导致不可逆转的效应。因此,选择合适的概念模型以及合适的取水设施,需要开展全面而细致的研究,这恰恰是某些失败措施的主要缺陷。岩溶水文地质系统的特殊性会产生很多不确定性,即使最细致的调查也难以消除风险。基于以上原因,在取水设施部署阶段,开展水文地质勘查工作的早期,开发地下抽水效应评价模型尤为重要,有利于指导未来研究。

15.3.2 当前评价抽水效应的理念

分析岩溶含水层的天然水力特征,以及对地下水的有效管理,需要预测流量动态,因此,必须对岩溶泉水文过程线开展模拟。岩溶泉水文过程线模拟模型包括物理模型、分布式模型(Mohrlok et al.,1997;Cornaton and Perrochet,2002;Hugman et al.,2013)和集总参数模型(黑箱或灰箱模型)、水库模型(概念模型)(Fleury et al.,2007;Jemcov and Petrič,2009)等。如果含水层内部结构和物理属性已知,集总参数模型能提供理想的岩溶系统模拟结果。由于岩溶含水层的空间非均质性,难以应用数值模拟。水库模型将岩溶含水层补给和排泄分量分别处理为系统的输入和输出函数,是较为可靠的系统理论方法。

由于岩溶含水层具有极为复杂的非均质性，岩溶含水层模拟相对落后，典型案例是将三个水库模型（饱水区、缓慢入渗区和快速入渗区）应用于 Lez 岩溶含水层模拟（Fleury et al.，2009）。对同一含水层系统，半分布式集总参数模型模拟方法用于模拟由各区块组成的非均质岩溶含水层的水文地质响应（Ladouche et al.，2014）。Debieche 等（2002）根据不同开发方案，提出了 Pinchinade 裂谷的裂隙岩溶含水层简化模拟模型；Fan 等（2013）应用组合极值统计模型（AEVSM），通过消除趋势和周期性获取残差，研究了娘子关泉在极端气候变化和强烈地下水开发影响下流量衰减的极值分布。

了解岩溶水文地质特征，并模拟各种地下水开发方案，对分析自然条件下岩溶地下水储量变化，以及计算未来开发潜力和岩溶水资源优化管理，都具有重要的意义。

15.3.3 水文地质勘探早期含水层系统开采评价模型

定量确定岩溶含水层特征和岩溶地下水均衡，是评价岩溶地下水开发潜力的重要依据。Jemcov 和 Petrič（2009）进一步详细分析了降雨与有效入渗的关系。

将岩溶含水层视为分层组织的高度非均质系统，水文地质参数具有空间差异性，是研究含水层特征的前提（Bakalowicz，2005）。岩溶含水层另一重要特征是地下水流的双重性，水流同时存在于强导水性管道和小裂隙、低渗块状基岩中（White，1969；Atkinson，1977b）。研究两种水流之间的转换关系，可以了解岩溶含水层的行为特征；因此，时间序列分析方法是研究含水层水动力特征的必要方法，与传统的野外勘探方法结合，能提高对岩溶含水层系统的认识。

在确定地下水"开采"动态之前，必须分析岩溶含水层在天然条件下的储量变化，包括地下水均衡分析和储量评估。岩溶含水层特征在很大程度上控制了初始储量（V_0），初始储量估算是上述分析的重要组成部分，也是控制可开发水资源量的最佳途径。根据流入-流出关系，通过向初始储量增加连续累积值（Jemcov，2007a）获取储量变化值（ΔV_i）。

汇水范围或其某一部分，以及 Mangin（1975b）提出的排泄系统发生变化，会影响岩溶含水层储量，进而导致衰减系数和排泄流量发生变化。因此，评估地下水储量应根据流量衰减过程的起止流量差，而非分析期的起止流量差（Jemcov et al.，2011）。

以可开采量 Q_e 作为分析出发点，但有时会引起岩溶含水层储量变化。因此，当符合时间衰退过程，向储量"取水"原则时，通过模拟开采潜力可描述两种不同的储量变化情况（Jemcov and Petrič，2009）：

仅当 $\Delta Q_{ei}' = 0$ 和 $\Delta V_{ei}' = 0$ 时，虚拟流量（Q_p'）等于天然流量（Q_p）：

$$\left. \begin{array}{l} Q_{pi}' > Q_{ei}' \\ V_{pi}' = V_{ei}' \end{array} \right\} \Rightarrow \left. \begin{array}{l} \Delta Q_{ei}' = 0 \\ \Delta V_{ei}' = 0 \end{array} \right\} \begin{array}{l} Q_p \\ V_{pi} \end{array} \tag{15.20}$$

式中，$i = 1, 2, \cdots, n$，为天数；Q_p 为天然泉流量；V_{pi} 为地下水天然储量；Q_{ei} 为开采条件下模拟动态流量；Q_{pi}' 为立即取消开采情况下，储量变化引起岩溶泉虚拟流量变化；Q_{ei}' 为岩溶泉虚拟流量；V_{ei}' 为开采动态下岩溶水文地质系统储量，与虚拟流量 Q_{pi}' 对应，从储量中"取水"时长下降，则储量中水流累计时长增加。

$$\left.\begin{array}{l}Q_{pi}' < Q_{ei}' \\ V_{pi}' < V_{ei}'\end{array}\right\} \Rightarrow \begin{array}{l}Q_{ei}' \\ V_{ei}' \downarrow\end{array} \tag{15.21}$$

但是，从岩溶含水层储量开始"取水"，会引起储量持续下降和疏干。

与上述情况相反，新入渗水增加储量[式（15.22）]，保持给定 Q_{ei}'，直至符合式（15.20）的条件：

$$\left.\begin{array}{l}Q_{pi}' > Q_{ei}' \\ V_{pi}' < V_{ei}'\end{array}\right\} \Rightarrow \begin{array}{l}Q_{ei}' \\ V_{ei}' \uparrow \Rightarrow V_{pi}' \uparrow\end{array} \tag{15.22}$$

岩溶水储量库在开采条件下，根据储量"取水"原则，其蓄水状态可以用式（15.23）描述：

$$\left[\underbrace{(Q_{ei}' - Q_{pi}')}_{\text{目前水量亏损}} + \underbrace{(V_{pi-1} - V_{ei-1}')}_{\text{早期形成的水量亏损}}\right] \tag{15.23}$$

其中，$Q_{pi}' \downarrow = f(V_{ei}') \ Q_{pi}' \uparrow = Q_{pi}$

式（15.23）应用的主要障碍是难以确定虚拟泉流量 Q_{pi}'。由于储量开采，条件发生变化，流量下降。引入（虚拟）衰减系数（α'）可解决上述问题，该系数与储量状态成反比（Milanović，1981）：

$$\alpha' = \frac{Q_{pi}'}{V_{ei}'} \tag{15.24}$$

取水概念基于如下假设，即岩溶含水层保持与天然状态相同的衰减条件，虚拟衰减系数值是所有衰减过程的平均值。由于岩溶含水层初始储量会影响虚拟衰减系数，不应根据实际衰减系数设置虚拟衰减系数。此外，由于不同开采能力对应的潜在衰减条件各不相同，虚拟衰减系数值还取决于开采能力。

如前所述，在对岩溶地下水亏欠水量的再补给过程中，虚拟泉流量 Q_{pi}' 与天然泉流量保持相同趋势[式（15.23）]。再补给期间，由于岩溶含水层潜在的流入水量增加，以及开采后含水层储量低于天然条件，水位实际会上升更高。

在传统水文地质勘探的基础上，开展岩溶含水层定量研究与水均衡分析，评价地下水开发潜力，为确定最佳开采量提供依据。根据模型定量确定合理开采方案，以满足用户的长期需求，但无法验证含水层的调蓄类型。此外，评价模型方法可指导下一步研究和地下水管理。

$$Q_{\exp} = \sum_{1}^{i} Q_i \tag{15.25}$$

$$V_{ei}' = V_{pi} - \left[\underbrace{(\sum_{1}^{i} Q_{ei}' - Q_{pi}')}_{\text{目前水量亏损}} + \underbrace{(V_{pi-1} - V_{ei-1}')}_{\text{早期形成的水量亏损}}\right] \tag{15.26}$$

其中

$$\sum_{1}^{i} Q_{ei}' = V_{ei-1}^{i} \cdot \alpha' i Q_{pi}' = Q_{pi}$$

15.4 洞穴学和洞穴潜水——取水设施设计的基础

萨沙·米拉诺维奇（Saša Milanović）

15.4.1 引言

岩溶系统的水文地质条件极为复杂，特别难以了解洞穴和管道的位置、地下水主要分布区和水流方向。即使开展详细复杂的地质、水文地质、岩溶地貌调查，仍不能完全掌握岩溶水文地质和地下水流的某些特征。

在水文地质和工程地质调查中，洞穴学研究与洞穴潜水是对岩溶管道、洞穴进行直接观测、调查以及精确地质测绘的仅有方法。例如，利用深坑或落水洞等部位；监测地下水位波动；作为示踪试验的观测点；观测水头、流量、水化学、同位素特征；调查岩性、裂隙结构等地质条件等。勘查过程数据可重建岩溶演化过程，评价岩溶作用深度，了解水库渗漏通道以及潜在渗漏量。

洞穴学和洞穴潜水等方法仅适用于岩溶水文地质学领域，洞穴学家或洞穴潜水员可直接探测并测绘岩溶管道等地下水流通道，与示踪试验和岩溶系统监测等方法结合，可全面了解地下水流分布条件，确定取水设施布设位置。例如，对洞穴或岩溶管道开展直接测绘，确定地下水汇流位置，在该处取样能代表整个地下水系统，而示踪试验仅能近似估测地下水流分布（Jeannin et al.，2007）。

对岩溶管道或充水管道，仅能通过洞穴学研究和洞穴潜水进行直接观测、调查和精确地质测绘。在过去50年里，洞穴潜水者发现了100个以上长度超过1200m的充水洞穴和泉，以及120个以上深度超过100m的充水洞穴、泉和岩溶管道（Toulomudjian，2005；GUE https：//www.globalunderwaterexplorers.org）。利用现代技术开发岩溶大泉的方式包括：直接抽取岩溶泉系统管道水流；在岩溶泉出口附近部署高产供水井；采用常规成井技术从岩溶管道和集水廊道内直接抽水等（Milanović，2000a）。开发前期的洞穴潜水调查结果可为下一步水文地质研究提供基础参考数据，如法国莱河（Lez）泉、塞尔维亚克鲁帕茨（Krupac）泉、土耳其塞克皮纳里（Sekerpinari）泉、塞尔维亚贝尔沃德（Bele Vode）泉、克罗地亚翁布拉（Ombla）地下大坝、黑山Opačica泉等。海岸带泉开发利用需要采用某些极为特殊的技术，以防止海水入侵。古尔迪奇（Gurdić）、库尔达（Škurda）、奥拉霍瓦尔卡柳塔（Orahovačka Ljuta）、索波特（Sopot）以及黑山斯皮兰里桑卡（Spila Risanska）、法国米欧港（Port-Miou）等岩溶泉均受到海水入侵影响，有些影响深度甚至超过了-140m。目前，洞穴潜水已成功探测研究海岸带岩溶系统深部虹吸管道。潜水数据表明，需要开展更进一步研究工作，收集咸水入侵岩溶含水层的可靠数据，以及评估深部岩溶管道地下水开发的可行性。岩溶泉是最有意义的水文地质现象，需要特别关注岩溶泉调查，而洞穴学和洞穴潜水对岩溶大泉的开发利用极为重要。

另外，在水文地质研究中，通常需要对大量洞穴形态，特别是管道和洞穴开展详细探查，洞穴学研究通常作为复杂水文地质调查的一部分。在岩溶区大坝和水库建设过程中，洞穴学广泛应用于研究和开发运行阶段。洞穴学研究的关键任务是成功探测并记录大坝断面或库区潜在渗漏通道特征。岩溶管道和洞穴通道能否成功堵截，取决于项目建设方对大坝等复杂工程的处理能力；对局部地段必须采取帷幕灌浆，应采用某些技术手段获取洞穴数据，了解帷幕灌浆区和库区水流渗漏特征。波黑特雷比奇（Trebišnjica）水电站、伊朗萨尔曼法尔西（Salman Farsi）水坝、塞尔维亚博戈维纳（Bogovina）水库和大坝、尼基奇波尔杰（Nikšić Polje）水库、中国五里冲水库、伊朗马伦（Maroon）大坝、土耳其凯班（Keban）大坝、波斯尼亚布什科布拉托（Buško Blato）水库、克罗地亚斯卡洛普（Sklope）大坝以及其他在本书未列出的大坝和水库等，在建设过程中均开展了充分的洞穴调查。在岩溶区修建道路和隧道同样也需开展洞穴探测。例如，近15年来，克罗地亚在岩溶区进行公路、切坡、隧道、桥梁基础和高架桥建设过程中，发现并全面调查的洞穴和竖井超过9000个、空洞（没有天然入口的洞穴）超过767个（Garašić，2005）。

岩溶管道分布密度可达数百 km/km^2，显然，可供人类进入的管道仅占所有岩溶管道的极小部分。

15.4.2 洞穴学和洞穴潜水探测概述

洞穴学研究和洞穴潜水的第一阶段工作主要包括收集分析已有洞穴调查资料，了解洞穴特征和规模；第二阶段开展详细的洞穴调查和潜水测绘，对岩溶管道进行实测和记录，并根据工作任务类型和范围，对其他地质和水文地质条件开展测绘；第三阶段是开展室内研究工作，处理地质、水文地质数据及其他必要的数据，生成地形图和剖面图；第四阶段和第五阶段将地质统计学方法与计算机程序相结合，对岩石地层学标志、洞穴成因类型、洞穴分布与地形的相对关系、洞穴形态与洞穴上覆基岩的关系，以及与构造、岩石地层学因素有关的水文地质参数等加以研究利用。

研究过程中，必须创建包括地形测绘、地质和水文地质数据等基础信息的内部数据库。在洞穴、空洞和岩溶管道调查过程中，需收集的主要数据包括：名称——测量点ID；长度、方位角和倾角等标准洞穴测绘数据；管道尺寸（左、右、上、下）；典型点岩溶形态描述；岩石类型、破裂、分层、崩塌等地质特征；流石坝、沉积物堆积等形态特征；虹吸管深度、地下水位（GWL）、地下水流量、流向、地下水物理化学特征等水文地质特征；典型点照片和视频记录等。

一般来说，岩溶管道分布研究最重要的任务是确定其坐标系实际位置或所有测绘点精确三维坐标（x，y，z）。调查精度对实现特殊目标的水文地质工程地质调查极为重要。例如，井位和集水廊道定位、帷幕灌浆设计、安装抽水系统以及管道堵截施工等。提高调查精度的方法是采用激光测距仪、经纬仪，或近年来出现的地下定位系统（UGPS）。调查精度与测绘方法和程度有关，精度范围一般为测绘点到洞穴入口距离的0.01%~1%。水文地质分析的第一步是通过洞穴调查或潜水探测获取拓扑数据，通过COMPASS、Toporobot、Visual Topo、Win Karst、Survex和Walls等专业计算机程序生成二维或三维洞穴图，为进一步精细调查地下岩溶系统建立良好基础。有些程序设计能输出格式文件，直接导入数据分析处理和可视化功能强大的地理信息系统（GIS）软件（图15.7），建立岩溶管道及其空间分布三维模型,为岩溶地下水监测调查提供重要基础。

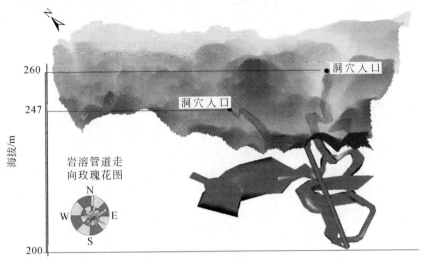

图 15.7　洞穴系统三维模型和岩溶管道空间分布

对供水设施、大坝和隧道工程设计和决策时,应开展岩溶管道网络监测。一般根据岩溶含水层特征和可监测岩溶形态的数量确定监测网络。观测点布设位置一般分为三个区:补给(落水洞)区、地下水径流带岩溶管道和排泄区(泉)。图 15.8 为岩溶系统监测网络示意图,是取水设施设计的基础。通过洞穴潜水和洞穴学研究,确定岩溶含水层位置和功能,对岩溶区供水、水利工程及其他工程建设具有重要作用。

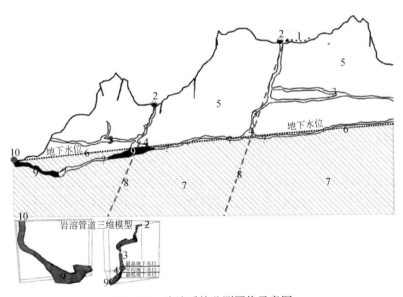

图 15.8　岩溶系统监测网络示意图

1. 地表水监测区(水质、水量);2. 落水洞监测区(入口形态、消水能力、水质、水量);3. 岩溶管道(洞穴)、洞穴调查(结构、形态、水文地质调查等);4. 地下水监测区(地下水位观测、水质水量、示踪试验);5. 地下水位以上的岩溶含水层(非饱和带);6. 地下水位;7. 地下水位以下的岩溶含水层(饱水带);8. 裂隙;9. 充水岩溶管道,洞穴潜水调查(管道深度、流速、管道形态、水质、水量等);10. 岩溶泉(水质和水量)

15.5 岩溶泉流工程调控，改善严重旱季水资源状况

佐兰·斯特万诺维奇（Zoran Stevanović）
贝尔格莱德大学矿产地质学院水文地质系岩溶水文地质中心

15.5.1 引言

岩溶水是全球主要的饮用水源之一，但同时也存在很多问题。水流动态不稳定，岩溶泉流量变化极大，在流量衰减阶段，当地居民可能面临水资源短缺问题，难以保障不同用户供水（Paloc and Mijatović, 1984）；此外，在大陆型气候区，流量衰减阶段恰逢夏季和早秋，而该期间水资源需求也会大幅增加，需要采取适当的技术应对供需矛盾。在近东、中东和北非的干旱、半干旱岩溶区，问题甚至更为严重，在每年最低流量期之后数月的用水需求增加，水资源用户之间发生冲突的风险激增（Stevanović et al., 2005; Stevanović, 2011）。

因此，很多水利工程面临的主要挑战是确保关键时期供水需求，避免限制供水或供水完全中断。在流量衰减期间，岩溶泉及地表河流量降至最低，居民和水生生态系统发生水资源短缺。

如果含水层岩溶发育强烈，且深部具有足够的储水空间，可以作为开放水库，通过各种工程干预措施，对最小流量进行调控和管理，不仅可以满足用户直接用水需求，同时也能确保下游水生生态系统供水。本节讨论岩溶地下水调控的工程措施及其物理、生态和经济效益；同时，讨论含水层流量调控工程的成功经验及地下水储量管理的教训。

15.5.2 岩溶含水层调控方法

岩溶水动储量总量一般远大于开采能力，多数情况下，仅需利用天然泉流，因此，取水设施仅取决于天然水流动态。

岩溶含水层工程调控是指采用一定形式的取水设施或其他设施，通过人为可控干预方式改变天然动态，创造调控和开采地下水储量的物理条件。水文地质学家和工程师正积极寻求岩溶地下水调控的最优方法。

岩溶地下水工程调控主要分为排泄区调控和更大流域范围的干预调控。两种措施都必须以可靠的水资源为前提，否则，干预措施可能仅暂时有效或在短期内有效，同时产生负面环境影响。方案-影响-成本的相互作用方法可表述如下（Stevanović, 2010a）。

（1）方案：调控措施的物理学可行性；
（2）影响：调控措施对环境无害，或环境友好；
（3）成本：调控措施具有经济可行性，且可持续。

15.5.2.1 物理学先决条件

岩溶含水层流量人为工程调控的受限因素有很多，最普遍的包括含水层系统资料缺

乏、水资源储量不明以及水资源有限等。

对含水层的分布和特征缺乏了解是最主要障碍之一。了解地质和水文地质条件是基础；岩性和构造模式等地质条件是形成岩溶含水层物理环境的主要因素，直接决定含水层的几何结构（地下水水位位置和饱水带厚度）、渗透性、储水系数和地下水可靠性（储量）；其他因素如地形、气候、水文、植被、岩性和水化学也影响含水层内部水量和水质。对地下水水量、水质开展系统监测，获取地下水动态信息以及前述信息数据是调控工程成功的先决条件。相反，如果没有预先的广泛研究和监测，任何直接采取调控措施的尝试必然导致失败。

有些含水层上覆隔水盖层厚度过大，或水质较差，且获取补给有限，或因地形复杂难以到达，因而无法进行合理调控。很多岩溶含水层分布在难以抵达的高山地区，大量岩溶泉分布于陡峻悬崖之下，不具备开展钻探的空间条件，或无法干预天然水流动态，对岩溶泉难以开发利用。有些泉被海水或湖水淹没，开发利用难度加大，甚至无法利用（见16.4节）。

由于补给有限或无法储水（图15.9），水资源量有限。应根据长期或多年数据，而不是以瞬间数据，评价地下水可靠程度和补给要素（有效入渗）。含水层无储水的情况下，无法调控动态。

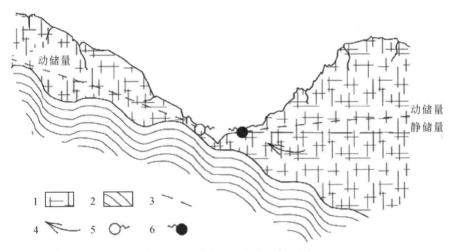

图15.9 复合岩溶含水层断面图

峡谷左侧不储水，仅存在地下水动储量和季节性泉；在峡谷右侧，永久性上升泉排泄，动、静储量并存，因此，峡谷右侧可进行地下水流调控

1. 岩溶含水层；2. 隔水岩组；3. 地下水位；4. 地下水流向；5. 季节性泉；6. 长流泉

15.5.2.2 环境需求

地下水资源调控工程措施均应尊重环境需求（见第14章），唯一例外是人道主义供水，有些地方不能讨论"可持续开发"，而且必须简单地满足当地人畜用水需求。但即便如此，还需在含水层内部或地表采取优化的人为干预，以达到动态平衡目的（Stevanović，2010a）。

什么是可持续的和环境友好的工程调控措施？很多水资源管理部门决策者试图设置完全

限制性的概念，即地下水开采量必须小于开采期间补给量，也就是说，即使在短期内也不允许含水层有所损耗。另一个更为"弹性"的理念是仅允许含水层暂时损耗，而且抽水能得到快速补偿。地下水允许开采量近似于 Meinzer（1920）首次提出的"安全开采量"的概念，即抽取水量不产生"不良影响"。限于当时条件，没有进一步定量确定抽水量和地下水位下降的关系。Custodio（1992）、Margat（1992）、Burke 和 Moench（2000）等水文地质学家提出了现代方法，可概括为：保持含水层水量充沛，与过度开发导致经常性疏干一样糟糕，甚至更差（Custodio，1992）；含水层开采规划是战略性水资源管理方案，必须随时充分了解并解释物理学和社会经济影响。由于难以明确区分不可更新储量与地表渗漏补给获得可更新储量之间的界限，因此，地下水位下降并不代表地下水资源过度开采，不能按年度采补平衡确定是否过度开采，而是按多年情况进行评价（Burke and Moench，2000）。

岩溶含水层工程调控目的是在特定时期，用水需求增加时，能开采获取必要水量，并且在下一个雨季能获得足够水量更新补充。但并不是所有地方都能实现该目标。例如，在同一水文周期或下一水文周期内，增补潜力不足以补偿短期开采的水量亏损（Stevanović，2010a）。

因此，在增补潜力超过需水量的地区，在地下水低水位期间，必须对含水层深部储水量（即地下水静储量）和临时性可透支水量开展可行性研究（图15.10）。当需水量超过天然排泄量，如果有充足的补给更新潜力，临时性水量透支不会导致过度开采。

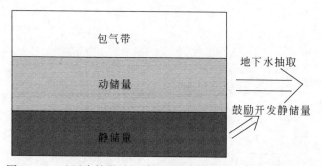

图 15.10 地下水储量及极端干旱期间临时动用静储量示意图

如果 $Q_{expl} > Q_{dyn\,critic}$，$Q_{expl} = Q_{dyn\,critic} + Q_{st\,"loan"}$，则 $Q_{st\,"loan"} = Q_{expl} - Q_{dyn\,critic}$。

其中，Q_{expl} 为需水量；$Q_{dyn\,critic}$ 为旱季地下水动储量；$Q_{st\,"loan"}$ 为临时透支的地下水静储量，等于需水量与该时期天然流量之差。在气候温和且年内降雨分布较均匀的地区，可以在短期内超采地下水，随后的雨季可以实现水量增补（Stevanović et al.，2013）。在干旱气候区，该方式通常会导致含水层过度开采和地下水资源耗竭，而东南欧和地中海盆地，气候和水文地质条件特别适合采取上述干预措施。

全球降雨量极低、蒸发量巨大的干旱、半干旱地区，以地下水资源为主，水资源管理是一项极为细致复杂的工作。很多国家使用的水量远超拥有水量，或超出水资源补给更新量，将生态环境压力转嫁到后代身上，如沙特阿拉伯、科威特、也门和印度拉贾斯坦邦部分地区以及其他未记录在案的地区（Stevanović，2013）。因此，干旱气候条件下，水资源管理更应注重基岩含水层的节水和保护。

总之，采取调控措施应考虑环境类型，气候和水文地质条件优越的地区，降雨、降雪充足，地下水入渗、储存能力较强，有利于采取优化调控措施；而地下水难以得到充分补给更新的地区，则不宜采取调控措施。

15.5.2.3 财务资格

从工程调控措施构思到完全实施，是个漫长的过程，而且各步骤需要具备可行性。在开展水文地质和环境评估的同时，设计者还需对干预措施开展成本评估、提供替代方案、可行性研究，最终提出优化技术方案。此外，还应考虑干预措施的长期影响，分析泉流量水文曲线和统计模型，可以间接了解岩溶水文地质系统特征（Mangin，1984b；Bonacci，1993b；Jemcov，2007b；Kresic，2009）。15.2 节和 15.3 节描述的内容也能处理该问题。优化取水方案和调控设施，在获得最佳效果的前提下，将成本降至最低，也需要提升工艺水平。

有些国家水资源管理实体采取环境限制，并将这些限制考虑到模型之中。为保护生态系统和下游用户，设置了各种水资源开发限制措施。通常必须确定河流历史最低和平均流量，并保留一定份额供下游取水。地表缺水地区会出现更多问题，调控措施必须保证安全地下水位。很多情况下，总动储量远远超过开采能力，很多取水设施通过重力输运，以经济的方式开发利用天然泉流（Paloc and Mijatović，1984），因此，取水设施仅考虑泉的天然动态。工程师应在项目实施前后开展大量工作，论证调控工程的可持续性，说服决策者和投资者。

意大利巴里（Bari）地中海农艺学院为提升农业效率和引进经济的灌溉技术，计划实施减排项目。工作区内共 1390 个供水井，其中过半数未设置任何用水限制。过去数年中，采用低效的技术方法，不合理开发利用水资源，导致资源不足和管理落后，产生了严重经济损失和不良社会与环境影响。Stevanović（2010a）认为，建设地下水库等大型地下水调控工程，是一项成本高昂且技术复杂的工作。尽管多数分析认为收益会超过负面后果，但是，由于后果具有不确定性和不可预见性，以及大量投入让很多项目悬而未决。一些小型工程，如在泉口附近钻井和临时性抽水，因成本较低而容易获批；然而，向终端用户供水时，需要开展监测和采取限制措施。否则，不加限制的抽水会造成负面环境影响和经济损失。

15.5.3 工程调控选址

含水层具有静储量（地质储量、不可更新储量）或存在深部岩溶基底时，才可进行人工调控；含水层厚度较大时，上升泉之上还存在排泄水流，表明含水层储量可观，最有利于开展人工调控。沿相对隔水边界排泄的泉，在泉口附近建设调控设施，可以集中开采深部地下水和接触带地下水。图 6.9 表明，无论是否存在地下排泄，含水层储量都在很大程度上受接触带岩石渗透性控制。

观测流量、水温和电导率，或通过自然电位法、充电法等地球物理方法，可确定地下水排泄，但只有通过钻孔和相邻含水层钻孔试验，才能验证地下水排泄。

15.5.4 排泄区调控

Paloc 和 Mijatović（1984）将岩溶地下水开发分为三类：重力引水、降低地下水位和抬升地下水位。

第一类仅是简单取水，无需强制改变水流动态，但其他两类需要人为直接影响地下水动态。此外，用户可分为两类：掠夺式开发和可持续开发。地下水流调蓄工程干预措施分为：超采、钻井（抽水）、建设地下水坝、人工补给。

超采、钻井（抽水）以降低地下水位的方式开发地下水，而以建设地下水坝、人工补给等方式升高含水层地下水位，增加储量并加以利用。

泉的超采如前文所述，利用从含水层深部"借贷"水。深部龙潭或坑潭中存在活跃地下水流，但并无水出流，在虹吸管道内安装水泵，抽取所需水量，是最简单的含水层调控方式。由于重型离心泵需要大量电能，运行成本上不够经济。全球很多成功的工程在初勘和开发阶段应用该方法（Avias，1984；Stevanović et al.，1994，2007）。在很多情况下，对虹吸管开展抽水试验可确定含水层调控措施的可行性，并有助于方案设计和技术改进。

钻井或其他调控取水措施也经常应用于岩溶区，其中大口径垂直管井的钻探技术，已取得了最佳效果。为调控地下水流，钻井可以布置在排泄点上、下游，局部地形和水文地质条件是主要控制因素。取水设施可以紧邻泉口，也可以远一些，主要考虑是否干扰泉的天然动态。如 Lez 情形的探讨，规划疏干岩溶泉也可以考虑到调控工程中。对厚层覆盖型岩溶含水层，不能采用垂直井，需要钻探倾斜井或修筑水平集水廊道，如果取水措施能开发含水层最底部水流，将起到含水层底部排泄出口的作用。图 15.11 中包含了所有上文提及的方式。

在排泄点附近修筑地下水坝，提高地下水位，达到抬升含水层内部水头的目的，主要包括两种工程措施：

（1）在泉口前方的地表修筑水坝，坝基需要进行防渗处理，水坝侧面要与隔水岩层连接（图 15.12）。

（2）以混凝土堵体或防水坝、覆盖物（一般为混凝土，很少采用黏土）封堵岩溶泉管道。

与地表水库相比，地下水库具有多个优势：不存在淹没基础设施、肥沃耕地、古迹以及移民安置补偿问题；蒸发量远小于地表水库；不存在水体富营养化、沉积淤塞等负面影响（Stevanović，2010b）。

式（6.9）~式（6.11）可以计算额外增加的储量，水位抬升是有效储存和饱水带厚度增加的结果。计算新增水量应考虑含水层内源补给区面积。

除了研究与建设工作成本高昂之外，地下水库可能会存在渗漏和无法预测含水层储水空间等问题。

实际上，尽管采取了大量调查工作，但仍然无法完全确保防渗（Milanović，2000b，见第 13 章和 16.1 节）。大坝建设工程中，通常采用灌浆封堵底部和侧向水流以减少渗漏，

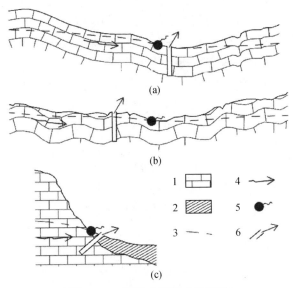

图 15.11 流域内地下水流调控

(a) 垂直井位于泉口下游；(b) 垂直井位于泉口上游；(c) 揭穿隔水盖层的斜井

1. 岩溶含水层；2. 隔水岩组；3. 地下水位；4. 地下水流向；5. 泉；6. 井中排泄

图 15.12 典型地下水坝和建成蓄水

1. 岩溶含水层；2. 隔水岩组，地下水位（GWL）

但有时即使采用极为密集的帷幕（如 1m 钻孔间距），也无法解决岩溶强发育基岩的渗漏问题。当饱水带深度有限，灌浆防渗墙或防渗膜可作为调节和引导水流的辅助措施（Stevanović，2010a）。

新建水库的库容不确定性以及水坝设施建设的复杂性，使收益评估更具挑战性，关键是要合理评价非均质介质的有效储水性（见第 3 章）。

开放地表水库水面蒸发损失量极高，储水的最好方式是修筑地下水坝（Stevanović，2014）。在干旱和半干旱气候的中东和北非、东非等地区的国家，通常在冲积层中修筑地下水坝，收集干涸河谷的暂时性水流，在年内将水流输送至上、下游用户。当冲积层位于岩溶含水层之上时，对岩溶含水层将进行长期的集中补给（图15.13）。地表水流短暂、动态不稳定以及水流通过冲积层快速下渗是采用该系统的主要原因。

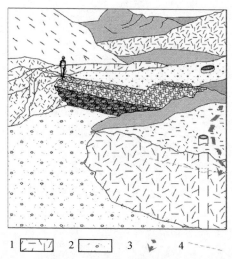

图15.13　在与岩溶含水层接触的冲积层中修筑地下水坝（据Stevanović，2014）
1. 冲积层；2. 岩溶含水层；3. 地下水流向；4. 地下水位

人工补给原指水利实践中各种常用的水资源干预措施，目的是增加水资源量。目前人工补给措施是指向含水层新增水量，因此，超采和降低地下水位都不是人工补给方法。岩溶区修筑地下水坝也并不是新增水量，而是将已有水量保留在系统内部。含水层人工增补位置包括排泄区和整个岩溶流域范围。排泄点附近直接增加流量仅是局部干预措施；而且，在岩溶环境下，人工补给最好远离排泄区。原因在于回灌补给水流多数来自河流、运河或湖泊等地表水，中东地区甚至包括半咸水或经过初步处理的海水，水流快速通过岩溶含水层，稀释能力极为有限，无法预测水流净化和水质变化情况。因此，必须有序控制补给回灌水质，防止岩溶含水层水质恶化。尽管人工补给水质一般优于天然水，但如第3章和第6章所述，水坝和运河渗漏、灌溉水回流以及管道设施渗漏等，会经常发生偶然性人工回灌补给。

15.5.5　更大流域范围的调控

含水层调控并不单发生在排泄区，还会在整个流域范围进行调控，目的是改变含水层内部水流形成和循环条件，如河床调整、地下水引流至需水量更大的其他流域、关闭或调控落水洞、建设隔水带等。不同环境下选择调控技术方法，主要考虑干预措施效率、成本以及最终经济和环境效益。

15.5.5.1 建设小型水坝（堰、阻水构造）和水库

很多岩溶流域，非岩溶区提供外源补给，岩溶区内部补给区通常沿河床分布，形成优先水流渗漏和入渗补给区（图 15.14）。岩溶区通常通过大型近圆形落水洞入渗补给含水层，但也普遍存在小型洞穴渗漏补给，各种补给都将直接影响泉流量水文过程线［图 15.15（a）］。在非岩溶区和岩溶区的接触带修筑水坝，在非岩溶区建设水库，可进行水量调控、水资源保护以及下游水资源管理。

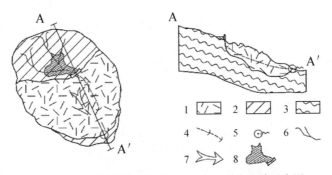

图 15.14　由岩溶区和非岩溶区构成的岩溶流域示意图

非岩溶区永久性河流在进入岩溶区后成为伏流，水坝修筑于地层的接触带
1. 岩溶含水层；2、3. 隔水岩组；4. 伏流落水洞；5. 泉；6. 永久性河流；7. 地下水流向；8. 坝体和水库

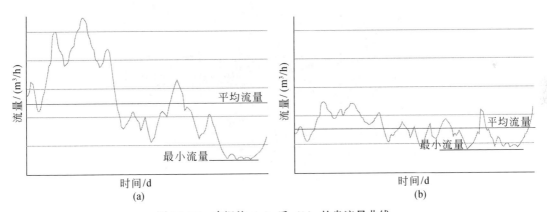

图 15.15　建坝前（a）后（b）的泉流量曲线

建设水坝、水库以及流域上游调控，也会直接影响流量动态。如图 15.15（b）所示，通过削减高峰值，人为"稳定"了水文过程线，更重要的是增加了最小泉流量（Q_{min}）。实施河流调控情况下，平均流量低于天然条件，原因在于新建水库时产生蒸发损失。建设小型堰、拦水坝或类似设施形成小型水库，蒸发量一般高于深水大型水库，干旱地区的小型水库蒸发损失更高。因此，应对这些措施的利弊进行评估，开展可行性研究，判断干预措施的合理性、环境影响以及成本-收益。

15.5.5.2 堵塞或调控落水洞

图 15.15 中，堵住大型落水洞或在其周围修筑水坝可以延缓水流下渗，并降低径流峰值对泉流量的影响。即使仅封堵主要落水洞，也能延缓地下水补给过程，延长高-中流量持续时间，同时缩短低水位持续时间。这些通常用于水坝和水库建设，很少用于饮用供水，如黑山 Nikšić 坡立谷工程实例（第 13 章、16.1 节）。

15.5.5.3 帷幕灌浆工程

岩溶区修建水坝和水库通常需采用帷幕灌浆等防渗手段。地下水坝建设通过帷幕灌浆改变水流流向或阻水；在远离坝址和排泄点，也可通过帷幕灌浆阻止地表伏流和渗漏。帷幕灌浆并不能完全防渗，有时即使采用 1m 的帷幕钻孔间距，还会发生大量水流漏失。

15.5.5.4 调控地表河流

采用隔水材料铺设河床，可以阻止水流漏失，或将河流延伸至预定的地表水渗漏补给位置。在波黑波波沃（Popovo）坡立谷，沿特雷比奇（Trebišnjica）河谷铺设 65km 混凝土（图 15.16），此前，该河流是欧洲最大的伏流（Milanović，2000b，2004）。

图 15.16　Popovo 坡立谷中 Trebišnjica 河流调控

15.5.5.5 调水（地表河流改道）

调水是对地下水系统施加影响的地表水管理措施，也包括从一个流域向其他流域调水，调水措施重新组织水文网，改变了次级流域的开采水量，如图 15.17 所示。

15.5.6　水文地质调查方法与方案建议

针对岩溶含水层调控的水文地质研究，应包括但不限于如下内容：分析前期调查和地下水动态历史数据；分析气候和水文演化数据；建设气候、水文和水文地质参数观测站；

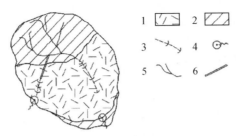

图 15.17 重新组织水文网向另一子流域输水

1. 岩溶含水层；2. 隔水岩组；3. 伏流及河床内连续分布的落水洞；4. 岩溶泉；5. 永久性河流；6. 输水渠道或管道

遥感；地质和水文地质测绘；洞穴和水下洞穴调查；排泄区和调控规划区地球物理调查；示踪试验；勘探井和抽水井钻探与试验；水化学分析；长期抽水试验；统计分析、水均衡分析、水资源调控可靠性评价（增补潜力）；含水层储水性评价和地下水储量计算（包括水生生态系统需水量）；含水层脆弱性和潜在污染危害性评价；确定污染防护区和防控措施；建立永久的地下水质和水量监测系统；确定地下水可开采储量，即最优流量和运行动态（旱季或持续的周期性干旱）；最终设计方案；建设水流调蓄和开发设施。

提升和维持关键时期的岩溶水资源供给能力是一项极为细致的工作，需要了解含水层流量及水头动态、饱水带厚度、储水能力。对岩溶含水层水资源实施调控和可持续管理，超采含水层需具备足够的补给潜力；随后，需要对调控措施效果及其对地下水量和水质影响开展详细监测评价。除了增加泉的最低流量以外，还应防止含水层过度开采。合格的水资源管理应考虑抽水与具有补给潜力的可采资源之间的平衡、防止地下水资源恶化、水生生态系统保护、人为调控下地下水-地表水可持续利用等。

参 考 文 献

15.1 节参考文献

Ashton K(1966) The analysis of flow data from karst drainage systems. Trans Cave Res Group Great Br 7:161-203

Atkinson TC(1977a) Diffuse flow and conduit flow in limestone terrain in Mendip Hills, Somerset(Great Britain). J Hydrol 35:93-100

Bailly-Comte V, Martin JB, Jourde H, Screaton EJ, Pistre S, Langston A(2010) Water exchange and pressure transfer between conduits and matrix and their influence on hydrodynamics of two karst aquifers with sinking streams. J Hydrol 386:55-66

Bauer S, Liedl R, Sauter M(2005) Modeling the influence of epikarst evolution on karst aqui fer genesis: a time-variant recharge boundary condition for joint karst-epikarst development. Water Resour Res 41:W09416. doi:10.1029/2004WR003321

Bonacci O(1993a) Karst spring hydrographs as indicators of karst aquifers. Hydrol Sci J 38:51-62

Bonacci O(1995) Ground water behaviour in karst: example of the Ombla Spring(Croatia). J Hydrol 165:113-134

Bonacci O, Živaljevic R(1993) Hydrological explanation of the flow in karst: example of the Crnojevica spring. J Hydrol 146:405-419

Brutsaert W(1994) The unit response of ground water outflow from a hill-slope. Water Resour Res 30(10):2759-2763

Celico P (1981) Relazioni tra l'idrodinamica sotterranea e terremoti in Irpinia (Campania) (Hydrodynamical underground relationship in Irpinia(Campania); in Italian). Rend Soc Geol Ital 4:103-108

Celico P, Civita M(1976) Sulla tettonica del massiccio del Cervialto(Campania) e le implicazioni idrogeologiche ad essa connesse(On tectonics of Cervialto massif and related hydrogeological implications(Campania); in Italian). Boll Soc Natur Naples 85:555-580

Celico F, Mattia C(2002) Analisi degli effetti indotti dal sismadel 23/11/1980 sugli equilibri idrogeologici della sorgente Sanità(Campania), mediante simulazione ragionata delle dinamiche di ricarica e esaurimento(Analyses of seismic effects induced by 23 November 1980 earthquake on the hydrogeological behaviour of Sanità spring (Caposele, Campania), simulating the recharge and recession dynamic periods; in Italian). Quaderni di Geologia Applicata 1:5-18

Civita M(1969) Idrogeologia del massiccio del Terminio-Tuoro(Campania) (Hydrogeology of Terminio-Tuoro massif (Campania); in Italian). Memorie e Note Istituto di Geol Appl Univ di Napoli 11:5-102

Cotecchia V, Salvemini A(1981) Correlazione tra eventi sismici e variazioni di portate alle sorgenti di Caposele e Cassano Irpino, con particolare riferimento al sisma del 23 novembre 1980 (Correlation between Caposele and Cassano Irpino spring discharge and earthquakes, with particular reference to 23 November 1980 earthquakes; in Italian). Geol Applicata e Idrogeologia, 16:167-192

Dreybrodt W, Romanov D, Kaufmann G(2010) Evolution of caves in porous limestone by mixing corrosion: a model approach. Geologia Croat 63(2):129-135

Drogue C (1980) Essai d'identification d'un type de structure de magasins carbonatés fissu rés: application à l'interprétation de certains aspects du fonctionnement hydrogéologique. Mémoire hors série de la Société Géologique de France 11:101-108

Fiorillo F(2009) Spring hydrographs as indicators of droughts in a karst environment. J Hydrol 373:290-301

Fiorillo F(2011a) Tank-reservoir emptying as a simulation of recession limb of karst spring hydrographs. Hydrogeol J 19:1009-1019

Fiorillo F(2011b) The role of the evapotranspiration in the aquifer recharge processes of Mediterranean areas. Evapotranspiration—from measurements to agricultural and environmental applications. InTech, Croatia, pp 373-388

Fiorillo F(2014) The recession of spring hydrographs focused on karst aquifers. Water Res Manag 28:1781-1805

Fiorillo F, Doglioni A (2010) The relation between karst spring discharge and rainfall by the cross-correlation analysis. Hydrogeol J 18:1881-1895

Fiorillo F, Guadagno FM (2010) Karst spring discharges analysis in relation to drought periods, using the SPI. Water Res Manag 24:1867-1884

FiorilloF, Guadagno FM(2012) Long karst spring discharge time series and droughts occurrence in Southern Italy. Environ Earth Sci 65(8):2273-2283

Fiorillo F, Pagnozzi M, Ventafridda G(2014) A model to simulate recharge processes of karst massifs. Hydrological Processes. doi:10.1002/hyp.10353

FiorilloF, Revellino P, Ventafridda G(2012) Karst aquifer drainage during dry periods. J Cave Karst Stud 74(2):148-156

Ford D, Ewers RO(1978) The development of limestone cave systems in the dimensions of length and depth. Can J Earth Sci 15(11):1783-1798

Ford D, Williams P(2007) Karst hydrogeology and geomorphology. Wiley, Chichester

Gabrovšek F, Dreybrodt W(2010) Karstification in unconfined limestone aquifers by mixing of phreatic water with surface water from a local input: a model. J Hydrol 386(1-4):130-141

Gunn J(1986) A conceptual model for conduit flow dominated karst aquifers. In: Günay G, Johnson AI(eds) Karst water resources. Proceedings of Ankara symposium. vol 161 July 1985, IAHS:587-596

Halihan T, Wicks CM, Engeln JF(1998) Physical response of a karst drainage basin to flood pulses: example of the Devil's Icebox Cave system(Missouri, USA). J of Hydrol 204:24-36

Kaufmann G(2003) A model comparison of karst aquifer evolution for different matrix flow for mulations. J Hydrol 283(1-4):281-289

Kiraly L(2002) Karstification and groundwater flow. In: Gabrovšek F (ed) Evolution of karst: from prekarst to cessation. Zalozba ZRC, Postojna-Ljubljana, pp 155-190

Kovács A, Perrochet P, Király L, Jeannin YP(2005) A quantitative method for characterisation of karst aquifers based on the spring hydrograph analysis. J Hydrol 303:152-164

Kresic N(2010) Types and classification of springs. In: Kresic N, Stevanović Z (eds) Groundwater hydrology of springs. Engineering, theory, management and sustainability. Elsevier Inc. BH, Amsterdam, pp 31-85

MalíkP, Vojtková S(2012) Use of recession-curve analysis for estimation of karstification degree and its application in assessing overflow/underflow conditions in closely spaced karstic springs. Environ Earth Sci 65 (8): 2245-2257

Martin JB, Dean RW(2001) Exchange of water between conduits and matrix in the Floridan aquifer. Chem Geol 179(1-4):145-165

Mangin A(1975a) Contribution à l'étude hydrodynamique des aquiféres karstiques (A contribution to the study of karst aquifer hydrodynamics). 3éme partie, Annales de Spéléogie 30(1):21-124

Muir-Wood R, King GCP (1993) Hydrological signature of earthquake strain. J Geophys Res 98 (B12): 22035-22068

Rorabaugh MI(1964) Estimating changes in bank storage and ground-water contribution to streamflow. Int Assc Sci Hydrol 63:432-441

Stevanović Z, Milanović S, Ristić V(2010a) Supportive methods for assessing effective porosity and regulating karst aquifers. Acta Carsologica 39(2):301-311

Tallaksen LM, Van Lanen HLJ(eds)(2004) Drought as a natural hazard. In: Hydrological drought: processes and estimation methods for stream flow and groundwater. Elsevier, pp 3-53

Thornthwaite CW, Mather JR (1957) Instructions and tables for computing potential evapotranspiration and the water balance. Publication in climatology 10, Drexel Institute of Technology, Centerton

White WB(1988) Geomorphology and hydrology of karst terrain. Oxford Press University, Oxford p 464

White WB(2002) Karst hydrology: recent developments and open questions. Eng Geol 65:85-105

15.2 节参考文献

Eisenlohr L, Kiraly I, Bouzelboudjen M, Rossier I(1997) Numerical versus statistical modeling of natural response of a karst hydrogeological system. J Hydrol 202:244-262

Jemcov I, Ristić V, Prohaska S, Stevanović Z (1998) The use of autocross-regression model for analysis and simulation of karst springflow. J Min Geol Sci 37:55-642

Jukic D(2005) The role of transfer functions in karst water budgeting and runoff modeling (in Croatian). Ph. D. thesis, University of Split, Faculty of Civil Engineering and Architecture, Split

Kresic N(2010) Modeling. In: Kresic N, Stevanović Z (eds) Groundwater hydrology of springs. Engineering, theory, management and sustainability. Elsevier Inc., BH, Amsterdam, pp 165-230

Kresic N, Stevanović Z (eds) (2010) Groundwater hydrology of springs. Engineering, theory, management and sustainability. Elsevier Inc., BH, Amsterdam

Mangin A (1984a) Pour une meilleure connaissance des systemes hydrologiques a partir des analyses correlatioire et spectrale. J Hydrol 67:25-43

Milanović S, Vasić LJ, Dašić T (2014) Determination of ecological flow rates of karst springs featuring large seasonal fluctuations (in Serbian). In: Proceedings of the 16th congress of Serbian geologists, Donji Milanovac, pp 363-368

Nikolić I, Kocić V, Ristić-Vakanjac V (2012) Groundwater monitoring by the Serbian national monitoring network (in Serbian). In: Proceedings of 14th Serbian symposium on hydrogeology, Zlatibor pp 45-50

Prohaska S (2006) Hydrology, Part II. Jaroslav Č erni Institute for the development of water resources and University of Belgrade, Faculty of Mining and Geology, Belgrade, p 578

Prohaska S, Petković T, Simonović S (1977) Application of multiple nonlinear standardized correlation in calculating correlation relations, vol 58. Saopštenja (Papers) of the Jaroslav Černi Institute for the development of water resources, Belgrade, pp 25-34

Prohaska S, Petković T, Simonović S (1979) Mathematical model for spatial transfer and interpolation of hydro-meteorological data. Saopštenja (Papers) of the Jaroslav Černi Institute for the development of water resources, Belgrade, p 64

Prohaska S, Ristić V, Srna P, Marčetić I (1995) The use of mathematical MNC model in defin ing karst spring flows over the years. In: Proceedings of the 15th congress of the Carpatho-Balkan geological association, vol 4, no 3, Athens, pp 915-919

Prohaska S, Ristić V, Majkić B (2006) A cross-correlation analysis of the effects of atmos pheric precipitation and water level in the karst polje of East Herzegovina on the Bregava River flow regime. In: Stevanović Z, Milanović P (eds) Water resources and environmental problems in karst. Proceedings of international conference KARST 2005, University of Belgrade, Institute of Hydrogeology, Belgrade, pp 531-538

Ristić V (2007) Development of simulation model for estimation of karst spring daily discharges (in Serbian). Ph. D. thesis. Faculty of Mining and Geology, University of Belgrade

Ristić Vakanjac V, Polomčić D, Blagojević B, Č okorilo M, Vakanjac B (2012a) Simulation of karst spring daily discharges. In: Proceedings of the conference on water observation and information system for decision support—BALWOIS 2012, Ohrid, pp 1-10

Ristić Vakanjac V, Stevanović Z, Milanović S (2012b) WP4—availability of water resources, In: Stevanović Z, Ristić Vakanjac V, Milanović S (eds) Climate change and impacts on water supply, University of Belgrade—Faculty of Mining and Geology, pp 133-176

Ristić Vakanjac V, Prohaska S, Polomčić D, Blagojević B, Vakanjac B (2013a) Karst aquifer average catchment area assessment through monthly water balance equation with limited meteorological data sets: application to Grza spring in Eastern Serbia. Acta Carsologica 42(1):109-119

Ristić Vakanjac V, Stevanović Z, Polomčić D, Blagojević B, Č okorilo M, Bajić D (2013b) Determination of dynamic storage volume and water budget of the Veliko Vrelo aquifer (South Beljanica) (in Serbian), vol 261-263. Vodoprivreda, pp 97-110

Stevanović Z (1987) Hydrogeological characteristics of karst aquifers in eastern Serbia with special reference to the water supply potential (in Serbian), Ph. D. thesis, Faculty of Mining and Geology, University of Belgrade, Belgrade

Stevanović Z (1992) Regime of karst springflows in Eastern Serbian Carpatho-Balkanides. Geol Ann Balkan Peninsula 56(1):411-436

Stevanović Z, Milanović S, Ristić V(2010b) Supportive methods for assessing effective porosity and regulating karst aquifers. Acta Carsologica 39(2):313-329

Stevanović Z, Ristić Vakanjac V, Milanović S, Vasić L, Petrović B (2011) The importance of groundwater monitoring in Serbian karst (in Serbian). In: Proceedings of the 7th symposium on karst protection, Bela Palanka, pp 21-28

Stevanović Z, Ristić Vakanjac V, Milanović S(2014) On the need to set up a new national groundwater monitoring network in Serbia(in Serbian). In: Proceedings of the 16th congress of Serbian geologists, Donji Milanovac, pp 313-319

Thornthwaite CW(1948) An approach to a rational classification of climates. Geograph Rev 35:55-94

15.3 节参考文献

Atkinson TC(1977b) Diffuse flow and conduit flow in limestone terrain in the Mendep Hills, Somerset(GB). J Hydrol 35:93-103

Bonacci O(1987) Karst hydrology with special reference to the Dinaric karst. Springer, Berlin

Bakalowicz M(2005) Karst groundwater: a challenge for new resources. Hydrogeol J 13:148-160

Cornaton F, Perrochet P(2002) Analytical 1D dual-porosity equivalent solutions to 3D discrete single-continuum models. Application to karstic spring hydrograph modelling. J Hydrol 262:165-176

Fan Y, Huo X, Hao Y, Liu Y, Wang T, Liu Y, Yeh JT(2013) An assembled extreme value statistical model of karst spring discharge. J Hydrol 504:57-68

Debieche TH, Guglielmi Y, Mudry J (2002) Modeling the hydraulical behavior of a fissured-karstic aquifer in exploitation conditions. J Hydrol 275:247-255

Fleury P, Plagnes V, Bakalowicz M(2007) Modelling of the functioning of karst aquifers with a reservoir model: application to Fontaine de Vaucluse(South of France). J Hydrol 345:38-49

Fleury P, Ladouche B, Conroux Y, Jourde H, Dörfliger N (2009) Modelling the hydrologic functions of a karst aquifer under active water management—the Lez spring. J Hydrol 365:235-243

Hugman R, Stigter YT, Monteiro JP(2013) The importance of temporal scale when optimising abstraction volumes for sustainable aquifer exploitation: a case study in semi-arid South Portugal. J Hydrol 490:1-10

Jemcov I(2007a) Water supply potential and optimal exploitation capacity of karst aquifer systems. Environ Geol 51 (5):767-773

Jemcov I(2014) Estimating potential for exploitation of karst aquifer: case example on two Serbian karst aquifers. Environ Earth Sci 71(2):543-551

Jemcov I, Petrič M(2009) Measured precipitation versus effective infiltration and their influence on the assessment of karst systems based on results of the time series analysis. J Hydrol 379:304-314

Jemcov I, Milanović S, Milanović P, Dašić T (2011) Analysis of the utility and management of karst underground reservoirs: case study of the Perućac karst spring. Carbonates Evaporites 26(1):61-68

Ladouche B, Marechal JC, Dörfliger N(2014) Semi-distributed lumped model of a karst system under active management. J Hydrol 509:215-230

Mangin A(1975b) Contributiona l'étude hydrodynamique des aquifères karstiques. Ann Spéléol 30(1):21-124

Milanović P(1981) Karst hydrogeology. Water Resources Publications, Littleton

Milanović P(1988) Artificial underground reservoirs in the karst experimental and project examples. In: Proceedings of the IAH 21st congress karst hydrogeology and karst environment protection, vol XXI, Part I, Guilin China, pp 76-87

Milanović P(2004) Water resources engineering in karst. CRC Press, Boca Raton

Mohrlok U, Kienie J, Teutsch G(1997) Parameter identification in double-continuum models applied to karst aquifers. In: Proceedings of the 12th international congress of speleology, vol 2, pp 163-166

Pulido-Bosch A(1999) Karst water exploitation. In: Drew D, Hötzl H(eds) Karst hydrogeology and human activities: impacts, consequences and implications: IAH international contributions to hydrogeology, vol 20, pp 225-256

Stevanović Z(1994) Karst ground waters of Carpatho-Balkanides in Eastern Serbia. In: Stevanović Z, Filipović B (eds) Ground waters in carbonate rocks of the Carpathian-Balkan mountain range, Spec. edn. of CBGA, Allston Hold, Jersey, pp 203-237

White WB(1969) Conceptual models for carbonate aquifers. Ground Water 7(3):15-21

15.4 节参考文献

Dragišić V, Milanović S, Špadijer S(2004) An approach of karst investigation for water supply needs, case example Miroc karst massif. In: Proceedings of the symposium: karstology—XXI century: theoretical and practical significance, Perm

Fazeli MA(2007) Construction of grout curtain in karstic environment case study: Salman Farsi Dam. Environ Geol 51(5):791-796

Garašić M(2005) Some new speleological research of caverns in route of the highways in Croatian Karst. In: Proceedings of the 14th international congress of speleology, Athens

Global Underwater Explorers(GUE) web site: https://www.globalunderwaterexplorers.org. Visited on 3 June 2014

Jeannin PY, Groves C, Häuselmann P(2007) Speleological investigations. In: Goldscheider N, Drew D(eds) Methods in karst hydrogeology. International contribution to hydrogeology, IAH, vol 26. Taylor & Francis/Balkema, London, pp 25-44

Jevtić G, Dimkić D, Dimkić M, Josipović J(2005a) Regulation of the Krupac spring outflow regime. In: Stevanović Z, Milanović P(eds) Water resources and environmental problems in karst. Proceedings of international conference KARST 2005, University of Belgrade, Institute of Hydrogeology, Belgrade, pp 321-326

Milanović P(2000a) Geological engineering in karst. Zebra Publishing Ltd., Belgrade

Milanović S(2005) Underground karst morphology for applied hydrogeology purpose. MS thesis, department of hydrogeology, University of Belgrade—Facualty Mining and Geology, Belgrade

Milanović S(2007) Hidrogeological characteristics of some deep siphonal springs in Serbia and Montenegro karst. Environ Geol 51(5):755-759

Milanović S, Stevanović Z, Jemcov I(2010) Water losses risk assessment: an example from Carpathian karst. Environ Earth Sci 60(4):817-827

Potié L, Ricour J, Tardieu B(2005) Port-Miou and Bestouan freshwater submarine springs (cassis-France) investigations and works (1964-1978). In: Stevanović Z, Milanović P(eds) Water resources and environmental problems in karst. Proceedings of international conference KARST 2005, University of Belgrade, Institute of Hydrogeology, Belgrade, pp 283-290

Stevanović Z, Dragišić V, Dokmanović P, Mandić M(1996) Hydrogeology of Miroč karst massif, Eastern Serbia, Yugoslavia. Theor Appl Karstol 9:89-97

Stevanović Z, Dragišić V(2002) Paleohydrogeological reconstruction of Bogovina Cave. Spec. edn. Serb Acad. Sci

& Arts, Receuil des rap. du Com. pour le karst et spel., Belgrade VII, vol DCL, pp 49-59

Toulomudjian C(2005) The springs of Montenegro and Dinaric karst. In: Stevanović Z, Milanović P (eds) Water resources and environmental problems in karst. Proceedings of international conference KARST 2005, University of Belgrade, Institute of Hydrogeology, Belgrade, pp 443-450

Zlokolica M, Mandić M, Ljubojević V (1996) Some significant caves at the western rim of the Miroč Karst (Yugoslavia). Theoretical and Applied Karstology, vol 9. Academia Romana, Bucharest

15.5 节参考文献

AviasJ(1984) Captage des sources karstiques avec pompage en periode d'etiage. L'example de la source du Lez. In: Burger A, Dubertret L(eds) Hydrogeology of karstic terrains. Case histoires. International contributions to hydrogeology, IAH, vol 1. Verlag Heinz Heise, Hannover, pp 117-119

Bonacci O(1993b) Karst spring hydrographs as indicators of karst aquifers. Hydrol Sci 38(1):51-62

Burdon D, Safadi C(1963) Ras-El-Ain: the great karst spring of Mesopotamia. An hydrogeological study. J Hydrol 1:58-95

Burke JJ, Moench HM(2000) Groundwater and society: resources, tensions and opportunities. Spec ed. of DESA and ISET, UN public. st/esa/265, New York, p 170

Custodio E(1992) Hydrogeological and hydrochemical aspects of aquifer overexploitation. Selective paper of IAH, vol 3. Verlag Heinz Heise, pp 3-27

HoleF, Smith R(2004) Arid land agriculture in northeastern Syria—will this be a tragedy of the commons? In: Gutman G et al. (eds) Land change science. Kluwer Academy Publication, pp 209-222

Ishida S, Tsuchihara T, Fazeli MA, Imaizumi M(2005) Evaluation of impact of an irrigation project with a mega-subsurface dam on nitrate concentration in groundwater from the Ryukyu limestone aquifer, Miyako island, Okinawa, Japan. In: Stevanović Z, Milanović P(eds) Water resources and environmental problems in karst. Proceedings of international conference KARST 2005, University of Belgrade, Institute of Hydrogeology, Belgrade, pp 121-126

Jemcov I(2007b) Water supply potential and optimal exploitation capacity of karst aquifer systems. Environ Geol 51(5):767-773

Jevtić G, Dimkić D, Dimkić M, Josipović J(2005b) Regulation of the Krupac spring outflow regime. In: Stevanović Z and Milanović P (eds) Water resources and environmental problems in karst. Proceedings of international conference KARST 2005, University of Belgrade, Institute of Hydrogeology, Belgrade, pp 321-326

Lu Y, Jie XA, Zhang SH(1973) The development of karst in China and some of its hydrogeological and engineering geological conditions. Acta Geol Sinica 1:121-136

Lu Y(1986) Karst in China. Landscapes, types, rules(in Chinese). Special Edition of Geological Publications House, Beijing, p 288

Karlsruhe Institute of Technology(KIT) Accessing and managing underground karst waters in Central Java. Web site: http://ressourcewasser.fona.de/reports/bmbf/annual/2010/nb/English/405010/2_5_01-adapted-technology-an-underground-hydro-power-plant-on-java.html? printReport 1 visited on 15 May 2014

Kresic N(2009) Groundwater resources: sustainability, management and restoration. McGraw-Hill, New York

Kullman E(1984a) Vyhladávanie a moznosti zachytenia skryte vstupujúcich puklinovo-krasových vod do povrchových tokov(Possibilities of capturing of hidden fissured-karstic waters flowing to surface streams, in Slovakian). In: Proceeddings of VIII State hydrogeology conference on "Puklinové a puklinovo-krasové vody a problémy ich ochrany", Geol. ustav "D. Stúra", Liptov, pp 75-86

Kullman E(1984b) Etude en vie du captageet de l'exploitation les plus favorable de la source karstique de Jergaly (Velika Fatra, Tchecolovaquie). In: Burger A, Dubertret L (eds) Hydrogeology of karstic terrains. Case histoires. International contributions to hydrogeology, IAH, vol 1. Verlag Heinz Heise, Hannover, pp 54-56

Kullman E(1990) Krasovo—puklinové vody(Karst-fissure waters, in Slovakian). Spec. edn. Geol. ustav "D. Stúra", Bratislava, p 184

Kullman E, Hanzel V(1994) Karst—fissure waters in Mesozoic carbonate rocks of West Carpathians(Slovakia). In: Stevanović Z, Filipović B(eds) Ground waters in carbonate rocks of the Carpathian—Balkan mountain range, Spec. edn. of CBGA, Allston, Jersey, pp 113-148

Mangin A(1984b) Pour une meilleure connaisance des systèmes hydrologiques à partir des analyses corrélatoire et spectrale. J Hydrol 67:25-43

Margat J(1992) The overexploitation of aquifers, Selective paper of IAH, vol 3. Verlag Heinz Heise, pp 29-40

Mediterranean Agronomic Institute from Bari(Italy) http://www.delsyr.ec.europa.eu/en/eu_and_syria_new/projects/24.htm). Visited 15.09.2008(site is no longer available; some information still available at http://hal.archives-ouvertes.fr/docs/00/52/20/55/PDF/Galli_Sustainable.pdf)

Meinzer OE(1920) Quantitative methods of estimating groundwater supplies. Bull Geol Soc Am 31:329-338

Milanović P(2000b) Geological engineering in karst. Dams, reservoirs, grouting, groundwater protection, water tapping, tunneling. Zebra Publications ltd., Belgrade, p 347

Milanović P(2004) Water resources engineering in karst. CRC Press, Boca Raton

Paloc H, Mijatović B(1984) Captage et utilisation de l'eau des aquiferes karstiques. In: Burger A, Dubertret L (eds) Hydrogeology of karstic terrains. Case histoires. International contributions to hydrogeology, IAH, vol 1. Verlag Heinz Heise, Hannover, pp 101-112

Perić J(1981) Underground reservoirs as hydrogeo-technical structures for economical utilization of groundwater as a for water supply source(in Serbian). Trans Fac Min Geol 21:81-93

Radulović M (2000) Karst hydrogeology of Montenegro. Sep. issue of Geological Bulletin, vol. XVIII. Special edition Geological Survey of Montenegro, Podgorica, p 271

Stevanović Z, Dragišić V, Hajdin B, Miladinović M(1994) Essai de pompage de la source siphonate en vue de la base de definir les decisions de regulation de l'aquifère karstique. Transactions of the Fac. Min. & Geol. Belgrade, vol 32, 33, pp 80-87

Stevanović Z (1995) Identification of subsurface outflow of karst aquifer-basement for regulation of regime. In: Proceedings of XV congress of the Carpatho-Balkan geological Associations, B. vol 4, no 3, Athens, pp 927-930

Stevanović Z, Dragišić V(1995) An example of regulation of karst aquifer. In: Gunay G, Johnson I(eds) Karst waters and environmental impacts, Balkema, pp 19-26

Stevanović Z, Dragišić V(1998) An example of identifying karst groundwater flow. Environ Geol 35(4):241-244

Stevanović Z, Iurkiewicz A(2004) Hydrogeology of Northern Iraq. General hydrogeology and aquifer systems, vol 2. Spec. Edn. TCES, FAO, Rome, p 175

Stevanović Z, Ali S, Iurkiewicz A, Lowa F, Andjelić M, Motasam E (2005) Tapping and managing a highly productive semi-confined karstic aquifer—Swarawa near Sulaimaniyah(Iraq), In: Stevanović Z, Milanović P (eds) Water resources and environmental problems in karst. Proceedings of international conference KARST 2005, University of Belgrade, Institute of Hydrogeology, Belgrade, pp 327-334

Stevanović Z, Jemcov I, Milanović S(2007) Management of karst aquifers in Serbia for water supply. Environ Geol 51(5):743-748

Stevanović Z(2009) Karst groundwater use in the Carpathian-Balkan region. In: Paliwal B(ed) Global groundwater resources and management. Scientific Publishers, Jodhpur, pp 429-442

Stevanović Z(2010a) Utilization and regulation of springs. In: Kresic N, Stevanović Z(eds) Groundwater hydrology of springs. Engineering, theory, management and sustainability. Elsevier Inc., BH, Amsterdam, p 339-388

Stevanović Z (2010b) Regulacija karstne izdani u okviru regionalnog vodoprivrednog sistema "Bogovina" (Management of karstic aquifer of regional water system "Bogovina", Eastern Serbia). University of Belgrade—Faculty of Mining and Geology, Belgrade, p 247

Stevanović Z(2011) Menadžment podzemnih vodnih resursa(Management of groundwater resources; in Serbian). University of Belgrade—Faculty of Mining and Geology, Belgrade, p 340

Stevanović Z, Milanović S, Dokmanović P, Ristić Vakanjac V, Petrović B, Vasić L(2013) Engineering regulation of karst aquifer as a response to minimal flows in sensitive areas. In: Proceedings of international conference on waters in sensitive and protected areas, 13-15 June 2013, Zagreb, pp 109-112

Stevanović Z (2013) Global trend and negative synergy: climate changes and groundwater overextraction. In: Proceedings of the International Conference "Climate Change Impact on Water Resources", 17-18 Oct 2013, Institute of Water Management J. Cerni & WSDAC, Belgrade, pp 42-45

Stevanović Z (2014) Subsurface dams as a solution for supplementary recharge and groundwater storage in karst aquifers in arid areas, In: Lollino G, Manconi A, Guzzetti F, Culshaw M, Bobrowsky P, Luino F (eds) Engineering geology for society and territory, vol 5. Proceedings of the XII IAEG congress, Torino 2014, Springer, pp 471-474

第16章 岩溶地下水渗漏与混合的防治

16.1 坝址选择与水库防渗

萨沙·米拉诺维奇（Saša Milanović）

16.1.1 引言

岩溶区水坝和水库建设存在渗漏等风险因素，必须特别注意合理选择最佳坝址（Milanović et al., 2010），在勘探之前采用合理的工程设计方案能大幅降低漏失风险，或者将渗漏降至可接受的水平（Therond, 1972; Zogović, 1980; Milanović, 2000a; Bruce, 2003; Ford and Williams, 2007a; Fazeli, 2007）；如果不开展勘探或减少必要的勘探工作，将提高渗漏风险（Sahuquillo, 1985）。Milanović 等（2010）指出，水库蓄水抬高水位后，地下水流通过上层非饱水带通道（化石管道），向库区外排泄。因此，在研究的早期阶段，应充分认识岩溶地下水循环的复杂成因条件。如第13章所述，岩溶区某些坝址或水库建设未经充分勘查而导致无法蓄水，或在建成后出现渗漏，虽经防渗处理，仍无法防止严重渗漏，导致工程废弃。有些水库在成功运行多年以后，突发水流渗漏，或在运行期间，渗漏量逐年增加。岩溶区水坝和水库建设，应根据地质和水文地质条件的适宜性，合理选择坝址，以实现最佳防渗目的（Milanović, 2000a）。

16.1.2 防渗和坝址选择流程概述

由于岩溶的特殊性与库区渗漏，最佳坝址选择极为复杂，需重点关注：水坝和库区的合理选址、合理选择调查方法、明确主要调查任务、工程总体可行性论证、根据调查数据合理评价潜在渗漏量、防渗或减渗技术方法。

后三个关注点完全取决于前三个关注点的完成情况，尽管无法保证水库或帷幕灌浆完全防渗，但可以将渗漏量降至最低（Milanović et al., 2000）。

根据以往水库和坝址防渗经验，建议在最可能发生渗漏的部位和岩溶通道采用防渗技术。岩溶区通常选择如下三个部位作为坝址和库区：

(1) 岩溶坡立谷，水流通过坡立谷底部第四系沉积物向各个方向渗漏，渗漏风险高；
(2) 河谷，一般在坝基以下向下游渗漏，渗漏风险中等-高；
(3) 深切狭窄峡谷，通过坝址渗漏，风险中等。

对坝址和库区开展地质和水文地质调查，才能实现预期建设目标和最佳防渗效果。从水文地质学观点出发，岩溶坡立谷的建坝和成库条件最为复杂。洼地内分布大量集中入渗区和排泄区，当坡立谷底部由隔水层构成时，多沿山麓分布落水洞、消溢水洞和间歇泉；如果底部覆盖冲积层，随处分布集中入渗区，如前述典型实例 Vrtac 水库，渗漏量达 $27m^3/s$（Vlahović，2005），在伏流区建设圆柱坝和止回阀，能有效降低渗漏（图 16.1）。

图 16.1　Opačica 落水洞周围的钢筋混凝土
圆柱坝（a）与在尼基奇（Nikšić）的 VRTAC 库区小型落水洞建造止回阀（b）

狭窄岩溶峡谷内建设坝址和库区时，河床作为最深的侵蚀基准面，除极少数情况外，河床底部以下很少发育岩溶管道。地下水与河床发生水力联系，或二者水位接近，坝基一般为隔水地层，但坝址位置和库岸仍可能发生渗漏，库岸防渗处理有时极为复杂。伊朗萨尔曼法尔西（Salman Farsi）大坝研究表明，岩溶作用是坝址库岸和两侧坝肩产生渗漏的主要原因。

在岩溶河谷建坝成库，坝址选择和水库防渗工作比峡谷更为复杂。岩溶基底一般位于河床以下，河床作为未来的库底，其下数百米可能还发育大型岩溶洞穴和管道，水库蓄水后，巨大水压将激活深部岩溶管道。

旱季时，地下水位埋藏较深，高水位期，水位暴涨，强烈抬升会影响大部分库底。天然条件下，黏土充填和冲积层、红土覆盖的岩溶管道，在水压、潜蚀或空气压力作用下激活（Milanović，2000a），导致库底发生塌陷、形成洞穴和大型开放裂隙，这种情况在水库运行期间最常出现且无法预测。岩溶坡立谷地区许多水坝、水库建设及防渗成败案例，充分体现了岩溶水文地质条件的复杂性。

在工程建设以及后续开发利用阶段，应通过详细调查分析，提出防渗处理的必要性和措施，包括地表、地下和深部处理类型和措施。高质量地质和水文地质数据是坝址选择和水库防渗的必要基础。地质、水文地质、洞穴探测及其他特殊调查长期贯穿于大坝设计、建设、水库蓄水以及运行阶段。高质量图件、数据库、模型以及地质、水文地质及其他二维和三维模型层，有利于成功选择最佳坝址，并将坝址下部以及库岸、大坝渗漏降至最低。

岩溶区选择最优坝址和水库防渗通常需按序开展如下工作：库区和坝址地貌分析；洞穴调查，包括洞穴潜水，分析岩溶内部情况；各岩性地层水文地质分析；构造分析，特别是背斜核部的水文地质意义；主断裂分析，包括侧向延伸、深度、构造块体之间的破碎物性质、岩溶作用对断裂的改造等；示踪试验数据分析，确定地下水流；洞穴成因分析；岩溶管道分析；大范围地下水监测数据分析，包括波动情况和最低、最高地下水位等；勘探钻孔的详细分析，如热法、钻孔雷达、地球物理测井、岩心分析、钻孔电视测井等；开挖调查和灌浆廊道及其布置极为重要，所有大型开放溶洞必须通过可进入的廊道和竖井进行直接观测，灌浆廊道垂向距离应小于50m（Milanović，2000a）；水压测试分析；库区和坝址区三维空间和物理模型。

16.2 岩溶含水层与采矿：冲突与解决方案

维塞林·德拉吉西奇（Veselin Dragišić）

16.2.1 引言

可溶岩地层中分布很多固体矿物，包括铝土矿、多金属矿、夕卡岩等，可溶岩自身也是一种矿产资源，可溶岩构成许多矿床的覆盖层或基底。岩溶地下水通常是威胁采矿作业的主要因素，特别是在地下水位以下的深部采矿时。有时，由于未充分了解采矿区及周边主要水文地质条件，采矿过程贯穿岩溶管道，导致地下突水进入采矿作业面，在短期内迅速淹没矿坑，造成人员伤亡和大量财产损失；同时，岩溶含水层大强度排水会形成地面沉降和塌陷。岩溶介质非均质性导致矿坑涌水极难预测。岩溶区采矿通常会改变水质，优质低矿化度地下水转化为高酸性矿坑水，无序排放直接影响环境质量。蒸发岩提取和排水还面临很多特殊问题，如短时间内快速发生岩溶作用，造成难以预计的后果。

16.2.2 岩溶沉积矿床水文地质类型

可溶岩是矿产资源，如灰岩、大理岩、钙质凝灰岩、硫酸盐岩（石膏-硬石膏）、氯化物岩（盐岩和钾盐）及其他可溶岩类（Dublyansky and Nazarova，2004）。与岩溶有关的矿床类型超过40种，各种沉积矿床包括铝土矿、有色金属（镍、锑、汞、锌、铜）、锰、铁、油页岩（Lunev et al.，2004），铀矿也与碳酸盐岩有关，在乌兹别克斯坦和美国的洞穴、空洞、大型岩溶管道和裂隙中发现了大量铀矿（Bell，1963）。岩溶矿床主要产出部位包括现代岩溶洼地（沟壑、落水洞和坡立谷）、碳酸盐岩与火成岩侵入体接触带以及年轻沉积物覆盖层之下（Ford and Williams，2007b）。矿床分布、采矿作业与地下水的相对位置关系对于用水量和排水方案优化具有重要意义。某些矿床被年轻沉积物所覆盖，矿床分布于岩溶渗流带和饱水带。海岸带矿床的涌水方式特殊，与前述矿床不同；蒸发岩矿床具有其他特殊性，另单独分类。

16.2.2.1 渗流带矿床

岩溶含水层上部的采矿作业富集水量较少，或仅在暴雨后间歇性富水，偶发矿坑涌水，排水问题并不突出。该类型矿床的特殊问题是形成上层滞水含水层，特别是铝土矿

16.2.2.2 饱水带矿床

岩溶区大量矿床位于地下水位以下,大量涌水极易阻碍地下采矿。沉积矿床位于碳酸盐岩内部时,非承压岩溶含水层接受降雨和地表河流补给(图 16.2)。俄罗斯乌拉尔山的铝土矿以及哈萨克斯坦米尔加利姆(Mirgalimsai)铅锌矿产出于数百米厚碳酸盐岩地层中(Ershov et al., 1989),涌水量极高:乌拉尔地区约为 $9m^3/s$(Kleiman, 1982; Plotnikov and Roginec, 1987); Mirgalimsai 地区达 $3.3m^3/s$(Kleiman, 1982)。有些露天矿床涌水量也较高,如爱沙尼亚奥陶系白云质灰岩中油页岩矿床,在融雪和暴雨期间,涌水量达 $3.0m^3/s$(Abramov and Skirgello, 1968)。

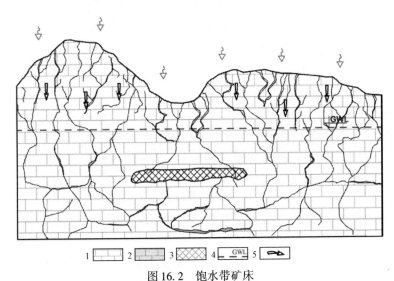

图 16.2 饱水带矿床

1. 岩溶化灰岩(渗流带); 2. 岩溶化灰岩(饱水带); 3. 矿体(铝土矿); 4. 地下水位; 5. 地下水流向

16.2.2.3 年轻沉积物与岩溶基岩之间的矿床

全球很多矿床产出于岩溶基岩之上,在后续沉积过程中,被年轻的半渗透性地层所覆盖。地下水多为承压状态,涌水量极高。例如,中国范各庄煤矿,来自下伏奥陶系灰岩含水层涌水量达 $34m^3/s$(Gongyu and Wanfang, 2006)。

匈牙利巴拉顿(Balaton)北部和哈林巴(Halimba)、尼拉德(Nyrad)区铝土矿床上覆厚 500~600m 的三叠系—侏罗系灰岩和白云岩含水层。早白垩世或始新世和更新世半渗透碎屑沉积地层不均匀覆盖于其上。矿床内大部分地下水为承压状态,在 20 世纪 80 年代早期,岩溶含水层抽水量约为 $5m^3/s$,地下水位降深 120m(Alliquander, 1982)。

16.2.2.4 海岸带矿床

海岸带矿床会因海水入侵而增加涌水量,如克罗地亚拉沙(Raša)煤矿和意大利撒丁岛(Sardinia)铅锌矿。Raša 煤矿位于上白垩统灰岩之上,矿坑排水量约为 $0.3m^3/s$,海水入侵进入海平面以下 250m 深采矿区(Šarin and Tomašič, 1991)。

在伊格累齐亚斯（Iglesias）铅锌矿，采矿区位于海平面以下100m深岩溶含水层，岩溶地下水接受大气降水和海水双重补给，大量排水导致海水入侵进入采矿区（Carta et al., 1982）。

16.2.2.5 蒸发岩矿

岩盐和石膏-硬石膏等蒸发岩可溶性极强，在岩溶形态上，与灰岩、白云岩地层也较为接近。蒸发岩岩溶的特殊性在于岩溶形态可在数天、数周或数年内快速形成，而碳酸盐岩则需要数年、数十年乃至数个世纪（Johnson, 2004）。

对氯化物不饱和的地下水，或其他含水层低矿化度地下水会快速溶解岩盐沉积物，并形成各种岩溶形态。天然泉溶解并转移沉积物（Korotkevich, 1970）。地下水通过矿床内新形成的岩溶洞穴和空洞排泄，淹没采矿作业区（Abramov and Skirgello, 1968）。

以盐矿为主的蒸发岩矿开采已形成了大量地面沉降与塌陷，如俄罗斯彼尔姆（Perm）地区别列兹尼科夫斯基（Bereznikovsky）盐矿和英格兰柴郡（Cheshire）盐矿（Ford and Williams, 2007b）。

附近有其他采矿活动时，非蒸发岩区也会发生塌陷。加拿大盖斯（Gays）河铅锌矿沉积于石膏-硬石膏层覆盖的灰岩地层中，地表覆盖冰川沉积物。膏盐极易溶解，使矿床下降，导致地面塌陷和崩落，矿坑涌水量增加。尽管采取了很多防治措施，但涌水量还是从100L/s上升到250L/s。采矿效益下降，该矿最终关闭（McKee and Hannon, 1985）。

16.2.3 采矿地下涌水

地下涌水是岩溶含水层环境下采矿的常见问题，通常与矿床和岩溶含水层之间的空间关系有关。未开展充分水文地质勘探，以及未采取有效的预防性排水措施，涌水会快速淹没采矿作业区，造成重大损失，甚至人员伤亡。与碳酸盐岩岩溶涌水相反，蒸发岩中涌水多与上覆地层的淡水强烈溶解蒸发岩有关。

叙利亚弗鲁什卡山（Fruška Gora）山脉弗尔德尼克（Vrdnik）褐煤矿因水文地质条件不明，产生了灾难性后果。采矿作业经过古近系—新近系半渗透性沉积地层，进入下伏三叠系灰岩地层时，突发涌水（Luković, 1939）。1929年，勘探孔涌水量达到500L/s左右（水温34℃），因突水而最终放弃采矿作业。

过去采矿过程中，岩溶含水层集中排泄，而未采取超前排水措施，是矿坑涌水的最主要原因之一。例如，乌拉尔山铝土矿区，地下100~150m深处，在25年里，有记录的涌水事故发生93次，最大涌水量1.2m³/s（Abramov and Skirgello, 1968）。

强降雨快速入渗进入岩溶含水层，也会导致岩溶地下采矿区突水。例如，强降雨引起波黑西部特罗布科娃（Trobukva）地下铝土矿发生多次突水事件（1982年，涌水量0.18m³/s；1987年，涌水量0.5m³/s）（Slišković, 1984；Bilopavlović, 1988）。地表水和岩溶地下水发生水力联系是矿坑突水的另一潜在原因。美国宾夕法尼亚州一处白云岩采石场作业中，切穿地下40m深处岩溶管道，管道水流涌入了采矿作业区，涌水量0.6m³/s（Lolcama, 2005）。

16.2.4 岩溶矿床排水

岩溶含水层环境下安全采矿需定期有效排水或防治矿坑涌水（表16.1）。实际上，很多矿坑排水措施已应用于岩溶环境，方法选择取决于矿床类型与规模、涌水量、岩溶分布范围、地下水与地表水之间的联系、经济成本等因素（Plotnikov and Roginec，1987）。排水、防水措施一般包括地表排水井、钻探引流采矿作业区排水、排水廊道和竖井、岩溶管道灌浆、帷幕灌浆、地表河流改道、堵塞落水洞和河道等（Kleiman，1982）。由于地下水动态变化剧烈，仅采用排水井通常难以有效降低矿床内地下水位，需将多个地下排水工程联合运行。

表16.1 全球各地严重涌水的岩溶矿床（历史数据）

国家	矿区位置	矿种	采矿类型	涌水量/(m^3/s) 记录	涌水量/(m^3/s) 最大	参考文献
中国	方庄	煤矿	地下开采		34.2	Wenyong et al.，1991
					33.0	Gongyu and Wanfang，2006
匈牙利	多瑙河流域	煤矿和铝土矿	地下和露天开采	12.5		Kleiman，1982
匈牙利	多瑙河流域	铝土矿	地下开采	5.0		Alliquander，1982
俄罗斯	乌拉尔山北部	铝土矿	地下开采		9.1	Kleiman，1982
						Plotnikov and Roginec，1987
法国	瓦尔区（Region var）	铝土矿	地下开采		4.2	Tilmat，1973
美国	佩姆西尔瓦尼亚（Pemsilvania）地区弗伦兹维尔（Friendsville）矿	锌矿	地下开采	1.7	3.8	Kleiman，1982
哈萨克斯坦	米尔加利姆赛（Mirgalimsai）	铅锌矿	地下开采	2.7~3.3		Kleiman，1982
爱沙尼亚	爱沙尼亚矿	油页岩	露天开采		3.0	Abramov and Skrigello，1968
波兰	奥尔库什（Olkusz）矿	铅锌矿	地下开采		3.0	Motyka and Czop，2010
波兰	卢宾-格沃古夫（Lubin-Glogow）	铜矿	地下开采	1.0		Bochenska et al.，1995

超前排水对安全采矿具有重要作用。一般在富水区开展钻孔排水，并与排水廊道等其他工程联合运行，降低地下水位。波兰奥尔库什（Olkusz）铅锌矿是欧洲涌水量最大的矿床之一。矿体位于白云岩地层的古溶洞内，深度200~300m。白云岩地层上覆第四系厚层连续沉积砂岩，富含大量地下水，并与岩溶含水层发生水力联系，开采前，通过排水井和廊道超前排水降低地下水位（Ford and Williams，2007b）。

匈牙利中生界灰岩和白云岩含水层中分布铝土矿和煤矿，通过廊道和大口井（竖井）

排水，排水井直径 1.35~2.95m，各井内安装 3 个潜水泵（Tóth，1982）。20 世纪 80 年代早期，以 5m³/s 流量抽水，将地下水位降低 120m（Alliquander，1982）。

在岩溶含水层之下或其附近采矿，应开展钻探进行矿坑排水。岩溶含水层已导致斯洛文尼亚韦莱涅（Velenje）煤矿多次发生地下突水，1918 年和 1973 年分别发生灾难性突水事故（Mramor，1984），后来对三叠系白云岩和灰岩含水层进行排水。

岩溶管道在高水压、破坏性湍流和巨大涌水量等条件下，迅速发生突水，流量可达每秒数百乃至数千升（Milanović，2000b）。防治地下水向采矿作业突水的措施之一是对裂隙和空洞进行灌浆，最大程度上形成地下采矿安全屏障。

灌浆是常用的有效防范措施，前文提到的波黑西部特罗布科娃（Trobukva）铝土矿则是灌浆失败的典型案例。1982 年，在一次矿坑地下突水和淹没之后，岩溶管道构成了地下水主要通道，对深 90~240m 的管道倾斜段进行灌浆。年涌水量大幅下降至 2.5~12.0L/s。该突水防治方法曾作为波黑狄那里克（Dinaric）岩溶区地下铝土矿的有效排水方法（Slišković，1984）。但是，1987 年发生流量超过 500L/s 的突水事故，推翻了先前的结论（Bilopavlović，1988）。

西弗吉尼亚白云岩采石场是另一灌浆失败案例，该矿实施北美岩溶区最大的沥青帷幕灌浆，以防止河水通过岩溶管道发生突水。但是，河水沿层面方向新发育的岩溶管道继续向采矿作业区涌水（Lolcama，2005）。

大流量矿坑排水有时会导致大范围区域地下水位下降，卢宾－格沃古夫（Lubin-Glogow）铜矿矿区深度 600~1200m，灰岩和白云岩含水层涌水量约为 1.0m³/s，地下水位降落漏斗范围扩展达 2500km²（Bochenska et al.，1995）。

岩盐和钾盐等蒸发盐矿开采时，在与极度可溶的矿床接触之前，必须排除大量地下水。例如，乌克兰索洛特维洛（Solotvyno）盐矿，冲积层地下水流通过裂隙进入盐矿，破坏盐岩并形成岩溶形态。反过来又增加地下涌水量，淹没采矿作业区。该矿必须采取超前排水措施，并阻止淡水进入矿床。暴雨时也应及时从矿坑中抽排水（Abramov and Skirgello，1968）。

随着采矿业的发展，传统采矿方式正发生转变，采矿方法逐步优化，目前采用注入淡水溶解矿床的方式进行溶液采矿（Ford and Williams，2007b）。

岩溶矿山开采和矿坑排水存在很多风险，除发生突水和岩溶地下水污染以外，最常见的负面效应包括地面沉降、塌陷以及露天采矿形成滑坡等。

矿坑大量排水会导致地下水位急剧下降和地面沉降。1962 年，南非某金矿发生了最严重的事故，上覆白云岩和灰岩含水层高强度排水，导致该金矿德雷方特（Dreifonte）地区选矿设备垮塌，29 人丧生（Ford and Williams，2007b）。

乌拉尔北部铝土矿排水，在地表形成 500~600km² 地下水降落漏斗，排水引发的潜蚀作用形成 1000 个塌陷坑，大幅增加了降雨入渗量（Plotnikov，1989）。

16.2.5 岩溶地下水质变化

岩溶环境中，采矿和大量排水通常会改变地下水质，对含 Cu、Pb、Zn、Sb 和 Hg 等有色金属矿床来说尤为如此，其他矿床也存在类似问题。

在采矿作业开始之前，优质岩溶地下水可作为饮用水、灌溉和其他用途。但矿坑排水量通常达到每秒数百升甚至数千升，因此，应在岩溶地下水与矿床接触之前对其加以利用。匈牙利铝土矿抽取优质地下水作为饮用水（Alliquander，1982）。

美国霍姆斯福德（Homesford）铅矿建设 8km 排水廊道，利用水量约 870L/s，其中 460~580L/s 作为饮用水（James，1997）。哈萨克斯坦米尔加利姆（Mirgalimsai）铅锌矿在岩溶地下水进入矿床前对其开发利用，每秒数百升的优质地下水用于饮用和农田灌溉（Plotnikov and Roginec，1987）。

优质岩溶地下水一般为 HCO_3-Ca 型，pH 为 7~7.5，矿化度<1000mg/L，当岩溶地下水进入矿床时，与各种矿物接触，经过复杂的地球化学过程，将转变为 SO_4-Ca 型、低 pH、高矿化度以及 Fe、Al 等元素浓度较高的地下水。叙利亚东部大克里韦利（Veliki Krivelj）和马伊丹佩克（Majdanpek）铜矿开采见证了这种水质变化过程，涌水来自岩溶含水层排泄、尾矿库和碎石渣堆的地下水（Dragišić，1992；Dragišić，1994；Stevanović and Dragišić，1995）。

海岸带地区，在高矿化度海水入侵影响下，发生特殊类型的岩溶地下水质变化过程，采矿作业大量抽排水，导致低矿化度地下水过度开采，高矿化度海水入侵。典型案例包括意大利撒丁岛（Sardinia）铅锌矿（Carta et al.，1982）和克罗地亚拉沙（Raša）煤矿（Šarin and Tomašič，1991）。

16.3　确定强岩溶发育区的远程技术

米兰·M. 拉杜洛维奇（Milan M. Radulović）

16.3.1　引言

多数岩溶区具有高度非均质性，局部尺度岩溶评价方法（如钻孔试验）不能外推至更大范围。遥感技术为评价次区域尺度的岩溶作用提供了有力工具。根据卫片和航片解译能确定指示强岩溶发育的地貌和构造形态，主要获取两方面成果：地表岩溶作用（K_{sf}）和断裂密度（T_f），采用地理信息系统（GIS）技术叠加，最终获取以 KARST 指数表示的岩溶空间分布图像，作为实施水资源调控、地下水开采以及岩溶含水层污染防护等相关岩溶工程的基础，该方法特别适用于因交通不便不能开展实地调查的岩溶区。

16.3.2　岩溶区的复杂性与分类

难以开展现场观测的复杂岩溶区调查，需要采用遥感作为辅助手段。遥感远程观测除了获取研究区概化图像外，还能对不同岩溶作用强度进行初步分区，波黑迪纳里德斯（Dinarides）地区卡鲁克（Karuč）泉群流域应用了该方法。

岩溶区的分类标准各不相同，多数情况下，根据区域尺度，按落水洞、洞穴等岩溶形态进行划分，如每平方千米落水洞数量、面积和体积等，或每平方千米洞穴数量、长度和洞穴管道体积等。也有研究实例表明，根据给定区域内封闭等高线的平均间距，通过所谓的落水洞指数，获得满意的岩溶制图（Gregory et al.，2001）。

通过抽水试验、微水试验、吕荣（Lugeon）实验、压水试验，以及井下电视、井径测井和电磁感应测井等地球物理测井手段，能充分了解局部孔隙度和岩溶作用特征，但局限性在于上述手段仅能获取测试孔周边局部信息。很多现场地球物理测试获取的岩溶影像，无法用于整个流域分析。近年来，远程岩溶测绘航空电磁（AEM）技术（Smith et al.，2005；Supper et al.，2009；Gondwe et al.，2012），能显示与地表岩溶形态有关的电导率异常图像，特别适用于大范围岩溶探测（Smith et al.，2005）。该项技术仍在发展之中，将为今后解决类似问题发挥重要作用。由于洞穴内外空气存在温度差，在洞穴出口处常形成温度异常，航空和卫星热成像传感器能探知这种异常（Zurbuchen and Kellenberger，2008；Wynnea et al.，2008）。此外，热成像传感器可以精确定位海面或湖面以下地下水排泄的低温水流。

本节提出卫片和航片分析方法，用以确定指示岩溶强发育区的地貌和构造形态。KARSTLOP 方法是评价岩溶含水层补给区空间分布的复杂方法（Radulović et al.，2012）。采用遥感测绘，从前述方法中提取两个次级要素：地表岩溶（K_{sf}）和断层密度（T_f），应用 GIS 技术，获取遥感技术（KARST）指数评价岩溶的最终图件，KARST 指数是间接反映岩溶作用强度的指数。本节也讨论该方法的可行性及局限性。

16.3.3 遥感和 GIS 进行岩溶制图的概念

本节讨论岩溶图件获取方法，该方法已应用于迪纳里德斯（Dinarides）外围强岩溶化地区，通过卫片和航片测绘获取代表岩溶作用强度的两个因素：地表岩溶（K_{sf}）和断层密度（T_f）。

16.3.3.1 地表岩溶图

分析地表岩溶发育强度时，应特别注意分析地表岩溶地貌形态分布特征。通过 QuickBird 和 SPOT（分辨率达到 2.5m）等软件可以在航片和详细卫片辨识地表岩溶地貌。地表岩溶图比例尺最好是 1:25000 到 1:100000。

岩溶地区落水洞和溶蚀洼地通常沿断裂方向发育，并在水流溶蚀作用下扩大，在一定程度上能反映岩溶发育强度。很多专家认为落水洞分布特征可以作为岩溶地区的分类标准（Gregory et al.，2001；Angel et al.，2004），但是，多数落水洞主要分布于岩溶高原上，很少发育于后期侵蚀形成的陡坡上。因此，仅以落水洞密度作为标准无法反映岩溶发育强度的全貌，有些岩溶地区完全不发育落水洞；而溶沟、洞穴和流量动态等其他指示标志，反映该地区岩溶发育强度极高。

溶沟是斜坡地带唯一发育的岩溶地貌，因此地表岩溶制图的第一标准是溶沟区或退化裸岩面积（单位：km²）；第二标准是岩溶洼地（落水洞、溶蚀洼地、坡立谷和干谷）面积（单位：km²）。采用上述两个标准成图，输入叠加后生成地表岩溶发育强度图件。据此,可认为岩溶强发育区的高原遍布溶蚀洼地和落水洞,而斜坡遍布溶沟。

因此,根据两个次级因子:K_{sf1}(退化裸岩面积)和K_{sf2}(岩溶洼地面积),对岩溶区进行分类(表16.2)。在迪纳里德斯(Dinarides)外围开展多点测量,确定各分类之间的阈值。

表16.2 根据次级因子K_{sf1}、K_{sf2}和因子K_{sf}进行岩溶地貌分类

单位面积退化带面积 /($10^3 m^2/km^2$)	K_{sf1}	单位面积岩溶洼地面积 /($10^3 m^2/km^2$)	K_{sf2}	$K_{sf} = (K_{sf1}+K_{sf2})/2$
<60	1	<25	1	1
60~120	2	25~50	2	>1~2
120~180	3	50~75	3	>2~3
180~240	4	75~100	4	>3~4
>240	5	>100	5	>4~5

地表岩溶作用因子(K_{sf})是次级因子K_{sf1}与K_{sf2}之和的平均值(表16.2),按照上述概念生成岩溶区图件(图16.3),图16.3(a)中,地表岩溶地貌少见,岩溶洼地和溶沟几乎完全缺失;图16.3(b)中,岩溶洼地(包括落水洞和溶蚀洼地)普遍发育,而退化裸岩区很少见;图16.3(c)中,岩溶斜坡区溶沟充分发育,而落水洞和其他岩溶洼地不发育;图16.3(d)中,岩溶发育强度较高,同时发育落水洞、溶蚀洼地等岩溶洼地和溶沟。

图16.3 岩溶地形卫星图像

(a)地表岩溶地貌发育较差;(b)发育岩溶洼地,但无退化地形;(c)发育溶沟的岩溶斜坡;
(d)岩溶洼地和溶沟同时发育

16.3.3.2 断层密度图

岩溶形态，特别是岩溶管道，通常沿断裂延伸发育。两组或多组断裂交叉部位对洞穴发育极为有利。基于此原因，考虑合理引入断裂密度图作为评价岩溶发育强度的输入图件之一。断裂密度（T_f）图是根据单位面积断裂长度（单位：km/km^2）进行划分的等值线图。在生成此图之前，必须生成断裂迹线的数字图。对 Landsat 7 ETM+卫星图像（分辨率 30m×30m）进行适当处理后，可作为生成断裂迹线图的基础。迪纳里德斯（Dinarides）岩溶区有可供分析和解译的图像（Pavlović et al., 2001），因此断层分析识别的主观性要远低于其他地区。

采用合适的空间分析软件可生成断层密度图。表 16.3 分类是断层密度等值线图的基础依据。

表 16.3 断裂密度分区

断裂密度/(km/km^2)	T_f
0~1	1
1~2	2
2~3	3
3~4	4
>4	5

16.3.3.3 岩溶图

根据前述两个因子（K_{sf} 和 T_f）获取 KARST 指数，通过卫片和航片对地貌和构造进行分析评价，反映岩溶发育强度。KARST=$K_{sf}+T_f$。

将地表岩溶图和断层密度图通过 GIS 软件叠加获取 KARST 图，成果是显示 KARST 指数（范围 2~10）空间分布图件。KARST 指数值较高则对应岩溶强烈发育区，而低值则代表该地区由低渗碳酸盐岩构成，岩溶发育强度较弱。表 16.4 是根据 KARST 指数值划分的岩溶区。

表 16.4 KARST 指数的岩溶分区

岩溶强度	KARST 指数
极弱	2
弱	2~4
中等	4~6
强	6~8
极强	8~10

16.3.4 讨论

上述制图方法首次应用于黑山卡鲁克（Karuč）泉流域，根据岩溶发育强度对岩溶区进行简化制图；但是，深部岩溶发育时，如果仅依靠该评价图，会极度偏离实际条件。该方法只能给出可能会发育洞穴的区域，但无法确定洞穴通道的实际轴线。KARST 指数图更能反映数十米以浅的岩溶发育强度。

在编制最终图件之后，为了验证岩溶发育强度评价的结果，需要实地探访部分成图区域。多数考察点上，通过遥感评价的岩溶强度与浅层岩溶的现场实地评价能基本吻合（图 16.4）。

图 16.4　制图区东南部地形（a）与制图区西北部地形（b）
遥感评价显示岩溶发育强度为弱到中度；遥感评价显示强岩溶发育

在早期研究阶段，需要根据上述概念获取岩溶发育强度图件。据此，可以集中研究潜在强岩溶发育区，并通过地球物理方法和钻孔勘探进行现场查证。

表 16.5 列举了该方法部分优缺点。

表 16.5　方法的优缺点

缺陷	优势
存在一定的误差（差值错误，卫片分析和解译错误）	无须大量资金投入即可生成图件
图件不够精细，不足以用于局部尺度的分析	能获取其他方法无法实现的岩溶空间分布成果
图件主要反映浅层岩溶信息，无法评价深部岩溶	能获取不可抵达的、无法开展传统现场调查的岩溶区成果
无法获取植被覆盖区的高质量图件	以简易可靠的航片和卫片数据即可成图

根据遥感技术生成岩溶图件，易于确定区域岩溶发育的强度分区。该图件可作为解决某些岩溶工程问题的辅助依据。例如，从渗透性角度评价地形对水库建设的适宜性；确定地下水抽水区；确定含水层人工补给位置；作为岩溶地下水流模拟依据之一；作为地下水脆弱性制图输入图件之一；最初评估地形对地下工程建设的适宜性；作为合理规划研究依据。

该方法需要在更多岩溶区进行验证和改进，由于制图理念仅适用于强岩溶发育区，所以后续阶段需要针对岩溶发育强度较弱的地区进行改进。岩溶评价对岩溶含水层研究和保护极为重要，今后有必要加强研究。

16.4 岩溶区地表水与地下水混合的防治

佐兰·斯特万诺维奇（Zoran Stevanović）

16.4.1 引言

地下淡水与地表水发生混合是岩溶区的常见现象，也是地下淡水持续利用的最大难题。其原因在于多数岩溶含水层，特别是开放的非承压岩溶系统，渗透性较高，稀释能力有限，混合作用难以从地表河流、水库、湖水、海水中识别并分离地下淡水。当地下水因地表污水渗漏发生污染时，恢复过程更为复杂。

根据地表污水及其对含水层的影响，分为如下几类：地表废水，包括未经处理或部分处理的污水、垃圾填埋场渗滤液、工业和公共系统的渗漏等；海水和各种咸水；受污染的湖水、河水等。

为防止岩溶地下水污染，最好采取干预措施阻止污水与岩溶水体接触。应根据具体环境条件选择和调整各种干预措施，岩溶区采用的修复措施包括沿河床铺设防渗层、建设小型水坝或堰、帷幕灌浆、地表水流改道或引至流域之外、堵塞落水洞、向含水层注入淡水形成"反应屏障"等。

需要进一步关注海岸带岩溶地下淡水开发与咸水入侵防治。

16.4.2 历史经验

海岸带含水层开发的难点在于将淡水与海水分离。腓尼基人建造了特殊的船，装备有铁质漏斗和皮管，将淡水向上引流至地表供水。有的将管道或特殊钟状装置安装在泉口下部，以抽取或翻转的方式开发淡水资源（Bakalowicz et al.，2003a）。

地中海盆地作为世界文明的摇篮之一，在大型淡水水源地附近建设了许多城市（Stevanović and Eftimi，2010；Stevanović，2010a）。隔水构造对排泄点与海平面的相对高程具有极为重要的控制作用。当隔水构造高于海平面时，有利于开发利用淡水资源，古希腊人和罗马人熟练掌握了这一知识，据此建设了很多历史名城。例如，亚得里亚海海岸线东部［克罗地亚达尔马提亚（Dalmatian）海岸］，斯普利特（Split）城位于贾德罗（Jadro）地区岩溶大泉附近，该泉高出海平面约30m，杜布罗夫尼克（Dubrovnik）城建设在翁布拉（Ombla）大泉附近，泉点高出海平面3m。其他如阿尔巴尼亚比斯特里察（Bistrica）泉群，包括著名的 Skri Kalter——蓝眼都是潜在的水源地，最低流量值较大，且泉点高出海平面约50m，甚至能保障意大利南部 Puglia 地区安全供水（Eftimi，2003）。在亚得里亚盆地，岩溶含水层系统主要由中生界构成，而隔水构造主要由始新统复理石构成，来自内陆深部的区域性水流因而要适应区域侵蚀基准面，即海平面（图16.5）。

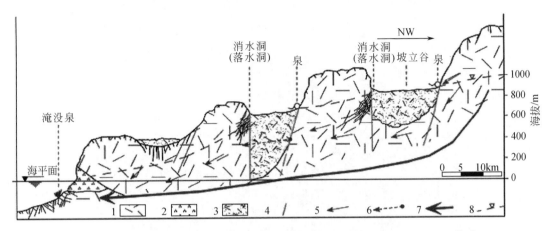

图16.5 Dinarides岩溶坡立谷典型剖面示意图（Mijatović，1983，Stevanović修改）
1. 中生代岩溶化灰岩；2. 复理石隔水层；3. 坡立谷孔隙含水层；4. 断裂；5. 地下水流向；
6. 隔水层周边地下水流向；7. 区域地下水流；8. 地下水位

在新近纪和墨西拿盐度危机期间，地中海与大西洋之间联系中断，地中海盆地海平面下降了数百米。岩溶强烈发育，且在首个极干旱气候期之后，紧接着出现冰期气候，许多沿古海岸带低位分布的泉出露，但如今海平面急剧上升，这些泉成为淹没泉。海平面在最近间冰期上升了将近100m，对地中海滨海岩溶水文地质条件演化起到决定性的影响（Mijatović，2007）。

海底泉（vruljas）一般缺失隔水底板，出露于海平面以下的深处。Bakalowicz等（2003a）、Fleury（2007）、Dörfliger等（2010）认为地中海盆地很多海底泉位置已为人熟知，并记录在册。M. 巴卡洛维奇（M. Bakalowicz）在报告中概述了地中海盆地最大的海底泉以及其他地区大型海底泉 [2014年，"世界海底岩溶及相关的海岸带泉"，WOKAM（世界岩溶图计划）项目报告，未出版]。

16.4.3 海底水流水力学机理及确定方法

经典吉本-赫茨伯格（Ghyben-Herzberg）公式确定了淡水和咸水关系界面，一般也适用于岩溶含水层（Stringfield and LeGrand，1971；Bonacci，1987；Arfib et al.，2005）。淡水与咸水接触面以及微咸水过渡带通常形成于饱水岩溶通道和洞穴中（图16.6），因此，同达西定律一样，经典Ghyben-Herzberg公式应谨慎应用于岩溶含水层（图16.7）。

淡水和海水之间水力关系受二者的密度差驱动，但这种关系中更重要的因素是含水层系统水头（h_{fr}）。低的淡水密度（ρ_{fr}）作为透镜体覆于海水（海水密度为ρ_{sal}）之上，当水头增加或透镜体厚度增加，发生混合的机会降低。岩溶含水层在全年发生动态变化，可能排泄淡水或咸水，甚至完全是咸水，岩溶泉可以是永久性泉或季节性泉。

计算淡水-咸水界面深度的Ghyben-Herzberg公式如下：

图 16.6　希腊扎克辛托斯（Zakhintos）地区沃罗米港（Porto Vromi）与海水直接接触的开放岩溶结构

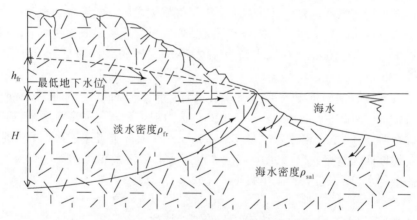

图 16.7　Ghyben-Herzberg 水力关系示意图

$$H = \frac{\rho_{fr}}{\rho_{sal} - \rho_{fr}} h_{fr} \tag{16.1}$$

式中，H 为淡水-海水界面深度；ρ_{fr} 为淡水密度；ρ_{sal} 为海水密度；h_{fr} 为海平面以上的淡水水头（以及最低地下水位）。

淡水相对密度为1.0，海水相对密度为1.025，在流体静力学平衡条件下，淡水-海水界面的深度一般是海平面以上地下淡水水位高程的40倍。因此，淡水降深1m，导致海水入侵达40m以上，强烈抽水会导致含水层快速咸化。

Ghyben-Herzberg 水力学定律假设存在的问题包括：在流体静力学平衡条件下，不形成流动水流；淡水与海水接触处水头为0m。由于必须考虑地下淡水运动和排泄，而且淡水与咸水之间是过渡性界面，自20世纪早期提出该定律后，目前已开发很多新的公式以克服上述不足（Arfib et al.，2005）。

很多学者对海岸带含水层排泄的动力学和淡水-海水界面问题开展了多年研究（Zektser et al.，1973；Mijatović，1983；Drogue and Bidaux，1986；Drogue，1996；Bakalowicz et al.，2003a；Fleury et al.，2007）。Back（1992）在墨西哥著名的尤卡坦岩溶含水层研究中提出了简化示意图（图16.8）。

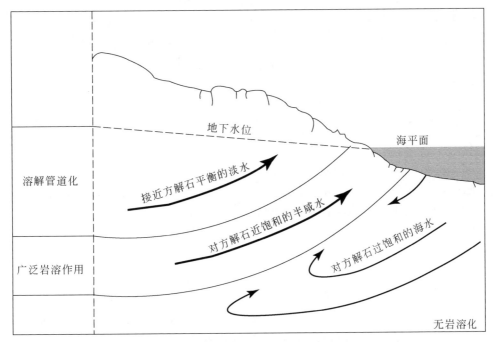

图16.8　尤卡坦岩溶区不同盐度分布区概念模型（Back，1992）

有些滨海地区未发生海水入侵问题，有些几乎不发育岩溶，至少在旱季或低海水水位时期未有此类问题。有些岛屿淡水体被海水完全包围，咸水入侵问题会更加突出，很多滨海含水层水质恶化以及深部咸水入侵问题已引起全球关注。

水文地质实践中，采用各种方法查明海岸带深部地下水流，地下淡水在海岸线排泄之前，或与咸水混合之前，对其加以开发利用。

一般采用遥感方法对海岸带含水层开展初步勘查或调查，卫星图像是电磁能量反射的数字信号，蓝色、红色、绿色、红外线等不同光谱区域的波段形成多光谱扫描图像。通过仔细观察海岸线以及堤岸附近地表水反射信号的颜色或强度变化，同时，还可对岩性、构造模式、植被指数和湿度植被指数等进行分析。

光学技术和基于温度异常探测的红外热成像技术可以定位水底泉。在温暖海水/湖水水位以下，低温地下水流排泄时，泉口附近一般会出现温度异常。相反，温暖的地下水向低温海水排泄，也出现温度异常，在北半球某些地区常见。如黑山斯库台（Skadar）湖岸沿线湖底泉，可采用热红外摄像机记录识别淹没泉。

地电电阻率法、自然电位法、充电法、电成像、超低频、微地震法、重力法、地球物理测井等各种地球物理方法可用于确定地下水流（Arandjelović，1976）。20世纪70年代，一种特殊的方法——激发极化法首次成功应用于亚得里亚海岛屿,该方法可以区分充水和充泥溶洞;而在地电电阻率法中,两种充填类型溶洞电阻率值几乎相同。

各类水下机器人和水下车辆,与传统染色示踪试验联合,可用于水下泉调查取样。例如,由法国 LIRMM 实验室研发的 Taipan 1 型和 2 型自动水下车,能测试一定深度以下水流电导率和温度,并对采样位置进行 GPS 定位(Lapierre et al.,2008);鱼雷形车辆与流速计外观相似,装配有单个推进器,尺寸较小,长 1.80m,直径 0.2m,重 60kg。

专业潜水员利用这种水下车辆,进入饱水带岩溶管道,收集饱水带分布范围信息,并采集水样,深部岩溶管道测绘可为含水层调控工程措施提供重要技术支撑。

钻探勘探孔、后续抽水试验以及水化学分析为确定地下水流、最优抽水量以及水质提供最精确的数据,作为评价淡水与海水关系的基础。

16.4.4 岩溶淡水的持续开发利用

根据 Mijatović(1983)的观点,岩溶水文地质研究主要任务之一是区分如下内容:完全向海洋环境开放的含水层;含水层隔水边界不完整,咸水入侵导致大范围地下水盐度上升;含水层地下水越过完整隔水边界排泄。

最终是要保障含水层在海水入侵下"更安全",并为含水层开发和工程调控措施提供有利条件。前文已述,在地中海海岸带,淡水供水很大程度上取决于隔水区范围及局部分布位置。

在过去半个世纪,亚得里亚盆地已成功实施很多工程,解决了需水量增加和海岸带脆弱含水层压力等问题(Alfirević,1963;Mijatović,1984;Komatina,1984;Biondić and Goatti,1984;Milanović,2000c;Eftimi,2003;Biondić and Biondić,2003;Al Charideh,2007)。Burger 和 Dubertret(1984)已提供某些案例。

类似地,Cost Environnient Action COST 621(2005)包含了 8 个地中海国家 62 个观测点和研究区研究结果。含水层分四组展示,其中 A 类占所有含水层研究的 40%,具有非承压和高渗透性特征,对海水入侵最为敏感;A 类和 B 类几乎占所有含水层的 80%,含水层普遍过度开采,海水入侵成为严峻的现实问题。

全球已在探索寻求合理开发利用淹没泉淡水的方法,某些方法以腓尼基人首次应用的方法原理为基础。例如,Bakalowicz 等(2003b)讨论了法国纳菲雅水(Nymphea Water)公司取水设备的功能与测试结果,该设备于 20 世纪 70 年代研发,在 2003 年改进。按照海床地形设计,环绕泉口安装安全圆筒,顶部装置半球体和输水管。该系统由泉水与海水的密度差控制,密度更大、盐度更高的海水/咸水驱动淡水上移至地表。

淹没泉淡水开发的最佳方法是尽可能从海底淡泉的排泄区直接利用地下淡水,但开发利用的技术难度大,且具有不确定性。很多情况下,与钻孔或竖井抽水相比,利用直接进入管道内的水平廊道进行重力引水是更佳选择。无论采取何种开发措施,均应系统监测泉流量或抽水量与盐度变化的关系,确保含水层持续开发利用,防止淡水咸化或水质恶化(图 16.9)。许多湖底泉或沿河床排泄的泉,不易与地表水隔离,难以开发。典型实例是巴尔干地区,斯库台/施克德(Skadar/Shköder)湖横跨波黑和阿尔巴尼亚,沿湖岸形成地下水集中排泄带，仅波黑湖岸线淹没泉的平均流量就超过了 $10m^3/s$，构成全欧洲最大的淡水库之一。最近，保障所有波黑港口和海岸旅游城市的供水工程成功实施（Stevanović，2010b），该工程经验以及湖水与地下水分离的复杂方法同样适用于湖泊和亚得里亚海岸带的淹没泉。

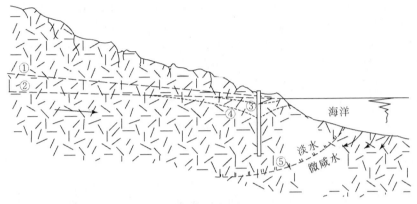

图 16.9 滨海岩溶含水层的典型剖面

抽水速率必须与实际水头相适应。

①高海水水位时期的静态地下水位，高水头可防止淡水与海水混合；②低海水水位时期的静态水位，水头下降无法防止淡水与海水混合，能基本保持均衡；③小口径井低流量抽水，水中矿化度略有增加；④大流量抽水扰动淡水与海水界面，易导致海水侵入；⑤微咸水近似分布区域，根据水头状态（含水层系统压力）移动

参 考 文 献

16.1 节参考文献

Bruce DA(2003) Sealing of massive water inflows through karst by grouting: principles and practice. In: Back B (ed) Sinkholes and the engineering and environmental impacts of karst. ASCE Geotech. Spec. publ. no. 122

Fazeli MA(2005) Construction of grout curtain in karstic environment case study: Salman Farsi dam. In: Stevanović Z, Milanović P (eds) Water resources and environmental problems in karst, Proceedings of international conference KARST 2005. University of Belgrade, Institute of Hydrogeology, Belgrade, pp 659-666

Fazeli MA(2007) Construction of grout curtain in karstic environment case study: Salman Farsi Dam. Environ Geol 51(5):791-796

Ford D, Williams P(2007a) Karst hydrogeology and geomorphology. Willey, Chichester

Hidrotehnika(2012), Belgrade. Web site: http://www.hidrotehnika.rs/alzir/brana-ourkiss/

Milanović P(2000a) Geological engineering in karst. Monograph, Zebra Publ. Ltd, Belgrade

Milanović P, Stevanović Z, Beličević V(2007) Barrage Hammam Grouz, Saf Saf, Ourkiss. Raport d'Expertise, ANBT, Algeria

Milanović S, Stevanović Z, Jemcov I(2010) Water losses risk assessment: an example from Carpathian karst. Environ Earth Sci 60(4):817-827

Sahuquillo A(1985) Spanish experience in karst water resources, vol 161. IAHS Publication, Ankara

Stevanović Z, Milanović S, Ristić V(2010) Supportive methods for assessing effective porosity and regulating karst aquifers. Acta Carsologica 39(2):313-329

Stucky-Electrowatt Joint Venture (1996-2004) Salman Farsi Dam—Reports on the design of the grout curtain. Zürich

Therond R(1972) Recherche sur l'etancheite des lacs de barrage en pays karstique. Eyrolles, Paris

Vlahović M (2005) Surface reservoir in the karst of Nikšić ko polje and problems of their maintenance. In: Stevanović Z, Milanović P (eds) Water resources and environmental problems in karst, Proceedings of international conference KARST 2005. University of Belgrade, Institute of Hydrogeology, Belgrade, pp 671-678

Zogović D(1980) Some methodological aspects of hydrogeological analysis related to dam and reservoir construction in karst. In: Proceedings of 6th yugoslav conference for hydrogeology and engineering-geology. Portorož, pp 283-291

16.2 节参考文献

Abramov KS, Skirgelo BO(1968) Osušenie šahtnih ikarernih polej. Nedra, Moscow, p 255

Alliquander E(1982) Experience and ideas of development on the control of mining under karstic water hazard. In: Proceedings of the first international mine water congress(IMWA), Vol. B. Budapest, pp 7-18

Andreychuk VN(1996) Bereznikovsky Sink. Urals Branch of Russian Academy of Sciences, Perm, p 133

Bankovskaja MV, Krasavin PA (2004) Protection of underground waters against pollution at liquidation of mines in karst region of Kizel Coal Pool. In: Proceedings of the international symposium karstology-XXI century: theoretical and practical significance. Perm, pp 303-306

Bell KG (1963) Uranium in carbonate rocks. Shorter Contributions to General Geology. Geological Survey. Professional Paper 474-A, A1-A20

Bilopavlović V (1988) Utvrđivanje pravca kretanja podzemnih voda u području jame Trobukva-Studena vrela (Definition of groundwater flow direction in vicinity of Trobukva-Studena pithole; in Serbian). In: Proceedings of the VI Yugoslav symposium on bauxite research. Herceg Novi, pp 161-165

BochenskaT, Limisiewicz P, Poprawski L(1995) Long-term changes in the shallow water table in mining area: the Lubin-Glogow copper region, southwestern Poland. Hydrogeol J 3(3):41-52

Carta M, Ghiani M, Rossi G(1982) Uticaj rudarske industrije na okolinu: mere zaštite sa ciljem sprečavanja ili otklanjanja štete(Impact of mining industry on environment: protection measures—prevention and sanitation). In: Proceedings of the 11th world mining congress, Vol. B. Belgrade, pp 452-466

Dimitrijević DM (2013) Oksidacija pirita i kisele rudničke vode (Pyrite oxidation and acidic mining waters; in Serbian). University of Belgrade—Technical Faculty in Bor, p 187

Dragišić V, Stevanović Z (1984) O mogućnostima podzemnog isticanja dela karstnih izdanskih voda po obodu Timočke eruptivne oblasti (Possibility of subterranean inflow along the edge of Timok Eruptive Zone; in Serbian). In: Proceedings of the VIII Yugoslav Symposium on Hydrogeology and Engineering-Geology, Vol 1. Budva, pp 95-101

Dragišić V(1992) Hidrogeologija ležišta bakra istočne Srbije (Hydrogeology of copper depos its of eastern Serbia; in Serbian). University of Belgrade—Faculty of Mining and Geology, Belgrade

Dragišić V (1994) Hidrohemijske karakteristike ležišta bakra "Veliki Krivelj" (Hydrochemical characteristics of copper mine "Veliki Krivelj"; in Serbian). In: Proceedings of the XXVI October conference of miners and metallurgists. Donji Milanovac, pp 42-45

Dublyanskiy VN, Nazarova VU (2004) Karst rocks as mineral resources. In: Proceedings of the international symposium karstology-XXI century: theoretical and practical significance. Perm, pp 279-284

Ershov VV, Eremin VU, Popova BG, Tihomirov ME (1989) Geologija i razvedka mestoroždenij poleznih iskopaemih(Geology and exploration of mineral resource deposits; in Russian). Nedra, Moscow, p 399

Ford D, Williams P(2007b) Karst hydrogeology and geomorphology. Wiley, Chichester

Gongyu L, Wanfang Z(2006) Impact of karst water on coal mining in North China. Environ Geol 49:449-457

James R(1997) Mine drainage and water resources. Bull Peak District Min Hist Soc 13(4):74-80

Johnson KS(2004) Evaporite-Karst processes, distribution, and problems in the United States. In: Proceedings of the international symposium karstology-XXI century: theoretical and practical significance. Perm, pp 14-19

Kleiman BD(1982) Mine drainage in karst. In: Proceedings of the first international mine water congress(IMWA), Vol B. Budapest, pp 501-516

Korać M, Kecojević V (1988) Rezultati analize podataka geomehaničkih ispitivanja radne sredine na primjeru ležišta, Štitovo"(Nikšić)(Results of geomechanical analyses of working environment on example of "Štitovo" mine(Nikšić); in Serbian). In: Proceedings of the VI Yugoslav symposium on bauxite research. Herceg Novi, pp 191-206

Korotkevich GV(1970) Soljanoj karst(Salty karst; in Russian). Nedra, Moscow, p 255

Lolcama J(2005) Case studies of massive flow conduits in karst limestone. 10th multidisciplinary conference on sinkholes and the engineering and environmental impacts of karst, Proceedings sinkholes engineering and environmental impacts on karst Texas, United States, pp 57-65

Lovell HL(1983) Coal mine drainage in the United States—an overview. Water Sci Tech 15:1-25

Lottermoser B (2007) Mine wastes characterization, treatment, environmental impact, 2nd edn. Springer, New York

Luković M(1939) Novija promatranja u rudniku Vrdniku u vezi sa pojavom termalne vode u potkopima(Novelties on Vrdnik Mine in connection with thermal water occurrences in the galleries; in Serbian). Compte rendu des société Serbe de géologie 1938, Belgrade, pp 13-16

Lunev BS, Naumova BO, Naumov VA (2004) Karst mineral resources. In: Proceedings of the international symposium karstology-XXI century: theoretical and practical significance. Perm, pp 23-29

Maksimovich GN(2004) Ways of the decision of environmental problems connected with development of the karst in coal-mining areas. In: Proceedings of the international symposium karstology-XXI century: theoretical and practical significance. Perm, pp 306-311

McKee DM, Hannon PJ(1985) The hydrogeological environment at the Gays River mine. Int J Mine Water 4: 13-34

Miladinović B, Dragišić V (1998) Prognoza rudničkih voda u rudarskim radovima nekih ležišta uglja Senjsko-resavskog basena(Forecasting water inflow in mine works of some Senj-Resava coal basin; in Serbian), vol 8. Podzemni radovi(Ground Works) University of Belgrade—Faculty of Mining and Geology, Belgrade, pp 53-60

Miladinović B(2000) Hydrogeology of REMBAS. Zadužbina Andrejević p 110

Milanović P(2000b) Geological engineering in karst. Zebra Publishing Ltd., Belgrade

Motyka J, Czop M(2010) Influence of karst phenomena on water inflow to Zn-Pb mines in the Olkusz District(S Poland). In: Andreo B et al (eds) Advances in research in karst media. Springer, Berlin, Heidelberg, pp 449-454

Mramor J(1984) Problematika odvodnjavanja triade v rudniku lignita Velenje(Problems in dewatering of Velenje mine field; in Slovenian). In: Proceedings of the VIII Yugoslav symposium on hydrogeology and engineering-geology, Vol 1. Budva, pp 417-425

Nikolić P, Dimitrijević D(1990) Coal of Yugoslavia. Pronalazaštvo, Belgrade, p 462

Plotnikov NI, Roginec II(1987) Gidrogeologija rudnih mestoroždenij. Nedra, Moscow, p 1987

Plotnikov NI(1989)Tehnogennie izmenenia gidrogeologičeskih uslovij(Technogenetic modifications of hydrogeological conditions;in Russian). Nedra, Moscow, p 268

Radulović M, Popović Z, Damjanović M(1987) Osvrt na hidrogeološke uslove ovodnjenosti ugljonosnog basena Maoče kod Pljevalja(On hydrogeological conditions of watering of coal basin Maoče near Pljevlja;in Serbian). In:Proceedings of the IX Yugoslav symposium on hydrogeology and engineering geology, Vol 1. Priština, pp 277-288

Radulović M(2000a)Karst hydrogeology of Montenegro, vol XVIII. The Institute for Geological Explorations of Montenegro. Separate Issues of Geological Bulletin, Podgorica, p 271

Slišković I(1984) Geološko-hidrogeološke karakteristike ležišta boksitne rude Trobukva-Studena vrela i mogućnost smanjenja dotoka vode u jamske prostorije(Geology and hydrogeology of the bauxite deposits Trobukva-Studena vrela and opportunities to reduce inflows into mine pit;in Croatian). In:Proceedings of the VIII Yugoslav symposium on hydrogeology and engineering geology, Vol 1. Budva, pp 559-571

Stevanović Z, Dragišić V, Filipović B(1991)The influence of the karst aquifer on ore deposits in east Serbia, Yugoslavia. Int J Mine Water 1:114-119

Stevanović Z, Dragišić V(1995) Some cases of accidental karst water pollution in the Serbian Carpathians. Theor Appl Karstology 8:137-144

Šarin A, Tomašič M(1991) Hydrogeological review of the Raša Coal Mine in the coastal karst of Croatia. In: Proceedings of the 4th congress Intern. mine water association, Vol.1. Ljubljana (Slovenia)-Pörtscach (Austria), pp 125-131

Tilmat G(1973)Hydrologie des gisements karstiques Francais. In:Yugoslav II(ed)Symposium on resource and exploration of Bauxites, vol A-XVII. Tuzla, pp 1-22

Tóth B(1982)Shaft drilling activity for the water protection of bauxite mines in Nyrád. In:Proceedings of the 1st congress of the Intern. mine water association(IMWA). B, Budapest, pp 244-258

Vasiljević S, Koprivica V, Nikolić R, Raonić M, Todorović M, Kilibarda S (1988) Tehnologija podzemne eksploatacije u složenim rudarsko-geološkim uslovima rudnika boksita "Nikšić" sa osvrtom na mogućnost poboljšanja i tendencije razvoja (Technology of underground exploitation in complex mining-geological conditions of Nikšić Mine—development tendencies and improvement;in Serbian). In:Proceedings of the VI Yugoslav symposium on bauxite research, Herceg Novi, pp 305-316

Wenyong P, Zhizhong L, Hongze G(1991)Ordovician limestone water control in north China coalfield, 4th Intern. mine water association congress, Ljubljana(Slovenia)-Portschach(Austria), pp 207-211

16.3 节参考文献

Angel JC, Nelson DO, Panno SV(2004)A comparison of manual and GIS-based methods for determining sinkhole distribution and density:an example from Illinois' sinkhole plain. J Cave Karst Stud 66(1):9-17

Gondwe BRN, Ottowitz D, Supper R, Motschka K, Merediz-Alonso G, Bauer-Gottwein P(2012) Regional-scale airborne electromagnetic surveying of the Yucatan karst aquifer (Mexico): geological and hydrogeological interpretation. Hydrogeol J 20:1407-1425

Gregory AS, Hugh HM, Jason ED(2001) A simple map index of karstification and its relation-ship to sinkhole and cave distribution in Tennessee. J Cave Karst Stud 63(2):67-75

Pavlović R, Čupković T, Marković M(2001) Daljinska detekcija(Remote sensing;in Serbian). Faculty of Mining and Geology, University of Belgrade, Belgrade

Radulović M (2010) Groundwaters of Montenegro (in Serbian). In: Djordjević B, Sekulić G, Radulović M, Šaranović M, Jaćimović M (eds) Water potentials of Montenegro (in Serbian). Montenegrin academy of sciences and arts, Podgorica, pp 62-105

Radulović MM, Stevanović Z, Radulović M (2012) A new approach in assessing recharge of highly karstified terrains-Montenegro case studies. Environ Earth Sci 65(8):2221-2230

Smith BD, Smith DV, Paine JG, Abraham JD (2005) Airborne and ground electrical surveys of the Edwards and Trinity aquifers, Medina, Uvalde, and Bexar Counties, Texas. In: US Geological Survey Karst Interest Group Proceedings, USGS, Rapid City, 12-15 Sept 2005

Supper R, Motschka K, Ahl A, Bauer-GottweinP, Gondwe B, Alonso GM, Romer A, Ottowitz D, Kinzelbach W (2009) Spatial mapping of submerged cave systems by means of airborne electromagnetics: an emerging technology to support protection of endangered karst aquifers. Near Surf Geophys 7(5-6):613-627

Won-In K, Charusiri P(2003) Enhancement of thematic mapper satellite images for geological mapping of the Cho Dien area, Northern Vietnam. Int J Appl Earth Obs Geoinf 4(3):183-193

Wynnea JJ, Timothy NT, Diazd GC(2008) On developing thermal cave detection techniques for Earth, the Moon and Mars. Earth Planet Sci Lett 272(1-2):240-250

Zurbuchen L, Kellenberger T(2008) Detection of cave entrances with airborne thermal imaging. EGU General Assembly, University of Zurich, Vienna, pp 13-18

16.4 节参考文献

Al Charideh AR(2007) Environmental isotopic and hydrochemical study of water in the karst aquifer and submarine springs of the Syrian coast. Hydrogeol J 15:351-364

Alfirević S (1963) Hydrogeological investigations of submarine springs in the Adriatic. AIH Publ. Réunion de Belgrade. Comité National Yougoslave pour la Géologie de Génie Civil et l'Hydrogéologie, Belgrade, pp 255-264

Arandjelović D(1976) Geofizikana karstu (Geophysics in karst). Spec. ed, Geozavod, Belgrade

Arfib B, Dörfliger N, Wittwer C (2005) General overview of seawater intrusion in coastal aquifers. In: Cost Environment Action COST 621, Tulipano L, Fidelibus MD, Panagopoulos A (eds) Groundwater management of coastal karstic aquifer. COST Office, Luxemburg, pp 76-80

Back W (1992) Coastal karst formed by ground-water discharge. Yucatan, Mexico. In: Paloc H, Back W (eds) Hydrogeology of selected karst regions. International contributions to hydrogeology, IAH, vol 13. Heise, Hannover, pp 461-466

Bakalowicz M, Fleury P, Dörfliger N, Seidel JL (2003a) Coastal karst aquifers in Mediterranean regions. A valuable ground water resource in complex aquifers. vol 2, no 8. IGME Publ., Technologia de la Intrusion de Agua de Mar en Acuiferos Costeros: Paises Mediterraneos (TIAC). Hydrogeologia y aguas subterraneas, Alicante, pp 125-140

Bakalowicz M, Fleury P, Jouvencel B, Prome JJ, Becker P, Carlin T, Dörfliger N, Seidel JL, Sergent P (2003b). Coastal karst aquifers in Mediterranean regions. A methodology for exploring, exploiting and monitoring submarine springs. Technologia de la Intrusion de Agua de Mar en Acuiferos Costeros: Paises Mediterraneos, IGME, Madrid, pp 673-680

Biondić B, Goatti V (1984) La galerie souterraine "Zvir II" a Rijeka (Yougoslavie). In: Burger A, Dubertret L (eds) Hydrogeology of karstic terrains. Case histories. International contributions to hydrogeology, IAH, vol 1, Verlag Heinz Heise, Hannover, pp 150-151

Biondić B, Biondić R (2003) State of seawater intrusion of the Croatian coast vol 2. IGME Publ., TIAC, Tecnologia de la Intrusion de Agua de Mar un Acuiferos Costeros:Paises Mediterraneos, Alicante, pp 225-238

Bonacci O(1987) Karst hydrology with special reference to the Dinaric karst. Springer, Berlin

Burger A, Dubertret L(eds)(1984) Hydrogeology of karstic terrains. Case histories. International contributions to hydrogeology, IAH, vol 1. Verlag Heinz Heise, Hannover

Cost Environment Action COST 621 (2005) Tulipano L, Fidelibus MD, Panagopoulos A (eds) Groundwater management of coastal karstic aquifer. COST Office, Luxemburg

Dörfliger N, Fleury P, Bakalowicz M, El-Hajj H, Al Charideh A, Ekmekci M(2010) Specificities of coastal karst aquifers with the hydrogeological characterisation of submarine springs—overview of various examples in the Mediterranean basin. In:Bonacci O(ed) Sustainability of the karst environment—Dinaric karst and other karst regions. IHP series on Groundwater-VII/2010/GW-2, UNESCO, Paris, pp 41-48

Drogue C and Bidaux P(1986) Simultaneous outflow of fresh water and inflow of sea ina coastal spring. Nature 322/6077:361-363

Drogue C (1996) Groundwater discharge and freshwater-saline water exchange in karstic coastal zones. In: Proceedings of international symposium groundwater discharge in the coastal zone, vol 8. LOICZ-IGBP, LOICZ reports and studies, Moscow, pp 37-43

Eftimi R(2003) Some considerations on seawater-freshwater relationship in Albanian coastal area vol 2. In:IGME Publ., TIAC, Tecnologia de la Intrusion de Agua de mar un acuiferos Costeros:paises mediterraneos, Alicante, pp 239-250

Fleury P, Bakalowicz M, de Marsily G(2007) Submarine springs and coastal karst aquifers:a review. Hydrol J 339:79-92

Komatina M(1984) Control of underground flow in the littoral karst, Orebic, Yugoslavia. In:Burger A, Dubertret L (eds) Hydrogeology of karstic terrains. Case histories. International contributions to hydrogeology, IAH, vol 1. Verlag Heinz Heise, Hannover, pp 156-159

Lapierre L, Creuse V, Jouvencel B(2008) Robust diving control of an AUV. Ocean Eng 36(1):92-104

Mijatović B(1983) Problems of sea water intrusion into aquifers of the coastal Dinaric karst. In:Mijatovic B(ed) Hydrogeology of the Dinaric Karst, Field trip to the Dinaric karst, Yugoslavia. "Geozavod" and SITRGMJ, Belgrade, pp 89-108 15-28 May 1983

Mijatović B(1984) Captage par galerie dans un aquifere karstique de la cote Dalmate:Rimski bunar, Trogir(Yougoslavie). In: Burger A, Dubertret L (eds) Hydrogeology of karstic terrains. Case histories. International contributions to hydrogeology, IAH, vol 1. Verlag Heinz Heise, Hannover, pp 152-155

Mijatović B(2007) The groundwater discharge in the Mediterranean karst coastal zones and freshwater tapping:set problems and adopted solutions. Case studies. Environ Geol 51:737-742

Milanović P(2000c) Geological engineering in karst. Dams, reservoirs, grouting, groundwater protection, water tapping, tunnelling. Zebra Publishing Ltd, Belgrade, p 347

Potié L, Ricour J, Tardieu B(2005) Port-Miou and Bestouan freshwater submarine springs(Cassis—France) investigations and works(1964-1978). In:Stevanović Z, Milanović P. Water resources and environmental problems in Karst. Proceedings of the international conference KARST 2005, University of Belgrade, Institute of Hydrogeology, Belgrade, pp 249-257

Radulović M(2000b) Karst hydrogeology of Montenegro. Special issue of geological bulletin, vol. XVIII. Spec. Ed. Geol. Survey of Montenegro, Podgorica, p 271

Stevanović Z(2010a) Major springs of southeastern Europe and their utilization. In:Kresic N, Stevanović Z(eds) Groundwater hydrology of springs. Engineering, theory, management and sustainability. Elsevier Inc. BH, Amsterdam, pp 389-410

Stevanović Z(2010b) Intake of the Bolje Sestre karst spring for the regional water supply of the Montenegro. In: Kresic N, Stevanović Z (eds) Groundwater hydrology of springs. Engineering, theory, management and sustainability. Elsevier Inc. BH, Amsterdam, pp 457-478

Stevanović Z, Eftimi R (2010) Karstic sources of water supply for large consumers in southeastern Europe—sustainability, disputes and advantages. Geol Croat 63(2):179-186

Stringfield VT, LeGrand HE(1971) Effects of karst features on circulation of water in carbonate rocks in coastal areas. Hydrol J. 14:139-157

Zektzer IS, Ivanov VA, Meskheteli AV(1973) The problem of direct groundwater discharge to the seas. Hydrol J 20:1-36

第17章 岩溶灾害和水资源质量管理

17.1 岩溶环境灾害与减灾措施

马里奥·帕里斯（Mario Parise）

17.1.1 岩溶特征

岩溶区水文、地貌和水文地质条件的特殊性，使其成为全球最为脆弱的环境之一（White，1988；Ford and Williams，2007a；Parise and Gunn，2007）。岩溶区水流通过复杂的管道和洞穴网络几乎全部入渗地下，地表水流缺乏。在溶蚀和机械侵蚀作用下，基岩孔洞扩大形成洞穴，后期洞穴内形成大量石笋，成为吸引游客的旅游资源。

由于岩溶环境特殊的水文条件，水流在某处入渗，经过复杂的地下系统传输至相邻地表流域，地表与地下流域边界并不一致，因此，划定岩溶流域水文边界是一项极为细致复杂的工作（Gunn，2007；Palmer，2007）。通过洞穴探测调查，以及在狭窄洞穴段和淹没段，采用示踪试验了解水流路径（Goldscheider and Drew，2007），是了解岩溶水流过程的唯一办法。

岩溶区对很多地质灾害具有高度脆弱性（De Waele et al.，2011；Gutierrez et al.，2014），包括塌陷、滑坡和洪水等自然灾害，以及污染、土地利用改变所导致的岩溶地貌破坏和景观丧失等人为灾害。岩溶区工程建设必须考虑实际岩溶地质条件，否则，岩溶环境的特殊性会给自然环境、人工设施和建筑物带来风险。

20世纪中叶以来，人类活动在很大程度上改变了岩溶环境，造成了直接损害，并威胁国土安全，管理不当会加剧自然灾害的负面影响（Milanović，2002）。

17.1.2 塌陷

塌陷是岩溶区最典型的灾害之一（Waltham et al.，2005；Gutierrez et al.，2014）。从更广泛的意义上讲，塌陷是一种不稳定质量运移形式，通常形成于产状极缓的可溶岩中。

落水洞形成与地下溶洞等发育有关，是开展地下空间探测的通道之一。除天然成因外，人为活动也会形成落水洞（Parise et al.，2013），有些形成地面塌陷，损害地表建筑物。落水洞甚至也形成于火山岩等非岩溶环境。

落水洞的危害程度与其形成速度密切相关，快速形成的落水洞危险性最高，包括塌陷和覆盖层塌陷落水洞（Tharp，1995），塌陷一经发生即造成灾害（图17.1）。由于塌陷演化过程迅速，且缺乏预警标志，需进一步开展调查研究，降低塌陷灾害风险。

图 17.1 天然落水洞（a）与地下采矿有关的塌陷（b）

人类活动对塌陷形成起重要作用，地下洞穴空间被人类利用后废弃，该位置地表建筑极易发生塌陷。为避免地下空洞对道路和建筑造成危害，必须预先确定空洞位置、规模以及稳定性条件（表 17.1）。

表 17.1 库特罗菲亚诺（Cutrofiano）地下采石场岩石的岩土特性（根据 Parise and Lollino，2011 修改）

类型	$\gamma/(kN/m^3)$	E'/kPa	ν'	c'/kPa	$\varphi'/(°)$	σ_t/kPa	σ_c/kPa
沙	18	70000	0.3	0	28	0	—
黏土	20	40000	0.25	15	20	0	—
马扎罗（Mazzaro）	17.5	180000	0.3	360	33	300	2400
软质砂屑灰岩	15.5	100000	0.3	160	30	160	1400

注：γ 为单位重量；E' 为弹性模量；ν' 为泊松比；c' 为黏聚力；φ' 为摩擦角；σ_t 为拉伸强度；σ_c 为无侧限抗压强度。

17.1.3 质量运移

岩溶环境下，斜坡部位极易发生质量运移，高位地貌、裂隙化基岩和较低性能岩土等典型条件通常会诱发质量运移。从人可进入的大型洞穴，到饱水带管道和小型裂隙，所有岩溶形态都是水流化学溶蚀和机械侵蚀的结果，岩溶作用降低岩体的整体强度，提高岩体不稳定性，产生潜在危害（Waltham，2002；Santo et al.，2007；Parise，2008；Palma et al.，2012）。

岩溶作用与质量运移之间的关系仍不明了，大量滑坡文献较少提及岩溶作用对边坡失稳的影响。

另外，岩溶为观察重力失稳过程提供了独特的双重视角，除了从地表调查各种不稳定条件外，还可以进入洞穴开展断裂调查，了解地下不稳定性。洞穴一旦离开地下水，就会从洞穴拱顶开始持续断裂，引发崩塌，这是洞穴演化的主要过程（White and White，1969）。经过断裂崩塌过程，洞穴形态演化逐步趋向稳定，呈现出拱形洞顶，或者受地下空洞埋深和岩体地质力学性质控制，继续发生崩落，最终到达地表，形成落水洞（Culshaw and Waltham，1987；Waltham and Lu，2007；Parise，2008）。洞穴为地表传统常规分析提供了内部视角，必须对洞穴系统内部破碎沉积物和地表设施进行危险性评估（Klimchouk and Andrejchuk，2002；Iovine et al.，2010）。

风化作用会大幅降低岩石机械性能和整体强度，因此，为评估洞穴系统各部分受破坏的风险性，还应详细调查岩体风化过程（Fookes and Hawkins，1988；Hajna，2003；Lollino et al.，2004）。

17.1.4 洪涝

全球很多岩溶区洪涝灾害极为频繁，造成了大量经济损失。岩溶区地表径流有限，水流通过复杂岩溶管道、洞穴和裂隙网络入渗地下，并最终运移至排泄带。当某些原因造成落水洞堵塞，水流无法下渗时，会在地表累积，特别是在平坦坡立谷，易形成洪水和淹没区（White and White，1984；Bonacci et al.，2006；Delle Rose and Parise，2010；Farfan et al.，2010）。岩溶区频繁发生破坏性洪涝，但是在规划和建设中，人们很容易遗忘过去的洪涝灾害（Parise，2003），结果是不得不重复面对洪涝造成更为严重的损失。

岩溶区污染事件通常与废弃采石场或某些人工洞穴有关，固体和液体废物排放，严重影响岩溶地下水质（Zwahlen，2004）。发生地区冲突时，环境条件甚至会更为恶劣（Calò and Parise，2009）。天然洞穴有时接受各类废物，甚至包括有毒和高危有害废物，污染在所难免。

17.1.5 岩溶景观损失

岩溶区土地利用变化一般与农业扩大耕地有关，主要包括坡改梯工程、堵塞洼地以及清理石山等，特别是地形平坦地区，岩溶地貌形态清理难度低。在古代地中海岩溶区很多城市，碳酸盐岩是典型建筑材料，人们手工清理岩石，用于搭建石墙（Nicod，1972；Parise，2012a）。近几十年来，岩溶地貌损失严重加剧，广泛应用工程机械破坏和清理岩石，破坏表层岩溶带（Williams，2008a），改变地表径流，完全改变天然环境，即使降雨量较小，也会产生水土流失，导致很多地区石漠化趋势严重加剧。大量岩石从原地搬运，倾倒入洞穴或堆积于洞口，严重威胁洞穴探测者人身安全（Parise and Pascali，2003a）。

采石是岩溶区最具破坏性的人类活动之一（Gunn，1993，2004；Parise，2010）：采石严重破坏洞穴，导致景观退化，自然水文条件发生重大变化。采石活动停止后，场地通常作为非法垃圾填埋场，极易污染岩溶生态系统。除地表采石场外，开凿漫长而复杂的地下廊道也需在地下采石，土石方被挖掘搬运至地表。地下形成不稳定条件，并持续向上扩展，在地表易诱发形成塌陷型落水洞（Parise，2012b）。

17.1.6 岩溶区减灾

岩溶水力学特征和水文地质条件的特殊性，导致岩溶环境成为全球最脆弱的环境之一,必须要有针对性地采取特殊技术方法,了解岩溶区复杂地质灾害和人为灾害,并降低相关风险。保护岩溶地形和自然资源是重点,而保护地下水是首要任务;同时,还应制定相关法律制度,发布实施可操作的技术标准,严格执行现行规则,采取重要和必要的行动。

岩溶学和洞穴学专家应该付出更多努力,教育并鼓励岩溶区居民直接参与岩溶环境保护,解释某些活动产生的不良后果及禁止的原因,包括对环境、自身和下一代生命、饮水、作物和食品安全的影响等。

17.2 岩溶水质管理和维护的先进策略

娜塔莎·拉夫巴(Nataša Ravbar)

17.2.1 岩溶地下水环境问题与保护

过去一般认为,除温暖湿润岩溶区,其他岩溶区不适合人类定居和从事农业生产,主要原因是自然条件恶劣,包括地形复杂多变、土层较薄以及水资源匮乏。近数十年来,岩溶区已逐渐成为重要经济区(Kranjc et al., 1999; Ford and Williams, 2007b)。

随着技术和经济条件发展,岩溶区除提供矿产和石材等传统资源外,还成为最重要的饮用水源地和石油天然气储层,并实现了农业集约化(Gunn and Bailey, 1993; Nicod et al., 1997; Moore, 2001; Bakalowicz, 2005)。而且,大量洞穴和地貌等著名景点,促进了旅游业发展(Hamilton-Smith, 2007; Williams, 2008)。清洁能源需求不断增长,对集中开发岩溶系统地热能提出了新要求(Liedl and Sauter, 1998; Goldscheider et al., 2010a)。

随着城市化进程影响,特别是人口定居、基础设施和工业建设规模加大以及不可持续性扩张,增加了对岩溶环境的压力(Ravbar and Kovačič, 2013),产生各类污染、地下水超采、生态破坏等地下水环境相关问题(图17.2),并进一步引发其他负面效应,如地下水资源耗竭、海水入侵和地面沉降等(Kundzewicz et al., 2008; Parise and Pascali, 2003b; Bonacci et al., 2009; Guo et al., 2012),未来可能还会产生气候变化效应。Pulido-Bosch 等(1995)、Han(1998)、Drew 和 Hötzl(1999)、Kaçaroǧlu(1999)、Loáiciga 等(2000)、Mamon 等(2002)、Vesper 和 White(2004)、Kovačič 和 Ravbar(2005)、Pronk 等(2006)、Kresic(2009a)等研究了在人类长期活动影响下,岩溶地下水环境退化过程。

污染防治已成为全球各国、各地区相关机构主要事务,城市岩溶学面临着巨大挑战:在岩溶水资源合理保护、管理与各利益群体日益增长的用水需求之间维持平衡。

17.2.2 脆弱性和污染风险评价概念

过去半个世纪,在含水层脆弱性和污染制图方面取得了重大进展,提出了主要原则、定义和术语(Vrba and Zaporozec, 1994),并开发出很多评价方法,主要目的是确定含水层的

图 17.2 斯洛文尼亚东南部克鲁帕（Krupa）岩溶泉

该地区最重要的饮用水源地，为近 27000 人供水，1985 年以来，由于流域内非法抽水，导致多氯联苯（PCBs）污染最脆弱区，需要采取最高级别保护，并优化流域内土地利用，将地下水污染降至最低。

定量评价水文系统对污染物的中和净化能力是地下水对污染物脆弱性评价的基础。内在脆弱性是水文系统的内在特征，与污染物性质无关，水文系统某些基本要素控制天然防护能力，能降低污染物负面影响，并有利于重建环境平衡，内在脆弱性评价基本要素包括地质、地理、水文和水文地质特征等（图 17.3）。特殊脆弱性是指地下水对某种特定污染物的脆弱性，需考虑污染物特性及其与水文系统的相互作用（Vrba and Zaporozec, 1994; Daly et al., 2002）。

地下水资源保护和脆弱性制图主要有两种方法：资源保护旨在保护整个含水层，脆弱性制图需考虑垂向渗流，以及污染物自地表经过非饱和带，向地下水位的运移过程；水源脆弱性评价主要集中在特殊的泉、井，如饱水带内部存在侧向补给通道，也需加以考虑（Daly et al., 2002）。

污染风险是指地下水发生污染的可能性，该术语考虑了含水层脆弱性等天然特征及其与污染物负荷之间的相互作用，一旦发生灾害性污染事件，能指出对地下水造成的后果（De Ketelaere et al., 2004）。

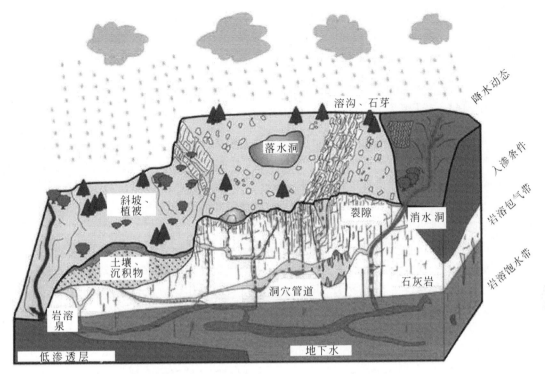

图 17.3　岩溶含水层概念模型以及水资源和水源脆弱性的影响因素（根据 Ravbar，2007a 修改）

17.2.3　岩溶区常用方法

传统脆弱性评价方法未考虑岩溶水流的特殊性，如非均质性和入渗过程的双重性等，特别是不考虑外源水通过落水洞的入渗补给过程，因此，并不适用于岩溶含水层。而且，传统方法应用于岩溶区时，倾向于将岩溶区列为脆弱性最高等级，而不考虑各岩溶含水层之间和含水层内部不同部位的差异性（Gogu et al.，2003；Goldscheider，2005）。

岩溶含水层提供了全球最为丰富的地下水，为保护岩溶含水层，国际计划"COST 620 行动"已列入了制定脆弱性和风险制图指南（Daly et al.，2002；Zwahlen，2004；Foster et al.，2013）。欧洲一般采用 EPIK 方法（Dörfliger and Zwahlen，1998），该方法第一次考虑了岩溶含水层特殊性。后来，欧洲吸收了 COP 方法等多种脆弱性评价方法（Andreo et al.，2009）。Ravbar 和 Goldscheider（2007a）提出了脆弱性、灾害和风险评价的欧洲方法。PaPRIKa 方法（Dörfliger and Plagnes，2009）与上述方法有细微差别。岩溶系统水文地质概念模型——KARSYS 方法也可用于地下水保护（Jeannin et al.，2012）。各方法的主要差异在于各种复杂参数的选取、相互作用与权重系统。

17.3 划定岩溶地下水防护区

弗拉基米尔·伊万诺维奇（Vladimir Živanović）

17.3.1 引言

地下水污染防治是现代水文地质工程学的重要任务之一，在人类活动影响下，地下水常遭受长期而缓慢的污染，在其他类型岩石地层中，地下水滞留时间长达数千年，污染物长期存留于地下水中；污染地下水修复耗时较长，且耗资巨大。但岩溶环境中，污染物运移时间极短，甚至少于一天，导致岩溶地下水资源脆弱性极高。无论是缓慢污染还是快速污染，都应采取地下水质保护和污染预防措施。

饮用水源对污染物尤为敏感，一般需在取水设施（泉口、井、集水廊道及类似结构）所在的流域范围，建立各种保护性卫生防护区带，实施严格管理政策，严禁各类威胁当前或未来地下水源的活动。与地下水污染造成的代价和影响相比，地下水保护预防措施成本要小得多。

一般围绕取水设施，在地表按同心圆划定防护区，根据当地立法和水文地质条件确定防护区数量（图17.4）。实践中一般按如下方式操作（Chave et al.，2006）：

（1）直接防护区，是指泉或井周边，主要作用是防止污染物直接进入取水设施。
（2）内部防护区，一般根据病原体数量降至可接受水平的时间确定。
（3）外部防护区，根据污染物降解或浓度降低的预期时间划定。污染物有时并不会因多孔介质过滤而降低浓度，此防护区还应考虑实施补救措施和清除污染物所需的时间。
（4）全流域防护区，有时，为确保地下水质得到长期持续保护，还需划定包括整个流域范围的防护区。

17.3.2 防护区分区方法

由于难以充分了解防护区范围圈定的控制因素，而且某些因素随时空发生变化，所以防护区范围划分具有内在不确定性。针对地下水源保护的水文地质研究是一项综合性多学科工作，虽然水文地质学家对划定防护区起最重要作用，但还需要化学、微生物学、空间规划以及行政管理等相关专业科学家参与（Van Waegeningh，1985），最终建立合理可行的防护区。防护区范围不宜过大，应避免与社会经济利益发生冲突；如需缩小防护区范围，则应详细了解地下水径流和排泄条件等信息，这会额外增加成本支出。

防护区规模和形状取决于如下因素（European Commission，2007）：含水层水文地质特征、地下水源规模（抽水量）、污染物类型和污染源、含水层脆弱性、区带划分方法。

防护区划定通常包括三类方法：非水文地质学方法、准水文地质学方法和水文地质学方法（Kresic，2007，2009b，2013）。非水文地质学方法仅围绕水源凭主观任意确定防护

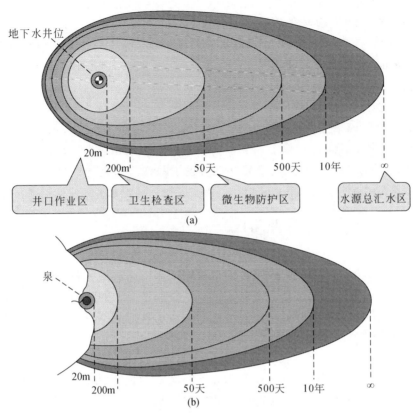

图 17.4 取水井和泉周围地下水采集区和传输时间边界的理想示意图（根据 Foster et al., 2002, 有改动）
(a) 非承压井；(b) 非承压泉

区半径，缺乏科学依据。准水文地质学方法包括估算井的影响半径、评价均匀流场的井效应，根据水文地质模拟成果划定防护区，而不是以实际水文地质测绘成果为依据，该类方法还采用抽水期间最大水位降深的确定方法、以非饱和带和饱水带对污染物稀释作用为基础的同化能力确定方法，以及根据补给区和控制地下水流其他水文特征确定区域边界的流量边界方法（Chave et al., 2006）。这些分区方法未考虑天然地下水流、含水层非均质性和各向异性等重要参数以及非饱和带的防护作用，因此，结果会充满争议。水文地质学方法以水文地质模型和详细水文地质勘查成果为基础，充分掌握水文地质特征和地下水动力条件。

下文将对防护区划定方法进行概述，对岩溶地下水保护具有参考价值。

岩溶区补给入渗和地下水径流迅速，岩溶含水层更易受污染，因此，划定岩溶区卫生防护区需要更详细的勘查工作，对整个系统条件要有深刻认知。分区应重点关注岩溶含水层的非均质性和各向异性，但在有些水文地质工程实践中，将岩溶系统等效模拟为多孔介质，导致错误分区。

为了更好地了解岩溶含水层保护的特殊性，需要特别考虑如下因素：含水层补给迅速，特别是集中入渗补给；大量水流经岩溶管道径流；地下水流速极高，一般超过 2cm/s，有时可高达 20~50cm/s；与其他类型含水层相比，岩溶水滞留时间极为短暂；岩溶含水层具有极度各向异性特征；岩溶含水层自净能力有限（Milanović, 2000）。

加拿大安大略省 Walkerton 供水源污染事件，是阐明岩溶含水层极度脆弱性，以及污染物快速传输并威胁生命安全的极佳范例（Worthington，2003，2011；Goldscheider and Drew，2007b；Kresic，2013）。Walkerton 水源来自 3 口供水井，位于古生界岩溶含水层，含水层厚度70m，上覆黏土沉积物厚 3～30m。2000 年 5 月，一场暴雨后，含水层受污染，调查显示牛粪是病原体来源，造成了 7 人死亡和 2300 人致病。后续研究工作包括勘探钻孔 38 口、地表物探和孔中物探（测井）、抽水试验、化学和细菌学分析，并将含水层等效视为有效孔隙度为 5% 的孔隙介质，采用 MODFLOW 开展地下水流数值模拟，结果显示，水流在含水层中滞留时间为 30 天，补给区为供水井周边 150～290m 范围。由于最初水动力模型方法不合理，岩溶专家随后补充开展染色示踪试验研究（Worthington，2011），结果显示地下水实际流速比模拟结果高出几百倍，表明污染源比早先研究结果要远得多。

17.3.3 按固定半径和运移时间划定防护区

将固定半径与污染物向取水设施运移时间相结合，是防护区划定的最常用方法。固定半径方法并不过多依赖局部水文地质条件，是目前最简单的防护区划定方法。通常做法是围绕取水设施，以预设半径的多边形或圆圈表示防护区范围，很多国家采用该方法（表 17.2），特别是划定首个防护区，即直接防护区或井口/泉口防护区（图 17.5）。不考虑当前水文地质条件，至少需覆盖取水设施周围 10m 范围。仅有少数国家在岩溶区取水设施周围划定更大范围，如德国为 30m，斯洛文尼亚为 20m，土耳其为 100m。

Ⅱ 区（内部防护区）划定一般采用时间方法，实际操作中，根据相关水文地质参数，采用水动力模拟结果划定防护区，某些国家采用最小半径作为辅助标准。岩溶含水层中，50 天足以保证水流通过整个流域范围（如德国），因而很多国家采用更短运移时间划分 Ⅱ 区，如斯洛文尼亚为小于 12 小时，克罗地亚和塞尔维亚为 1 天，瑞士为 10 天。有些国家采用地下水脆弱性理念划定 Ⅱ 区和 Ⅲ 区（如瑞士），如下文所述。

Ⅲ 区（外部防护区）指径流时间为 200 天、1 年或 10 年的范围，或根据当地立法涵盖整个流域范围。岩溶地下水源地的 Ⅲ 区一般应延伸覆盖整个流域，很多国家抵制这种划定较大范围的做法，将其分为两个部分，并采用不同控制措施，如德国以 2km 为半径进行划分。

尽管各种类型防护区数量和划定方法差异较大，但在岩溶区，一般按水流传输时间分区。除考虑传输时间以外，还应考虑某些特殊岩溶形态。Milanović（2000）指出，应考虑地下水流速、集中入渗点等相关岩溶形态，他提出四个保护区（图 17.6）。

1 区（泉口或饮用水取水设施保护区）：取水设施上游 50m 范围。

2 区（直接防护区——需采取严格保护和限制措施）：流域内地下水到达取水设施时间为 24 小时及以上的范围，特别是管道地下水流流速超过 5cm/s 的情况。水流自落水洞抵达取水设施时间小于 24 小时，该区还应包括 3 区的落水洞。

3 区（防护区）：需涵盖流域内地下水流抵达取水设施时间为 10 天及以上范围，还应包括 4 区内所有与受保护泉井发生直接联系的落水洞。

表 17.2 欧洲各国岩溶地下水源防护区划分实例（COST Action 65, 1995; Margane, 2003; Chave et al., 2006; Carey et al., 2009）

国家	井口/泉保护区（Ⅰ区）	内部防护区（Ⅱ区）	外部防护区（Ⅲ区）	备注
克罗地亚	ⅠA: "泉口" ⅠB: "补给区"	Ⅱ: 24 小时 = "严格限制区" Ⅲ: 1~10 天 = "限制和控制区"	Ⅳ: 10~50 天 = "限制保护区"	整个流域的"储水特殊保护区"
德国	井口周围 10m	50 天	整个流域（大型流域以 2km 半径进一步细分）	如果上覆不渗透盖层，Ⅱ区和Ⅲ区范围可以缩小
	泉口周边 20m			深部岩溶含水层不需要Ⅱ区
	岩溶含水层中供水井周边 30m	裸露型岩溶含水层整个流域: $t<50$ 天	裸露型岩溶含水层整个流域	
葡萄牙	20~60m	根据含水层类型分为 50 天或 40~280m	根据含水层类型分为 3500 天或 350~2400m	
塞尔维亚	3~10m	50 天（至少 50m）	200 天（至少 500m）	如果上覆不渗透盖层，Ⅱ区和Ⅲ区范围可以缩小
		岩溶含水层为 1 天（至少 500m）	岩溶含水层为整个流域	中型区带
斯洛文尼亚	10m	50 天（至少 50m）	整个流域	400 天（至少补给范围的 25%）
	岩溶含水层为 20m	岩溶含水层<12 小时		岩溶含水层>12 小时
西班牙	24 小时	50 天（孔隙介质）	1 年	
		100 天（岩溶含水层）		
瑞士	10m	10 天（距离Ⅰ区至少 100m）	中型区带范围的两倍	
土耳其	50m（孔隙介质）	50~250m（孔隙介质）	以岩溶含水层的脆弱性为基础	补给区
	100m（岩溶含水层）	100~500m（岩溶含水层）		

图 17.5 塞尔维亚东部大洞（Gaura Mare）岩溶泉直接防护区

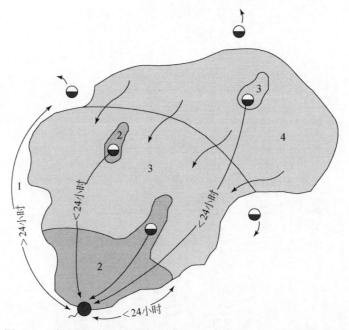

图 17.6 岩溶地下水污染防护区示意图（据 Milanović，2000 修改）

4 区（外部防护区）：流域范围除以上各区的其他部分，该区与取水设施并不直接联系，水流速度一般小于 1cm/s。

17.3.4 根据脆弱性评价划定防护区

地下水脆弱性评价能提高分区精度，提升安全性，爱尔兰、英国、瑞士和塞尔维亚等国首选地下水脆弱性制图作为防护区划定依据。非饱和带防护功能评价与水流补给区评价等方法结合，优化防护区划定，特别适用于岩溶区。

地下水脆弱性评价的"爱尔兰方法"中，提供了脆弱性制图用于划定防护区的实例（Department of Environment and Local Government, Environmental Protection Agency and Geological Survey of Ireland, 1999）。将水源保护区图（即补给区）和地下水脆弱性图叠加，生成防护区区划图。在内部防护区设定四级保护标准：SI/E、SI/H、SI/M 和 SI/L，分别对应脆弱性水平极高、高、中等和低四个水平；外部防护区采用相同原则（SO/E、SO/H、SO/M 和 SO/L）；各区采用不同限制性措施。

EPIK 方法首次将地下水脆弱性评价用于划定岩溶地下水防护区（Döerfliger and Zwahlen, 1997），作者认为，岩溶含水层脆弱性是表层岩溶带、土壤结构与厚度、入渗条件以及岩溶空间网络的直接函数，防护区范围与地下水脆弱性程度直接相关。

17.3.5 多种方法结合划定防护区

近年来，地下水脆弱性制图逐渐用于岩溶地下水资源保护，17.2 节列举了脆弱性制图方法。通常采用"欧洲方法"（Zwahlen, 2004），与固定半径或传输时间的脆弱性制图方法结合，划定防护区。岩溶地下水保护需要确定四个因子（O、C、P 和 K），前三个因子与资源脆弱性有关，而 K 用于水源脆弱性评价。

"斯洛文尼亚方法"用于斯洛文尼亚境内岩溶含水层和岩溶泉保护，概念模型与"欧洲方法"完全一致（Ravbar and Goldscheider, 2007b, 见 17.2 节）。法国开发了水资源与水源脆弱性评价的 PaPRIka 方法（Kavouri et al., 2011），防护区划分精度更高。水源脆弱性以 I_{source} 图表示，脆弱性是入渗条件和地下水传输时间的函数。此外，提出了 4 个等流时线（分别为 12 小时、24 小时、36 小时和 48 小时），对应生成四个水源脆弱性图，结果表明脆弱性是时间的函数。

地下水脆弱性评价方法用于划定防护区，主要缺陷之一是水源脆弱性不仅是时间的函数，特别是当地表水进入落水洞，经非饱和带运移时，还会增加主观性，且难以验证评价结果。时间-输入方法（Kralik and Keimel, 2003）评价岩溶地下水脆弱性时，已考虑水流在含水层上部区带的运移时间，该方法可以进一步优化，用于划定防护区，也就是说，时间-输入方法的成果图中，各点代表污染物到达含水层的时间，将该时间与各点地下水到达取水设施的运移时间相加（图 17.7，A 点），得出污染物向泉或井运移的总时间。因此，必须评价预测污染物在落水洞或伏流集水区的运移过程，通过分析地表水流速及其向落水洞的运移时间，有效改进该方法（图 17.7，B 点和 C 点）。

水流及相关污染物自地表向取水设施运移的总时间（岩溶运移总时间，KTTT）可按下式估算：

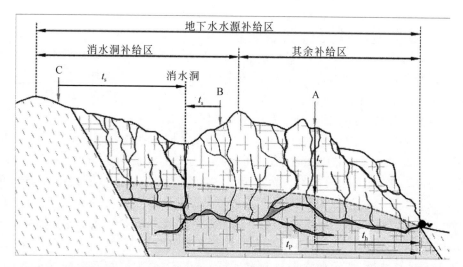

图 17.7　污染物自地表向取水设施迁移的概念模型（作为划定卫生防护区的基础）
左侧开始：低渗基岩地层；虚线上方的白色区域：岩溶化灰岩（非饱和带）；虚线下方的灰色区域：岩溶化灰岩（饱和带）

$t_{tot}=t_v+t_h$（落水洞或伏流集水区以外的岩溶部位，如 A 点）；

$t_{tot}=t_s+t_P$（落水洞或伏流集水区以内岩溶部分，如 B 点和 C 点）。

其中，t_{tot} 为运移总时间，t_v 为自地表向地下水位的垂向运移时间；t_h 为向取水设施的水平运移时间；t_s 为落水洞集水区内的地表水流运移时间；t_P 为自落水洞向取水设施的运移时间。

对于运移总时间的估算，某些要素可直接通过示踪试验等方法计算，有些则需根据水文地质系统条件进行间接估算。

落水洞集水区内地表水流运移时间（t_s）是指地表径流粒子从流域内某点运移至落水洞的时间。影响传输时间的因素包括径流距离、地形坡度和粗糙度，以及降雨强度（Conservation Engineering Division，1986）。地表水流传输时间一般为多个地表水流运移时间的加和。片流一般形成于流域最高部位，径流距离较短，不到 100m，随后转变为薄层集中水流。当地表水进入季节性或永久性地表河渠，薄层集中水流变为开放明渠流。根据片流或开放明渠流曼宁（Manning）方程可计算各水流组成要素。自落水洞向取水设施的运移时间（t_P）可根据示踪试验估算。

对于流域内落水洞集水区以外的供水源区，可根据天然示踪剂或投放人工有色示踪剂的运移时间，直接推算污染物由地表向地下水源（泉或井等取水点，译者注）的运移时间（Pronk et al.，2009；Worthington，2007），或根据自地表向地下水位的垂向运移时间 t_v 和向取水设施的水平运移时间 t_h 进行间接估算。第一个分量由时间-输入方法确定，而水平传输时间通过洞穴调查、钻孔示踪试验等方法计算。通过泉流量水文曲线分析可间接估算水流向取水设施的传输时间或沿途滞留时间。Civita（2008）对意大利 200 口以上取水井开展流量研究，采用年最大流量半衰期（maximum discharge half-time，MDHT）（泉流量自最大值开始衰减，降至其一半所需的时间）评价地下水流速。

将流域内各源头水流运移至取水设施的时间叠加，生成地下水源脆弱性图，随后，结合当地立法要求，划定卫生防护区。

将脆弱性作为污染物运移时间的函数，是水源脆弱性评价方法的优势之一；同时，也为水文地质学家验证评价结果提供了极大便利。岩溶地下水位变幅可达300m（Milanović，2000），且同一系统内部地下水流速变幅可达5~10倍（Göppert and Goldscheider，2008；Milanović，2000），以总运移时间为基础，评价地下水源脆弱性，可划定不同水文条件的防护区。

17.3.6 应用地下水模型划定防护区

过去由于难以获取水动力模拟所需的大量数据，水动力模型很少用于划定岩溶区供水源的卫生防护区。如沃克顿（Walkerton）事件中，应用该模型产生了严重错误结果。随着 MODFLOW CFP（Reimann and Hill，2009）和 MODFLOW-USG（Panday et al.，2013）的出现，岩溶系统数值模拟取得了巨大进展，但这些软件包中用于划定卫生防护区的模块仍在开发中，包括污染物归宿和传输模拟以及粒子追踪模块，仍未进入应用阶段（Kresic，2013）。

17.3.7 支持地下水源保护的监测

划定防护区仅仅是岩溶地下水源保护的重要环节之一，建立健全地表水和地下水质监测网络同样重要。地表水监测最佳位置是水库出入口，而地下水最佳监测点是落水洞、泉以及与岩溶管道网络连通的钻孔和井（Milanović，2000）。

17.4 岩溶地下水修复

亚历克斯·米克谢夫斯基（Alex Mikszewski）和内文·克雷希奇（Neven Kresic）

17.4.1 引言

美国相关管理和咨询机构均采取类似非岩溶环境修复措施，对绝大多数受污染岩溶场地进行修复。随着逐步深入了解地下污染物特征以及各种修复技术效果，从监管和商业应用角度来看，首选技术在频繁发生变化。图17.8和图17.9是美国环保局（USEPA）污染清除超级基金资助的有毒废物场地修复首选技术变化趋势（USEPA，2013）。

可溶岩被数十米厚不均匀残积层所覆盖，是导致很多岩溶场地条件复杂的因素之一。残积层松散沉积物是地表污染物进入下伏岩溶含水层的影响因素之一。有些修复技术仅对残积层有效，如土壤蒸汽抽提技术（SVE）、原位化学氧化（ISCO）等注入技术和生物修复方法，对下伏岩溶环境修复未必有效。

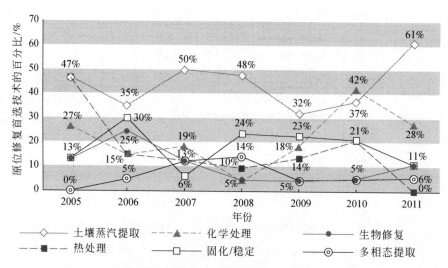

图 17.8 超级基金选择的源区处理原位修复首选技术的百分比

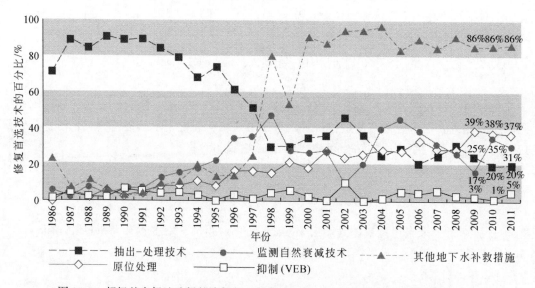

图 17.9 超级基金场地选择的溶解相（地下水污染羽）处理修复首选技术的百分比

岩溶系统发育未知规模的超高渗透性管道时，岩溶环境修复比其他环境修复更具挑战性。

17.4.2 原位处理技术

场地修复成本可高达数十万乃至数千万美元（McDade et al.，2005），即便如此，也很难移除所有污染物。源头修复的优点是可以去除污染源，减少污染物向污染羽运移（Rao et al.，2001；Falta et al.，2005a；Jawitz et al.，2005）。源头修复降低了污染羽负荷，但无法保证自然衰减过程能将污染羽浓度降至限值以下（Falta et al.，2005a，2005b）。

美国环保局强调，污染场地修复需将源头修复与污染羽修复相结合。根据修复程度要求，场地修复最佳措施选择，必须考虑源头修复和污染羽修复的内在耦合关系（Falta et al.，2007）。

Lipson 等（2005）指出，在裂隙化基岩中，去除 DNAPL（重质非水相液体）污染源以后，污染物还会从基岩向开放裂隙长期持续反向扩散。反向扩散过程也能去除基岩中部分污染物，但耗费时间比污染物此前进入基岩要长得多。原因在于正向扩散具有单向性，局部污染物反向扩散回到开放裂隙的同时，仍在向基岩内部进一步正向扩散。结果表明，裂隙化基岩污染修复时间更接近于液相污染物反向扩散时间，与 DNAPL 存留时间无关。

热处理、化学氧化以及生物修复等原位处理技术日趋成熟，越来越多应用于裂隙化岩层和岩溶场地的 DNAPL 污染修复。

17.4.3 热处理技术

热处理技术由石油工业发展而来，石油工业部门长期采用地下加热和蒸汽注入等方式，提高重油、油砂和油页岩的石油采收率。很多情况下，石油和氯化溶剂造成地下水污染，因此，可以采用与石油工业类似的热处理技术进行地下水修复。挥发性污染物必须在气相条件下进行收集和处理，可认为原位热处理技术是改进的土壤蒸汽抽提技术（SVE），需设置钻孔抽提多相态污染物。相对于自然环境温度下的 SVE，热处理技术对污染区加热升温，提高污染物的蒸气压，降低 NAPL 的黏度，提高污染物的溶解性、扩散性以及生物活性等，能显著提升污染物的去除效果（USACE，2009）。

土壤导热性变幅一般小于土壤渗透性（渗透系数）等传统修复参数，因此，原位热处理技术处理粉砂和黏土等低渗物质污染的效果要优于试剂注入技术。市场上主要有电阻加热（ERH）、蒸汽强化加热（SEE）、传导加热等三种原位热处理方式。读者可参阅 USACE（2006，2009）、USEPA（1998a，2004）、Davis（1997，1998）、Powell 等（2007）、Kresic（2009c）以及 Kresic 和 Mikszewski（2013）等文献，详细了解上述技术。

地下水流速、流量较大时，电阻加热和传导加热系统运行会产生热量损失（Kingston et al.，2009）。地下水渗流速度超过每天数英尺①时，低温地下水持续冲洗处理区并取代热水，导致热量大幅损失，特别是含水层发育管道时，会普遍存在这种局限性。将梯度向上的抽水井和梯度下降的注水井联合组成管理系统，能有效降低地下水流量，相应减少热量损失（Kingston et al.，2009）。

由美国地质调查局开发的非饱和带-饱水带热量传输二维模型 VS2DHI，通过热传导模拟，了解岩溶系统内大量管道水流对修复的影响，该模拟成果有利于修复工程可行性评价与设计。

热修复的目标任务是将含氯化溶剂 DNAPL 的浅层低孔、低渗灰岩基岩加热至 80℃，即达到试验测试中多数目标污染物的挥发温度。

---

① 1 英尺 = 3.048×10^{-1} m。

岩溶区快速水流对所有原位修复技术而言都是挑战，管道散热迅速，而且，用于原位化学氧化或生物修复辅助注入物极易在管道水流中快速扩散，难以与基岩中污染物充分有效接触，因此，在修复处理设计中，必须确定管道位置，以免造成资源浪费。

蒸汽强化加热法（SEE）将蒸汽注入井中，形成压力梯度回收非水相流体（NAPLs），同时加热地下岩体，使污染物挥发，在气相条件下进行抽提。与电阻加热法（ERH）类似，蒸汽强化加热法可将地下最高加温至近100℃。压力循环可在土壤孔隙内形成热动力不稳定条件，促进污染物挥发，在NAPLs被移除并在液相条件回收后，采用压力循环可提升气相污染物去除率（USACE，2006）。

Gudbjerg（2003）在颗粒多孔介质修复研究中强调，蒸汽强化加热法的成本极高，一般情况下难以承受，仅适用于急需快速修复的严重污染源区。受多孔介质各向异性特征影响，饱水带浮力作用将注入蒸汽向非饱和带抬升，大大影响蒸汽注入效果。简单条件下，无须全面复杂的数值模拟，就可预测饱水带蒸汽区分布情况。采用蒸汽修复时，可能会发生污染物向下部迁移。目前，岩溶区还没有蒸汽强化加热修复的案例分析报告，但岩溶系统的复杂性必然会提高修复技术难度。

17.4.4 原位化学氧化（ISCO）

原位化学氧化方法通过向地下加入化学氧化剂，将地下水或土壤中污染物转化为危害性较低的化学物质。最常用原位修复氧化剂包括四类：高锰酸钾（MnO_4^-）、过氧化氢（H_2O_2）和铁（Fe）（芬顿驱动或H_2O_2氧化）、过硫酸盐（$S_2O_8^{2-}$）、臭氧（O_3）。

氧化剂类型和物理形态决定了制备处理和注入要求，如Huling和Pivetz（2006）所述，氧化剂在地下存留时间会影响对流和扩散传输，并最终影响氧化剂向地下处理目标区输送，以及氧化剂与污染物接触时间。例如，高锰酸钾存留时间较长，在低渗多孔介质中可长距离传输。过氧化氢在土壤和含水层中存留时间为数分钟至数小时，只能在短距离扩散和对流传输。过氧化氢、过硫酸盐和臭氧形成的自由基中间体，能在极短时间（<1s）完成污染物转化反应。

氧化剂能否与现场某种污染物发生反应，取决于四个主要因素：动力学、热动力学、化学计量学以及氧化剂的输送。

微观尺度上，反应动力学或化学反应速度最为重要，实验室内促进反应的E_0值条件在野外并不具备。氧化反应速率同时受多个变量控制，包括温度、pH、反应物浓度、催化剂、反应副产物、系统杂质［天然有机物（NOM）和氧化剂清除剂等］（ITRC，2005）。化学氧化剂与污染物反应，最终生成CO_2、H_2O等无害物质，含氯有机污染物还会生成无机氯化物。反应过程包含多个子过程，如多环芳烃和有机杀虫剂修复过程可能会生成某些不确定的中间产物。

原位化学氧化修复地下水污染需将氧化剂直接注入污染源区及下游污染羽。如果污染物埋深较浅，可将过量氧化剂注入污染残留区及其下方岩溶含水层，促使氧化剂向含水层更大范围传输。典型注入方法包括在井中瞬时或持续注入、沟渠内重力入渗、与土壤直接混合等。对于深部基岩污染，必须以更高成本布设密集注入井。岩溶区原位化学氧化修复技术的主要挑战包括确定污染范围、氧化剂用量、地下存留时间以及将氧化剂输送到处理目标区的可行性。

有些污染物以平流的方式缓慢扩散进入基岩，氧化剂必须在含水层相应污染部位停留足够时间，方能氧化分解污染物；另外，岩溶管道中地下水流和污染物迁移迅速，注入岩溶管道的氧化剂会快速被冲洗稀释，并离开处理目标区。因此，原位化学氧化方法并不适用于岩溶区。

总体上，原位化学氧化方法的主要优势是产生废物最少，而且能在数周、数月等较短时间内完成修复处理。但是，非水相流体（NAPLs）与水无法混合，而水基溶液中氧化剂仅能与溶解态污染物发生反应。处理过程动力学变为解吸受限，需要多次采用成本高昂的氧化剂才能破坏 NAPLs（ITRC，2005）。

适用原位化学氧化处理的污染物包括苯、甲苯、乙苯和二甲苯（BTEX）、甲基叔丁基醚（MTBE）、总石油碳氢化合物（TPH）、氯化溶剂（氯乙烯和氯乙烷）、多环芳烃（PAHs）、多氯联苯（PCBs）、氯苯（CBS）、酚类、有机农药（除草剂和杀虫剂）和军需品成分（RDX，TNT，HMX 等）。

固态氧化剂研发取得了最新进展，氧化剂放入地下后，在数年内溶解。例如，缓释型高锰酸钾（RemOx©SR）分散混入固体石蜡筒，置入地下，高锰酸钾从石蜡基质中溶解，扩散进入地下水。该修复技术无法输送数千磅氧化剂用于重质非水相液体（DNAPL）源区修复，但是可以广泛用于处理低渗地层的低浓度残余污染物，或作为清除污染羽的原位化学氧化屏障（类似于渗透性反应墙技术）。

承载氧化剂的筒体在短期内发生溶解，因此，该项技术无法应用于岩溶管道高速地下水流环境，但可用于处理残余污染物以及灰岩基岩污染。根据卡鲁斯（Carus）公司提供的溶解模型，在现场评估地下高锰酸钾柱体的使用寿命，模型运行结果如图 17.10 所示。

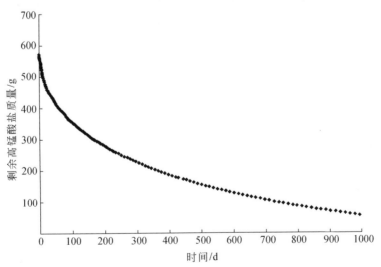

图 17.10　采用地下高锰酸钾柱体使用寿命评价的溶解模型输入参数的高锰酸钾溶解模型运行结果

17.4.5 生物修复

卤代挥发性有机化合物（VOCs）是美国污染清除超级基金资助的有毒废物堆场及其他场地土壤和地下水中最常见的污染物，特别是氯代脂肪烃（CAHs）原位强化生物修复技术发展最为迅速。为降低污染场地净化的经济和时间成本，各种原创性原位生物修复技术正在积极研发并投入应用。原位生物修复技术依靠自然过程处理污染物，无须抽取污染物和开挖，技术难度低，更易被公众所接受，因此，越来越多用于有害污染场地修复。

工程生物修复技术通过调整地下水中各种电子受体、供体（基质）和营养物质浓度，刺激本土天然微生物降解污染物，该方法也称为生物刺激作用。生物修复还包括生物强化技术，通过培养场地已有微生物，或从异地引入菌株进行特殊培养，使其具备降解特定污染物的能力后，置入地下。

电子受体是指在氧化还原反应中接受电子的物质，微生物通过电子从供体向受体的转移过程中获取能量，电子供体是指在反应过程被氧化的化合物，包括烃类燃料和天然有机碳等有机物（USEPA，2000），有时也包括硫酸盐等还原性无机物。电子受体是指在反应过程中被还原的化合物，包括 O_2、NO_3^-、Fe^{3+}、Mn^{6+}、SO_4^{2-}、CO_2，有时还包括氯代脂肪烃，如四氯化碳（CT）、四氯乙烯（PCE）、三氯乙烯（TCE）、二氯乙烷（DCE）和挥发性有机物（VC）。细菌在生长过程中，将氯化溶剂 PCE 作为最终的电子受体（TEA），氢是 PCE 还原脱氯的理想电子供体，该过程称为脱氯呼吸作用（Magnuson et al.，1998）。21 世纪初兴起的灭藻目（Dhc）鉴定技术是原位生物修复技术发展的分水岭，带动了生物修复技术蓬勃发展。

微生物生长所需的营养元素包括 C、H、O、N 和 P，基质是微生物进行生物过程和繁殖的能量源或分子基础材料，基底包括各种形态的固体和液体有机碳，如碳水化合物。

某些微生物群落能高效降解特定类型污染物，工程化生物降解的目标是促进该群落生长，并刺激其降解活性。生物刺激作用能成功降解 PCE 和 TCE，但是会产生细菌无法降解的顺式 DCE 和 VC。应从首个处理区开始，根据污染物浓度梯度下降情况，采用另一类生物刺激或生物强化作用，促进顺式 DCE 和 VC 降解。

无法应用强化厌氧生物修复的环境条件包括：影响电子受体的部位，或潜在电子受体的传输时间和距离过短；污染物无法厌氧降解；无法形成强还原条件；缺乏具有降解能力的微生物群落，或微生物群落无法在地下存活；可发酵碳源无法成功分布于整个地下处理区；存在未知或无法接近的 DNAPL 源；低渗或高度非均质性含水层，水文地质条件不适合高效输送修复剂；pH 异常低值和异常高值等地球化学因素，抑制了脱氯菌生长繁殖。

典型岩溶含水层中，同时存在地下水流量极高值与极低值，很大程度上限制了生物修复技术的应用。大流量条件下，地下水量和天然电子受体通量巨大，无法维持还原环境；同时，难以将基质注入低孔隙致密基岩。低流量条件下，平流和扩散作用限制了基质和地下水的混合作用（Parsons，2004）。

17.4.6 地下水控制：抽水和处理

在对岩溶区应用修复处理技术时，最严重的概念性错误是将岩溶含水层视为等效孔隙介质，这也是美国多数岩溶区最常出现的错误。如果不考虑岩溶管道影响，在岩溶环境采用孔隙介质修复系统，则极易导致环境修复失败。查明岩溶管道的技术难度和经济成本均较高，还因为缺乏耦合连续管道水流模型（CCCF）模拟污染物归宿和运移，使岩溶含水层修复更为复杂。

从监管角度出发，通常需要控制污染羽，在岩溶环境下，需要对系统各污染部位修复方案进行可行性和合理性评估。作者和同事在岩溶区的工作经验表明，复杂岩溶区污染羽治理存在极高的不确定性。只有当所有合规监测点，特别是安装抽水-处理系统的地下水接收点，污染物浓度低于最高污染限值（MCL），才能表明已经达到污染控制目的。换言之，只要关键位置（如泉和供水井）污染物浓度仍高于最高限值，那么任何其他间接修复"证据"都毫无意义，如含水层抽水期间，水头以及等水位图等。

如本书所述，岩溶含水层地下水流同时存在于基岩孔隙和岩溶管道中，还包括实际无法确定的深埋地下水。采用等效孔隙介质模型（EPM），忽略岩溶管道的高速紊流，将导致抽水-处理系统设计失效。

总之，采用抽水-处理系统控制岩溶区污染羽的主要困难包括：难以发现所有促进溶解污染物运移（包括向取水点运移）的岩溶管道；无法从含水层同时抽取污水和净水，在水力学上阻止污染物运移。假设在消耗大量资源后，污染羽完全得到控制并可验证，仍需关注：从风险角度，这些工作是否必要？谁会从中受益？包括与其他合理备选方案对比，如在取水点（泉和供水井）进行地下水处理，以及采用制度控制地下水开采等。采用抽水-处理系统阻止污染物向取水点运移，必须考虑系统运行总成本，如取水点上游抽水所产生的价值。尽管现代社会规章制度和管理不够灵活，上述对比效果可能不佳，但还是强烈建议对各种地下水可持续修复的主流方法进行对比。

17.5 深部碳酸盐岩系统热水成因与开发

朱迪特·马德尔-舍尼（Judit Mádl-Szönyi）

17.5.1 引言

深部碳酸盐岩系统一般富含热水资源，可采用多种方式加以利用。水资源可持续管理和地热开发利用等与岩溶水文地质学有关的实际问题，一般是区域尺度问题。有时，深部水流会对局部产生影响，如近地表洞穴通道的稳定性和含水层污染问题，这些问题可以在更大背景下加以解释。认识碳酸盐岩系统尺度效应、区域性和水力联系特征，是解决实际问题的关键。岩溶化碳酸盐岩具有水力连续性，且水力扩散性较强，是自然或人为应力影响地下水头的结果，促使岩溶水流传输距离与深度超过碎屑岩沉积盆地水流。

本节首先介绍区域尺度水流背景下，深部水流基本知识；其次提供匈牙利跨多瑙河区域、Tata以及布达佩斯案例研究结果；最后介绍深部岩溶的空气钻探技术。

17.5.2 岩溶研究的尺度问题与水流类型问题

岩溶水文地质学研究对象多是区域尺度问题，如岩溶区水资源可持续管理和地热开发利用。但深部水流也会产生局部效应，如洞穴、塌陷等工程地质问题，以及含水层污染等。在区域排泄带，深部水流也会参与近地表过程，因此，只有在更大空间尺度上才能解释上述问题。

水利工程师在解决实际岩溶问题时，会经常涉及各种渗透类型岩体及其内部地下水流，包括孔隙流、各种尺度裂隙流、越流等，各水流的循环时间不同。

寻求合理解决特殊岩溶问题的办法，关键是在合适时空尺度上了解其周围流场特征（Tóth, 2013）。但因缺乏信息，很难认识局部问题的区域特征。合理解决深部水流相关的岩溶问题，可初步了解重力驱动的地下水流过程（Tóth, 2009）。

岩溶水文地质学上，裂隙及裂隙水流研究方面有大量已发表的论文，而重力驱动区域地下水流相关研究论文极少，Goldscheider等（2010b）发表了第一篇综述性论文。重力驱动水流的概念模型可解释热水的普遍成因，并为温泉和热水的开发利用规划提供依据。

17.5.3 深部碳酸盐岩热水成因及开发效果

区域分布的碳酸盐岩可简化处理为特殊水文地质环境（Tóth, 1971, 1984），导水系数较高的可溶岩基岩地区，在不同程度上被碎屑沉积物覆盖（Ford and Williams, 2007c）。流体势原理（Hubbert, 1940）同样适用岩溶环境：作用于岩石圈的应力与基岩性质无关（Klimchouk, 2007; Goldscheider et al., 2010b），但对流体影响无处不在。假设深部厚层碳酸盐岩存在连续地下水位，地形要素会影响系统流体。区域性碳酸盐岩地层中，裂隙和断层强烈控制水流通道发育。强渗透性断层作为水流通道，对深部岩溶水流排泄起到至关重要作用。岩体内任一位置的水头变化，在特定时间段内会引起其他各点水头变化，则认为地下岩体在该时间尺度上具有水力连续性（Tóth, 1995）。岩溶系统具有区域尺度的水力连续性（Klimchouk, 2007; Goldscheider et al., 2010b）。碳酸盐岩岩溶含水层的水力连续性和较高的水力扩散性，以及天然或人为应力对地下水头产生影响，水流传播的距离和深度超过碎屑岩含水层。

层面、裂隙和岩溶管道将岩溶系统分隔成基岩块体，块体内孔间微细水流构成岩溶水文地质环境。尽管存在非均质性，区域地下水运动必须当作包含所有水流类型的穿层水流（Ford and Williams, 2007c），而不仅局限于宽大裂隙。因此，大陆深部碳酸盐岩在区域地下水位势差诱发下，形成了水力学上的连续水流（Tóth, 1963; Klimchouk, 2007; Goldscheider et al., 2010b）（图17.11）。

图17.11是深部碳酸盐岩系统地下水流和岩溶作用示意图，揭示了内陆深部岩溶系统地下水流和岩溶作用过程。水流系统基本沿地形梯度分布，重力作用是主要驱动力，沉积

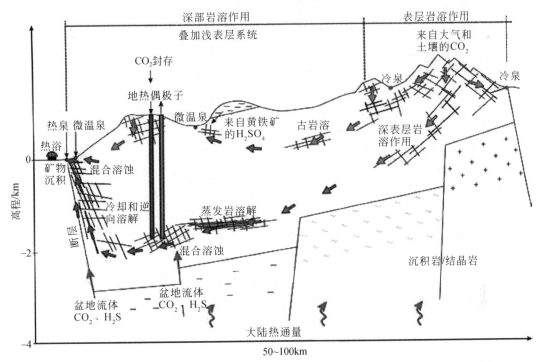

图 17.11 深部碳酸盐岩系统的地下水流和岩溶作用示意图（Goldscheider et al., 2010b）

压实、构造挤压以及密度差异作为其他驱动应力；在排泄区附近形成热对流。图中箭头代表地下水流向；图中标注了水流系统各泉位置。热泉和温泉位于排泄区，与深部区域性和过渡性水流有关。

深部热流成因是本书研究的重点，热泉是区域碳酸盐岩系统排泄区最典型的特征之一。碳酸盐岩中温泉、热泉温度取决于局部热流和过渡性、区域性水流系统的穿透深度。地下水流能有效传导热量，因此，地下热水向上运移，提高了近地表地温梯度，并形成正的热异常（Bredehoeft and Papadopulos, 1965；Sass, 2007）。排泄区除分布温泉和热泉外，还发育深部洞穴等（Mádl-Szönyi and Eröss, 2013）。

解决问题的前提是合理把握岩溶水文地质学实际问题的空间尺度，根据 Király (1975) 观点，区域尺度的岩溶研究中难以处理上述问题，从实验室基岩标本到整个岩溶流域尺度，渗透系数可增加数十个数量级。

深部厚层碳酸盐岩系统能提供重要的饮用水、矿泉水和热水资源，这些系统适合安装地热，采用热泵提取热量和水流。由于各类型岩溶水流系统存在差异，不能简单采用传统方法规划整个流域的可持续供水。流域的各表征单元体（REV）的加权平均渗透性和有效补给决定了流域的可开采水量。必须强调的是，通过实验室或抽水试验计算获取的储水系数（S）和导水系数（T）不能用于区域尺度的数值模拟。

如果热泉周边洞穴上方存在稳定性问题，这种局部效应是区域性深部水流产生深部岩溶作用的结果，从区域背景上可以解释这些局部问题。

在深部碳酸盐岩系统的区域排泄带，地表源污染物受上涌水流正向水力效应影响，从侧向上驱动污染物对流传输,因而能保护深部含水层免遭污染。但排泄区抽水会明显干扰这种上涌水流,只有在更大尺度的环境背景下,才能合理处理这些问题。

深埋承压碳酸盐岩是封存CO_2的良好场所,CO_2会提高导水系数,从而提升经济效益,CO_2封存与地热开发可同步进行(Goldscheider et al.,2010b)。

17.5.4 深部岩溶地层钻探

空气钻探法主要用于岩溶地层的热井施工(Szabó,2006)。钻进过程中,钻头旋转并锤击井筒底部,研磨岩石[图17.12(a)]。空气钻探过程产生极为细腻的岩屑粉末;大岩屑留在井底,直至被研磨成粉末状,被循环空气带至地表(Pratt,1989;Johnson,1995)。

该方法的优点之一是,当钻遇裂缝时,在循环空气中可立即观察到水流;并且可避免循环液(钻井液有时会全部漏失)污染地层。空气钻探是岩溶地层中最有效的钻探技术之一。

在钻探过程中,如循环液无法将岩屑从井底带走,钻探很快会停止。岩屑从井底向地表运移过程中,偶尔会黏附在裂隙或孔洞中。如果空气无法使岩屑在井筒中循环,则将堵塞钻杆,对钻探工作造成最大威胁。为提高钻探效率,必须加入泡沫,则将钻杆堵塞的风险降至最低;此外,泡沫可将大颗粒岩屑带至地表。钻探过程中最重要的事项是确定循环速度和空气用量,以便合理洗井。当到达封闭空洞时,无法进行岩屑研磨和冲洗,必须增加泡沫提高黏度和密度。

空气循环速度决定了岩屑移除效率,只有高速空气才能移除大颗粒粗糙岩屑。岩屑输送还受空气的压缩程度影响,环中向上的空气压力损失提高了空气底压。

岩屑和空气用量与空气压力成正比。假设井筒几何结构不变,空气循环速度向深部减小,向深部钻探时,必须不断提高空气循环速率。钻杆旋转有助于水流带走静止岩屑(Angel,1958)。

空气钻探的最大深度受压缩机性能控制,采用液压锤式钻头,空气钻探深度可达3000m。岩溶区深部地热井的筛滤管四周无须覆盖砾石层,并无其他特殊性要求[图17.12(b)]。完井过程中,必须在拟安装滤网的井段进行强化压裂和酸洗,清洗含水裂隙,促进水流运动。空气钻探和泥浆钻井在结构上并无差异。

如果岩溶区无法保障空气钻探设备,也可以采用泥浆钻井。该情况下,钻进过程中,需要采用特殊填堵材料封堵开放裂隙,防止泥浆大量漏失。完井过程中,必须通过强化压裂移除滤网段填堵材料。

17.5.5 总结与结论

岩溶水文地质学上,需要解决的实际问题通常是区域尺度问题,如水资源可持续管理和地热开发。了解岩溶系统的区域特征和水力联系具有重要意义,也是合理解决问题的基础。重力驱动水流概念有助于理解热流的一般成因,并为可持续开发热水提供依据。

解决实际问题需要考虑岩溶系统的尺度效应。岩溶系统具有较高的水力连续性和水力

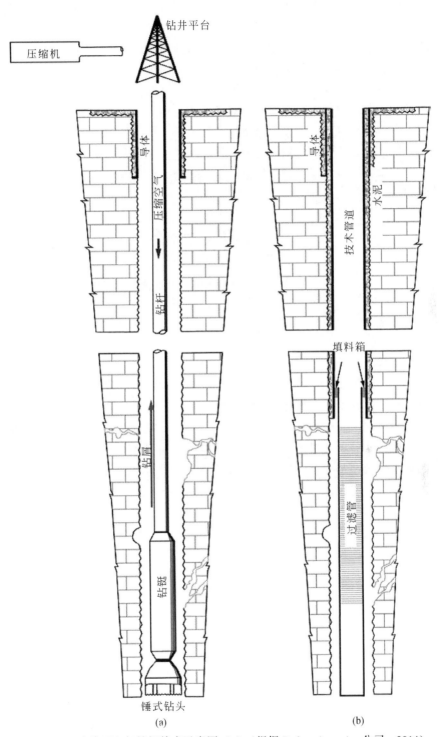

图 17.12 岩溶区空气钻探技术示意图（a）（根据 Bede, Aquaplus 公司, 2014）
与岩溶区热水井结构（b）（根据 Bede, Aquaplus 公司, 2014）

扩散性，自然或人为应力对地下水位施加影响，岩溶系统水流传输的距离和深度要高于碎屑岩含水层。

跨多瑙河区域、塔塔（Tata）以及布达佩斯案例研究显示了矿坑长期排水的环境影响，也提供了水力连续性运行的现场原位实例，具有积极的科学意义。

实践结果可以应用于其他地区，包括需要水资源管理，解决局部尺度的污染和工程地质问题，以及在区域系统排泄区规划地热双重系统等地区。此外，地热资源过度开发引起了人们对温泉废热利用以及低温泉、热泉利用的重视。

深部岩溶地层主要采用空气钻探技术，钻深可达 3000m，岩溶地区空气钻探必须考虑井筒直径，并精确确定空气压力和空气量。深部岩溶热水井除了滤管四周无须填砾外，并无其他特殊要求。

17.6 跨界岩溶含水层

尼诺·库库克（Neno Kukurić）

17.6.1 引言

许多含水层跨边界分布，但国界形成之前，含水层就已存在。跨界含水层（TBAs）管理不善会引起各种问题，包括地下水流量、水位和体积等水量问题，以及溶解物质等地下水质问题。在国际背景下，跨界含水层问题往往比国内更难防治、缓解和解决。国际公司必须确保对跨界地下水资源进行合理评价、监测和管理，签署国际协议防止冲突，并提升地下水整体效益。签署协议并遵照执行，前提是充分了解目前的资源状态和未来趋势，对不可见的地下水资源是一个挑战，对极为复杂、脆弱的岩溶水文地质环境更是如此，更需要关注国家和国际水权。

本节首先简短回顾全球推进跨界地下水资源评价、监测和管理工作进展。随后，以狄那里克（Dinaric）岩溶区跨界含水层为例，介绍 DIKTAS 方法，指出国际水资源合作、方法、取得的成果以及当前工作目标；该地区经验可以复制推广到全球上其他岩溶区。最后，总结岩溶区跨界含水层问题。

17.6.2 全球跨界含水层

20 世纪末，全球首次系统开展地下水国际共享。1999 年，联合国欧洲经济委员会监测与评估小组建立了欧洲跨边界地下水档案。该项开创性工作为国际地下水数据的可靠性、协调性提出了挑战。2007 年，联合国欧洲经济委员会首次在成员国范围开展跨边界河流、滑坡和地下水评估工作，并评价了东南欧、高加索和中亚地区的硫代巴比妥酸值（TBA 值）；2011 年，将含水层作为地表流域的一部分，开展了第二次评估工作。

2000 年，联合国教科文组织认识到跨边界含水层系统作为某些地区淡水资源的重要性，决定发起倡议，推进跨界含水层研究。与国际水文地质学家协会（IAH，也提出类似倡议）合作，建立国际共享含水层资源管理计划（ISARM），共同组织区域性活动，促进国际地下水合作。国际地下水资源评价中心（IGRAC），也就是联合国教科文组织全球地下水中心，为该计划提供主要技术支撑。2006年，在WHYMAP（联合国教科文组织另一计划）框架下，提出了全球首幅跨边界含水层分布图，该图于2009年、2012年和2014年在ISARM框架下进行更新。此外，ISARM组织编制了跨边界含水层图集，2010年，组织了一次备受欢迎的跨界含水层国际会议，支持联合国国际法委员会制定跨边界含水层法律条款。通过ISARM门户网站www.isarm.org可以了解更多关于ISARM和TBAs信息。

21世纪伊始，全球环境基金（GEF）国际水资源组织日益关注地下水。GEF在数年内发起并共同赞助多个国际共享地下水项目，如南非林波波（Limpopo）、南美瓜拉尼（Guarani）、北非努比亚（Nubian）以及欧洲DIKTAS计划（Dinaric岩溶跨界含水层系统保护与可持续利用）。DIKTAS计划的经验、成果及目前进展作为岩溶区TBAs研究案例在本章进一步论述。

在GEF跨界水资源评价计划（TWAP）框架下，目前正在全球开展国际共享水资源评价工作。TWAP（www.geftwap.org）由联合国教科文组织和国际地下水资源评价中心紧密合作实施，目标是为查明和评价跨界水系统变化提供评估基准。全球尺度的TWAP计划是真正意义上首个跨界水系统类型（含水层、湖泊、河流和大型海洋生态系统以及公海）的全球对比评价计划，通过各区域、各国专家网络收集资料，计划对全球将近170个跨界含水层和43个岛屿发展中国家地下水系统的地下水组分（www.twap.isarm.org）开展评价。

近年来，欧洲和北美洲地区发展机构赞助的区域水资源评价行动计划，几乎全部在非洲和亚洲实施，并逐年增加。联合国西亚经济社会委员会（UN-ESCWA）和德国联邦地球科学与自然资源研究所（BGR）全面实施了西亚共享水资源储量评价工作。

欧盟水框架指令（WFD）以地下水体取代含水层作为评价单元，任务之一是评价跨欧盟28个国界的水资源状态。

17.6.3 跨界含水层评价方法

跨界含水层评价方法一般根据比例尺和研究目标而变，所有评价都必须包含跨界地下水的所有相关要素。国际共享含水层资源管理计划框架文件（UNESCO，2001）提出了跨界含水层评价的水文地质、法律、社会经济、制度、环境等五个要素。水文地质评价首先从信息收集和解译等基础性调查工作入手；其次是分类、诊断分析和分区，形成决策的必要信息；最后是资料协调一致和信息管理，由于语言、分类、术语、格式和参照系统等方面的差异，需要采用统一的国际标准（Kukuric et al.，2008）。

在联合国欧洲经济委员会档案中（UNECE，2007，2011），采用驱动力-压力-状态-影响-响应（DPSIR）框架，概述了区域性地下水压力、目前地下水状况以及未来趋势和展望。但在DPSIR计划实施中，很难充分获取单个含水层的定量数据（Lipponen and Kukuric，2010）。

TWAP评价方法目前仍在施行，目的是为跨界含水层在各个国家分配指标值，包括确定水文地质、环境、社会经济和管理等方面10个核心指标（UNESCO-IHP，2011）。采用集总水文模型对某些核心指标值预测至 2030~2050 年。尽管 TWAP 是全球尺度的评价方法，但仍能为指标计算提供很多具有参考意义的定量地质信息，该项工作通过 IGRAC 全球地下水信息系统（CGIS）在 2014 年完成。

全球环境基金跨界水资源评价计划（GEF TWAP）完成全球评价后，便深入分析 GEF 地下水项目涉及的多数含水层，GEF 规定的评价程序包括跨界诊断分析（TDA）、里程碑事件和报告，评价内容由项目参与方确定并锚定在项目文件中。GEF 地下水分析文件指出：项目涉及与争议和冲突相关的水文地质、生态、社会经济、组织、法律和政治问题，有些条款还应与 ISARM 框架文件保持高度一致。GEF TDA 实施将在本章 DIKTAS 案例研究中进一步论述。

欧盟水框架指令采用地下水体（GWBs）作为水文地质单元和管理单元，取代传统的含水层作为基础评价单元。地下水体指南译本（European Commission，2003）概括性较强，而且各国翻译千差万别。欧洲环境局汇编了 2011 年以来现状和评价报告，涉及 7019 个与此属性规范相关的地下水体，其中仅记录 124 个跨界地下水体。IGRAC 在准备更新 TBA 图时，运用 GIS 操作发现，跨界分布地下水体数量比现有记录要高出数倍之多。由于欧盟新成员、候选国以及欧盟邻国正在根据水框架指令（WFD）调整水资源管理办法，正如 Dinaric 岩溶含水层评价结果，将岩溶区定为"无法供水的地下水体"并不合适，WFD 在岩溶区还需进一步规范。

近年来，已发布多个有关跨界含水层评价方法的文件，如《流域水资源综合管理手册》（INBO and GWP，2012），以及《跨界含水层系统的联合管理》（Machard de Gramont et al.，2010），但都未涉及岩溶跨界含水层评价问题。

17.6.4　跨界含水层国际协定

当多国共有含水层在开发或受污染威胁时，需要制定含水层管理和保护协定。双边协定有时仅需关注当前问题，包括增加监测和评价工作等。区域性或全球性准则、议定书、公约和法律通常作为制定双边协定的指南或约束性文件。《国际水道非航行使用法公约》是目前唯一与地下水相关的全球协议，该公约经 35 个国家批准，于 2014 年 8 月 17 日生效。由于公约准备时间已耗时数年，需要通过规定数量的国家批准还至少需要二十年，很显然，多数国家并不热衷于签署这类国际义务，特别是流域上游国家。该公约主要关注国际地表水体，对含水层认识还存在局限性，仅当地下水作为地表水补给来源时，才会考虑地下水问题。

因此，联合国国际法委员会在方案中增加了共享自然资源专题，并于 2008 年编制完成跨界含水层法的十九项条款草案（Stephan，2011）。

这些条款草案随后被提交到联合国大会，大会通过决议草案 63/124，包括附件的条款草案。在决议中，联合国鼓励有关国家参照条款草案规定，为合理管理跨界含水层制定双边或区域协定。

1992 年制定的《跨界水道和国际湖泊保护与利用公约》（也称《赫尔辛基公约》或《联合国欧洲经济委员会公约》），是目前最有影响力的区域协定。该公约有助于开展欧洲经济委员会地区评价工作。该公约最初作为欧洲经济委员会的区域法律文件，经修订后，所有联合国成员国均可申请加入。该公约最近修订了地下水部分，采用跨界含水层法的条款草案，通过在全球应用，使其成为制定跨界含水层管理协定的有力工具。

近年来，双边和多边地下水专用协定迅速增加，最典型的包括《法国-瑞士吉诺维斯（Genovese）含水层保护、利用、补给和监测公约》《阿根廷-巴西-巴拉圭-乌拉圭瓜拉尼（Guarani）含水层协定》《乍得-埃及-利比亚-苏丹努比亚（Nubian）砂岩含水层水资源联合管理宪章》。

其他有些国际协定也涉及地下水问题，如《关于特别是作为水禽栖息地的国际重要湿地公约》[拉姆萨尔（Ramsar）公约]。很显然，所有协定需在跨界含水层管理层面上达成协调一致。

17.6.5 结语

近15年来，随着人们对气候变化和水安全重要性认识的日渐提高，跨界含水层问题越来越受关注。由于技术、法律、组织和政治的差异，跨界含水层评价和管理复杂性要高于国内含水层。由于含水层共享国语言、分类、参照系等存在差异，数据和信息需要充分协调一致。为确保国际共享含水层可持续利用和保护，需要制定国际合作机制和协定。

国际地下水资源评价中心通过组织实施大量计划、项目以及定期编译全球性图件，逐步了解跨界含水层概况。正在执行的TWAP计划定性和定量概括全球跨界含水层，包括岩溶跨界含水层。已查明某些跨界含水层岩溶特征，但TWAP专家考虑跨界含水层问题的敏感性，目前仅提供官方解读。

DIKTAS案例研究为项目区水文地质条件特征提供了重要认识，特别是项目实施促成相关领域知识在区域层面的融合与更新，包括水文地质、法律、社会经济、环境、制度等。为全面了解跨界问题的尺度范围，必须开展实质性区域分析。从水文地质学观点出发，Dinaric岩溶区含水层是由多个独立系统构成的含水层系统，但从管理角度出发（包括跨界含水层各要素），Dinaric岩溶区地下水应作为独一无二的系统。就水资源、环境和社会经济发展而言，Dinaric岩溶区是需要该地区各国开展密切合作的独特地区。DIKTAS计划建立的合作机制，提供了确保各相关国广泛参与和共同承诺的技术-政治界面，有利于促进Dinaric岩溶区跨界地下水可持续公平利用和保护。

参 考 文 献

17.1节参考文献

Basso A, Bruno E, Parise M, Pepe M(2013)Morphometric analysis of sinkholes in a karst coastal area of southern Apulia(Italy). Environ Earth Sc 70(6):2545-2559

Bonacci O, Ljubenkov I, Roje-Bonacci T(2006)Karst flash floods:an example from the Dinaric karst Croatia. Nat Hazards Earth Sys Sci 6:195-203

Brinkmann R, Parise M, Dye D(2008)Sinkhole distribution in a rapidly developing urban environment:

Hillsborough County, Tampa bay area, Florida. Eng Geol 99:169-184

Bruno E, Calcaterra D, Parise M(2008) Development and morphometry of sinkholes in coastal plains of Apulia, southern Italy. Preliminary sinkhole susceptibility assessment. Eng Geol 99:198-209

Calò F, Parise M (2006) Evaluating the human disturbance to karst environments in southern Italy. Acta Carsologica 35(2):47-56

Calò F, Parise M (2009) Waste management and problems of groundwater pollution in karst environments in the context of a post-conflict scenario: the case of Mostar(Bosnia Herzegovina). Habitat Int 33:63-72

Culshaw MG, Waltham AC(1987) Natural and artificial cavities as ground engineering hazards. Quart J Eng Geol 20:139-150

Day M, Halfen A, Chenoweth S(2011) The Cockpit country, Jamaica: boundary issues in assessing disturbance and using a karst disturbance index in protected areas planning. In: Van Beynen PE(ed) Karst management. Springer, Dordretch, pp 399-414

Delle Rose M, Parise M(2010) Water management in the karst of Apulia, southern Italy. In: Proceedings of international interdisciplinary scientific conference on sustainability of the karst environment. Dinaric karst and other karst regions, vol 2, Plitvice Lakes. IHPUNESCO, series on groundwater, pp 33-40

De Waele J(2009) Evaluating disturbance on Mediterranean karst areas: the example of Sardinia(Italy). Environ Geol 58(2):239-255

De Waele J, Gutierrez F, Parise M, Plan L(2011) Geomorphology and natural hazards in karst areas: a review. Geomorph 134(1-2):1-8

FarfanH, Dias C, Parise M, Aldana C(2010) Scenarios of groundwater pollution in a karst watershed: a case study in the Pinar del Rio province at Cuba. In: Carrasco F, La Moreaux JW, Duran Valsero JJ, Andreo B(eds) Advances in research in karst media. Springer, Berlin, pp 287-292

Fookes PG, Hawkins AB(1988) Limestone weathering: its engineering significance and a proposed classification scheme. Quart J Eng Geol 21:7-31

Ford DC, Williams P(2007a) Karst hydrogeology and geomorphology. Wiley, Chichester

Goldscheider N, Drew D(eds)(2007) Methods in karst hydrogeology. International contributions to hydrogeology 26. Int Ass Hydrogeol. Taylor & Francis, London

Gunn J(1993) The geomorphological impacts of limestone quarrying. Catena 25:187-198

Gunn J(2004) Quarrying of limestones. In: Gunn J(ed) Encyclopedia of cave and karst science. Routledge, London, pp 608-611

Gunn J(2007) Contributory area definition for groundwater source protection and hazard mitigation in carbonate aquifers. In: Parise M, Gunn J(eds) Natural and anthropogenic hazards in karst areas: recognition, analysis and mitigation. Geological Society of London, London, pp 97-109(sp publ 279)

Gutierrez F, Parise M, De Waele J, Jourde H(2014) A review on natural and human-induced geohazards and impacts in karst. Earth Sci Rev 138:61-88

Hajna NZ(2003) Incomplete solution: weathering of cave walls and the production, transport and deposition of carbonate fines. Carsologica, Postojna-Ljubljana

International Society for Rock Mechanics(1978) Suggested methods for the quantitative description of discontinuities in rock masses. Int J Rock Mech Min Sci Geomech Abs 15:319-368

Iovine G, Parise M, Trocino A(2010) Breakdown mechanisms in gypsum caves of southern Italy, and the related effects at the surface. Zeit Geomorph 54(suppl 2):153-178

Klimchouk A, Andrejchuk V(2002) Karst breakdown mechanisms from observations in the gypsum caves of the

Western Ukraine: implications for subsidence hazard assessment. Int J Speleol 31(1/4):55-88

Lollino P, Parise M, Reina A (2004) Numerical analysis of the behavior of a karst cavern at Castellana-Grotte, Italy. In: Proceedings of 1st international UDEC/3DEC symposium, Bochum, 29 Sept-1 Oct 2004, pp 49-55

Lollino P, Martimucci V, Parise M (2013) Geological survey and numerical modeling of the potential failure mechanisms of underground caves. Geosys Eng 16(1):100-112

Lopez N, Spizzico V, Parise M (2009) Geomorphological, pedological, and hydrological characteristics of karst lakes at Conversano (Apulia, southern Italy) as a basis for environmental protection. Environ Geol 58(2): 327-337

Margiotta S, Negri S, Parise M, Valloni R (2012) Mapping the susceptibility to sinkholes in coastal areas, based on stratigraphy, geomorphology and geophysics. Nat Hazards 62(2):657-676

Martimucci V, Parise M (2012) Cave surveys, the representation of underground karst landforms, and their possible use and misuse. In: 20th international karst school "karst forms and processes", Postojna, 18-21 June 2012, Guide Book and Abstracts, pp 69-70

Milanovic P (2002) The environmental impacts of human activities and engineering constructions in karst regions. Episodes 25:13-21

Nicod J (1972) Payset paysages du calcaire. Presses Universitaires de France, Paris

North LA, van Beynen PE, Parise M (2009) Interregional comparison of karst disturbance: West Central Florida and Southeast Italy. J Environ Manag 90:1770-1781

Palma B, Parise M, Reichenbach P, Guzzetti F (2012) Rock-fall hazard assessment along a road in the Sorrento Peninsula, Campania, southern Italy. Nat Hazards 61(1):187-201

Palmer AN (2007) Cave geology. Cave Books

Parise M (2003) Flood history in the karst environment of Castellana-Grotte (Apulia, Southern Italy). Nat Hazards Earth Syst Sc 3(6):593-604

Parise M (2008) Rock failures in karst. In: Cheng Z, Zhang J, Li Z, Wu F, Ho K (eds) Landslides and engineered slopes. Proceedings of 10th international symposium on landslides, vol 1, Xi'an, pp 275-280

Parise M (2010) The impacts of quarrying in the Apulian karst. In: Andreo B, Carrasco F, Duran JJ, La Moreaux JW (eds) Advances in research in karst media. Springer, Berlin, pp 441-447

Parise M (2012a) A present risk from past activities: sinkhole occurrence above underground quarries. Carbonates and Evaporites 27(2):109-118

Parise M (2012b) Management of water resources in karst environments, and negative effects of land use changes in the Murge area (Apulia). Karst Devel 2(1):16-20

Parise M (2013) Recognition of instability features in artificial cavities. In: Proceedings of 16th international congress speleology, Brno, vol 2, 21-28 July 2013, pp 224-229

Parise M, Gunn J (eds) (2007) Natural and anthropogenic hazards in karst areas: recognition, analysis and mitigation. Geological Society of London, London (sp publ 279)

Parise M, Lollino P (2011) A preliminary analysis of failure mechanisms in karst and man-made underground caves in southern Italy. Geomorph 134(1-2):132-143

Parise M, Pascali V (2003a) Surface and subsurface environmental degradation in the karst of Apulia (southern Italy). Environ Geol 44:247-256

Parise M, Galeazzi C, Bixio R, Dixon M (2013) Classification of artificial cavities: a first contribution by the UIS Commission. In: Filippi M, Bosak P (eds) Proceedings of 16th international congress speleology, Brno, vol 2, 21-28 July 2013, pp 230-235

Santo A, Del Prete S, Di Crescenzo G, Rotella M(2007) Karst processes and slope instability: some investigations in the carbonate Apennine of Campania(southern Italy). In: Parise M, Gunn J(eds) Natural and anthropogenic hazards in karst areas: recognition, analysis and mitigation. Geological Society of London, London, pp 59-72(sp publ 279)

Sauro U(2003) Dolines and sinkholes: aspects of evolution and problems of classification. Acta Carsologica 32(2): 41-52

Tharp TM(1995) Mechanics of upward propagation of cover-collapse sinkholes. Eng Geol 52:23-33

van Beynen PE, Townsend K(2005) A disturbance index for karst environments. Environ Manag 36:101-116

Waltham AC(2002) The engineering classification of karst with respect to the role and influence of caves. Int J Speleol 31(1/4):19-35

Waltham T, Lu Z(2007) Natural and anthropogenic rock collapse over open caves. In: Parise M, Gunn J(eds) Natural and anthropogenic hazards in karst areas: recognition, analysis and mitigation. Geological of Society London, London, pp 13-21(sp publ 279)

Waltham T, Bell F, Culshaw M(2005) Sinkholes and subsidence: karst and cavernous rocks in engineering and construction. Springer, Berlin

Weishampel JF, Hightower JN, Chase AF, Chase DZ, Patrick RA(2011) Detection and morphologic analysis of potential below-canopy cave openings in the karst landscape around the maya polity of Caracol using airborne lidar. J Cave Karst Stud 73(3):187-196

White WB(1988) Geomorphology and hydrology of karst terrains. Oxford University Press, New York

White E, White W(1969) Processes of cavern breakdown. Bull Natl Speleol Soc 31(4):83-96

White EL, White WB(1984) Flood hazards in karst terrains: lessons from the Hurricane Agnes storm. In: Burger A, Dubertret L(eds) Hydrogeology of karst terrains, vol 1, pp 261-264

Williams PW(2008a) The role of the epikarst in karst and cave hydrogeology: a review. Int J Speleol 37:1-10

Zwahlen F(ed)(2004) Vulnerability and risk mapping for the protection of carbonate(karstic) aquifers. Final report COST action 620. European Commission, Brüssel

17.2 节参考文献

Andreo B, Ravbar N, Vías JM(2009) Source vulnerability mapping in carbonate(karst) aquifers by extension of the COP method: application to pilot sites. Hydrogeol J 17(3):749-758

Bakalowicz M(2005) Karst groundwater: a challenge for new resources. Hydrogeol J 13(1):148-160

Bonacci O, Pipan T, Culver DC(2009) A framework for karst ecohydrology. Environ Geol 56:891-900

Daly D, Dassargues A, Drew D, Dunne S, Goldscheider N, Neale S, Popescu IC, Zwahlen F(2002) Main concepts of the "European approach" to karst-groundwater-vulnerability assessment and mapping. Hydrogeol J 10:340-345

De Ketelaere D, Hötzl H, Neukum C, Cività M, Sappa G(2004) Hazard analysis and mapping. In: Zwahlen F (ed) COST action 620. Vulnerability and risk mapping for the protection of carbonate(Karstic) aquifers. Final report COST action 620. European Commission, Directorate-General for Research, Brüssel, Luxemburg, pp 106-107

Dörfliger N, Zwahlen F(1998) Practical guide. Groundwater vulnerability mapping in karstic regions(EPIK). Swiss Agency for the Environment, Forests and Landscape, Bern

Dörfliger N, Plagnes V(2009) Cartographie de la vulnérabilité des aquifères karstiques guide méthodologique de la méthode PaPRIKa. Rapport BRGM RP-57527-FR

Drew D, Hötzl H(eds)(1999) Karst hydrology and human activities. International contributions to hydrogeology. IAH, vol 20. Taylor & Francis/Balkema, London

Ford DC, Williams PW(2007b) Karst hydrogeology and geomorphology. Wiley, Chichester

Foster S, Hirata R, Andreo B(2013) The aquifer pollution vulnerability concept: aid or impediment in promoting groundwater protection? Hydrogeol J 21:1389-1392

Gogu RC, Hallet V, Dassargues A(2003) Comparison of aquifer vulnerability assessment techniques. Application to the Neblon river basin(Belgium). Environ Geol 44(8):881-892

Goldscheider N(2005) Karst groundwater vulnerability mapping—application of a new method in the Swabian Alb, Germany. Hydrogeol J 13:555-564

Goldscheider N, Madl-Szonyi J, Eross A, Schill E(2010a) Review: thermal water resources in carbonate rock aquifers. Hydrogeol J 18(6):1303-1318

Gunn J, Bailey D(1993) Limestone quarrying and quarry reclamation in Britain. Environ Geol 21(3):167-172

Guo F, Jiang GH, Yuan DX, Polk JS(2012) Evolution of major environmental geological problems in karst areas of southwestern China. Environ Earth Sci 69(7):2427-2435

Hamilton-Smith E(2007) Karst and world heritage status. Acta Carsologica 36:291-302

Han ZS(1998) Groundwater for urban water supplies in northern China—an overview. Hydrogeol J 6:416-420

Jeannin PY, Eichenberger U, Sinreich M, Vouillamoz J, Malard A, Weber E(2012) KARSYS: a pragmatic approach to karst hydrogeological system conceptualisation. Assessment of groundwater reserves and resources in Switzerland. Environ Earth Sci 69:999-1013

Kaçaroğlu F (1999) Review of groundwater pollution and protection in karst areas. Water Air Soil Pollut 113: 337-356

Kovačič G, Ravbar N(2005) A review of the potential and actual sources of pollution to groundwater in selected karst areas in Slovenia. Nat Hazards Earth Syst Sci 5(2):225-233

Kranjc A, Likar V, Huzjan Ž(eds)(1999) Karst: landscape, life, people. ZRC Publishing, ZRC SAZU, Ljubljana

Kresic N(2009a) Groundwater resources: sustainability, management, and restoration. McGraw-Hill, New York

Kundzewicz ZW, Mata LJ, Arnell NW, Doll P, Jimenez B, Miller K, Oki T, Sen Z, Shiklomanov I(2008) The implications of projected climate change for freshwater resources and their management. Hydrol Sci J 53:3-10

Liedl R, Sauter M(1998) Modelling of aquifer genesis and heat transport in karst systems. Bull d'Hydrogéologie 16:185-200

Loáiciga HA, Maidment DR, Valdes JB(2000) Climate-change impacts in a regional karst aquifer, Texas, USA. J Hydrol 227:173-194

Mamon BA, Azmeh MM, Pitts MW(2002) The environmental hazards of locating wastewater impoundments in karst terrains. Environ Geol 65:169-177

Moore CH(2001) Carbonate reservoirs porosity evolution and diagenesis in a sequence stratigraphic framework. Elsevier, Amsterdam

Nicod J, Julian M, Anthony E(1997) A historical review of man-karst relationships: miscellaneous uses of karst and their impact. Rivista di Geografia Italiana 103:289-338

Parise M, Pascali V(2003b) Surface and subsurface environmental degradation in the karst of Apulia(southern Italy). Environ Geol 44:247-256

Pronk M, Goldscheider N, Zopfi J(2006) Dynamics and interaction of organic carbon, turbidity and bacteria in a karst aquifer system. Hydrogeol J 14(4):473-484

Pulido-Bosch A, Morell I, Andreu JM (1995) Hydrogeochemical effects of groundwater mining of the Sierra de Crevillente Aquifer (Alicante, Spain). Environ Geol 26(4):232-239

Ravbar N, Goldscheider N (2007a) Proposed methodology of vulnerability and contamination risk mapping for the protection of karst aquifers in Slovenia. Acta Carsologica 36(3):397-411

Ravbar N (2007a) The protection of karst waters. ZRC Publishing, ZRC SAZU, Postojna

Ravbar N, Kovačič G (2013) Analysis of human induced changes in a karst landscape—the filling of dolines in the Kras plateau, Slovenia. Sci Total Environ 447:143-151

Ravbar N, Kovačič G, Marin AI (2013) Abandoned water resources as potential sources of drinking water—a proposal for management of the Korentan karst spring near Postojna. Acta Geogr Lovan 53(2):295-316

Vesper DJ, White WB (2004) Spring and conduit sediments as storage reservoirs for heavy metals in karst aquifers. Environ Geol 45(4):481-493

Vrba J, Zaporozec A (eds) (1994) Guidebook on mapping groundwater vulnerability. International contributions to hydrogeology, IAH, vol 16. Verlag Heinz Heise, Hannover

Williams PW (2008) World heritage caves and karst: a thematic study. IUCN world heritage studies, no. 2. Gland, Switzerland

ZwahlenF (ed) (2004) Vulnerability and risk mapping for the protection of carbonate (karstic) aquifers. Final report COST action 620. European Commission, Directorate-General for Research, Brüssel

17.3 节参考文献

Biondić B, Biondić R, Dukarić F (1998) Protection of karst aquifers in the Dinarides in Croatia. Environ Geol 34(4):309-319

Biondić B (2000) Karst groundwater protection: the case of the Rijeka region, Croatia. Acta Carsologica 29/1, 2: 33-46

Carey M, Hayes P, Renner A (2009) Groundwater source protection zones. Review of methods, integrated catchment science programme, science report:SC070004/SR1, Environment Agency, Bristol

Chave P, Howard G, Schijven J, Appleyard S, Fladerer F, Schimon W (2006) Groundwater protection zones. In: Schmoll O, Howard G, Chilton J, Chorus I (eds) Protecting groundwater for health, managing the quality of drinking-water sources. IWA Publishing, London

Conservation Engineering Division (1986) Urban hydrology for small watersheds, National Resources Conservation Service, U. S. Dep. Agric., Tech. Rel. No. 55(1975)

COST Action 65 (1995) Final report on hydrogeological aspects of groundwater protection in karstic areas. European Commission, Luxembourg

Department of Environment and Local Government, Environmental Protection Agency and Geological Survey of Ireland (1999) Groundwater protection schemes. Department of Environment and Local Government, Environmental Protection Agency and Geological Survey of Ireland, Dublin

Dörfliger N, Zwahlen F (1997) EPIK: a new method for outlining of protection areas in karstic environment. In: Günay G, Johnson I (eds) Karst waters and environmental impacts. Balkema, Rotterdam, pp 117-123

European Commission (2007) Common implementation strategy for the water framework directive (2000/60/EC). Guidance document no. 16. Guidance on groundwater in drinking water protected areas. Luxembourg

ESRI (2011) ArcGIS desktop: release 10. Environmental Systems Research Institute, Redlands, CA

Foster S, Hirata R, Gomes D, D'Elia M, Parise M (2002) Groundwater quality protection, a guide for water utilities, municipal authorities, and environment agencies. The International Bank for Reconstruction and Development/The World Bank, Washington

Goldscheider N, Drew D(eds)(2007b)Methods in karst hydrogeology. International contribution to hydrogeology, IAH. Taylor & Francis/Balkema, London

Göppert N, Goldscheider N (2008) Solute and colloid transport in karst conduits under low-and high-flow conditions. Ground Water 46(1):61-68

Kavouri K, Plagnes V, Tremoulet J, Dörfliger N, Reijiba F, Marchet P(2011)PaPRIKA:a method for estimating karst resource and source vulnerability—application to the Ouysse karst system(southwest France). Hydrogeol J 19:339-353

Kralik M, Keimel T(2003)Time-input, an innovative groundwater-vulnerability assessment scheme:application to an alpine test site. Environ Geol 44:679-686

Kresic N(2007)Hydrology and groundwater modelling, 2nd edn. CRC Press, Taylor & Francis Group, Boca Raton

KresicN(2009b)Groundwater resources:sustainability, management and restoration. McGraw-Hill, New York

KresicN(2013)Water in karst:management, vulnerability, and restoration. McGraw-Hill, New York

Margane A(2003)Guideline for the delineation of groundwater protection zones. Technical cooperation project management, protection and sustainable use of groundwater and soil resources in the Arab region, technical reports, vol 5, prepared by BGR & ACSAD, BGR archive no. 122917:5, Damascus, p 329

Milanović P (2000) Geological engineering in karst, Dams, reservoirs, grouting, groundwater protection, water tapping, tunneling. Zebra Publishing Ltd., Belgrade

Panday S, Langevin CD, Niswonger RG, Ibaraki M, Hughes JD (2013) MODFLOW-USG version 1:an unstructured grid version of MODFLOW for simulating groundwater flow and tightly coupled processes using a control volume finite-difference formulation:U. S. Geological survey techniques and methods, book 6, chap. A45, p 66

Prohaska S, Ristić V, Dragišić V(2001)Proračun bilansa i dinamičkih rezervi podzemnih voda karstnog masiva Miroč (Groundwater budget and dynamical reserves estimation of the Miroč karst massif;in Serbian). Vodoprivreda, 33/189-194:35-40

Pronk M, Goldscheider N, Zopfi J, Zwahlen F(2009)Percolation and particle transport in the unsaturated zone of a karst aquifer. Ground Water 47(3):361-369

Ravbar N(2007)Vulnerability and risk mapping for the protection of karst waters in Slovenia— application to the catchment of the Podstenjšek springs. PhD thesis, University of Nova Gorica Graduate School, Nova Gorica

Ravbar N, Goldscheider N(2007b)Proposed methodologyof vulnerability and contami nation risk mapping for the protection of karst aquifers in Slovenia. Acta Carsologica 36(3):397-411

Reimann T, Hill ME (2009) MODFLOW-CFP:a new conduit flow process for MODFLOW-2005. Ground Water 47(3):321-325

Van Waegeningh HG (1985) Overview of the protection of groundwater quality. In:Matthess G, Foster SSD, Skinner ACH (eds) Theoretical background, hydrogeology and practice of groundwater protection zones. International contributions to hydrogeology, IAH, vol 6. Heise, Hanover, pp 156-159

Worthington SRH(2003)The Walkerton karst aquifer. Can Caver 60:42-43

Worthington SRH(2007)Groundwater residence times in unconfined carbonate aquifers. J Cave Karst Stud 69(1):94-102

Worthington SRH (2011) Management of carbonate aquifers. In:van Beynen PE (ed) Karst management. Springer, Berlin

Zwahlen F(ed)(2004)Vulnerability and risk mapping for the protection of carbonate(karstic)aquifers. Final report COST action 620. European Commission, Directorate-General for Research, Brüssel

17.4节参考文献

Davis E(1997) Ground water issue: how heat can enhance in-situ soil and aquifer remediation: important chemical properties and guidance on choosing the appropriate technique, EPA 540/S-97/502. U. S. Environmental Protection Agency, Office of Research and Development, Ada, Oklahoma, p 18

Davis EL(1998) Steam injection for soil and aquifer remediation. EPA/540/S-97/505, U. S. Environmental Protection Agency, Office of Research and Development, Ada, Oklahoma, p 16

Falta RW, Rao PS, Basu N(2005a) Assessing the impacts of partial mass depletion in DNAPL source zones: I. Analytical modeling of source strength functions and plume response. J Contam Hydrol 78(4): 259-280

Falta RW, Basu N, Rao PS(2005b) Assessing the impacts of partial mass depletion in DNAPL source zones: II. Coupling source strength functions to plume evolution. J Contam Hydrol 79(1): 45-66

Falta RW, Stacy MB, Ahsanuzzaman ANM, Wang M, Earle RC(2007) REMChlor, remediation evaluation model for chlorinated solvents; User's manual, version 1. 0. U. S. Environmental protection agency, Center for subsurface modeling support, National Risk Management Research Laboratory, Ada, Oklahoma, p 79

Gudbjerg J (2003) Remediation by steam injection. PhD thesis, environment and resources DTU, Technical University of Denmark, p 137

Huling SG, Pivetz BE (2006) In-situ chemical oxidation. Engineering issue, EPA/600/R-06/072, U. S. Environmental ProtectionAgency, Office of Research and Development, National Risk Management Research Laboratory, Cincinnati, OH, p 58

ITRC(2005) Technical and regulatory guidance for in situ chemical oxidation of contaminated soil and groundwater, 2nd edn. In Situ Chemical Oxidation Team, Interstate Technology and Regulatory Council, Washington, p 71 +appendices

Jawitz JW, Fure AD, Demmy GG, Berglund S, Rao PS(2005) Groundwater contaminant flux reduction resulting from non-aqueous phase liquid mass reduction. Wat Resour Res 41(10): 10408-10423

Kingston JT, Dahlen PR, Johnson PC, Foote E, Williams S (2009) State-of-the-practice overview: critical evaluation of state-of-the-art in situ thermal treatment technologies for DNAPL source zone treatment. ESTCP project ER-0314. Available at http://cluin. org/techfocus/default. focus/sec/Thermal_Treatment%3A_In_Situ/cat/Guidance/

Kresic N(2009c) Hydrogeology and groundwater modeling, 2nd edn. CRC/Taylor & Francis, Boca Raton

Kresic N, Mikszewski A (2013) Hydrogeological conceptual site models: data analysis and visualization. CRC/Taylor & Francis Group, Boca Raton

Lipson DS, Kueper BH, Gefell MJ(2005) Matrix diffusion-derived plume attenuation in fractured bedrock. Ground Water 43(1): 30-39

Magnuson JK, Stern RV, Gossett JM, Zinder SH, Burris DR(1998) Reductive dechlorination of tetrachloroethene to ethene by a two-component enzyme pathway. Appl Environ Microbiol 64: 1270-1275

McDade JM, McGuire TM, Newell CJ(2005) Analysis of DNAPL source-depletion costs at 36 field sites. Remediat J 15(2): 9-18

Mikszewski A, Kresic N (2014) Numeric modeling of well capture zones in karst aquifers. In: Kukuric N, Stevanović Z, Kresic N(eds) Proceedings of international conference and field seminar karst without boundaries, 11-15 June 2014, Trebinje, Bosnia and Herzegovina, Dubrovnik, Croatia, DIKTAS, pp 31-38

Parsons(Parsons Corporation) (2004) Principlesand practices of enhanced anaerobic bioremediation of chlorinated solvents. Air Force Center for Environmental Excellence(AFCEE), Brooks City-Base, Texas; Naval Facilities Engineering Service Center Port Hueneme, California; Environmental Security Technology Certification Program, Arlington, Virginia, various paging

Powell T, Smith G, Sturza J, Lynch K, Truex M(2007) New advancements for in-situ treatment using electrical resistance heating. Remediat J 17:51-70

Rao PS, Jawitz JW, Enfield CG, Falta RW, Annable MD, Wood AL (2001) Technology integration for contaminated site remediation: cleanup goals and performance criteria. In: Groundwater quality: natural and enhanced restoration of groundwater pollution. Publication no. 275, IAHS, Wallingford, United Kingdom, pp 571-578

USACE(U. S. Army Corps of Engineers) (2006) Design: in situ thermal remediation. UFC 3-280-05. Unified Facilities Criteria(UFC). U. S. Army Corps of Engineers, Naval Facilities Engineering Command(NAVFAC), Air Force Civil Engineer Support Agency(AFCESA)

USACE(2009) Design: in-situ thermal remediation. Manual 1110-1-401536, p 226. Available at http://www.usace.army.mil/inet/usace-docs/

USEPA(1998a) Steam injection for soil and aquifer remediation. EPA/540/S-97/505, Office of solid waste and emergency response, U. S. Environmental Protection Agency, Washington, p 16

USEPA(1998b) Permeable reactive barrier technologies for contaminant remediation. EPA/600/R-98/125, Office of solid waste and emergency response, U. S. Environmental Protection Agency, Washington, p 94

USEPA(2000) Engineered approaches to in situ bioremediation of chlorinated solvents: funda-mentals and field applications. EPA 542-R-00-008. Available at http://cluin.org/download/re med/engappinsitbio.pdf. Accessed 12 Aug 2011

USEPA(2004) In situ thermal treatment of chlorinated solvents; fundamentals and field applications. EPA 542/R-04/010. Office of solid waste and emergency response, U. S. Environmental Protection Agency, Washington, various paging

USEPA(United States Environmental Protection Agency) (2013) Superfund remedy report, 14th edn. Office of solid waste and emergency response, EPA-542-R-13-016, p 22+appendices

17.5 节参考文献

Alföldi L, Bélteky L. Böcker T, Horváth J, Korim K, Rémi R(eds)(1968) Budapest hévizei(Thermal waters of Budapest: in Hungarian). VITUKI(Institute for water resources research), Budapest, p 365

Alföldi L, Kapolyi L (eds) (2007) Bányászati karsztvízszintsüllyesztés a Dunántúliközéphegységben (Mining dewatering in the transdanubian range; in Hungarian). MTA Földrajztudományi Kutatóintézet (Geography Institute of Hungarian academy of sciences)138

Angel RR(1958) Volume requirements for air and gas drilling. Gulf Publishing Co., Houston

Ballabás G (2004) Visszatérő karsztforrásokkal kapcsolatos településfejlesztési és környezetvédelmi lehetöségek és veszélyek Tata város példáján (Land use and environmental possibilities and dangers regarding the reoperating of karst springs in the example of Tata; in Hungarian). VIII national conference for Geographer PhD students Szeged. CD 11 http://ge ogr.elte.hu/TGF/TGF_Cikkek/ballabas2.pdf

Bredehoeft JD, Papadopulos IS(1965) Rates of vertical groundwater movement estimated from the earth's thermal profile. Water Resour Res 1:325-328

Csepregi A (2007) A karsztvíztermelés hatása a Dunántúli-középhegység vízháztartására (The effect of water withdrawal on the water balance of the Transdanubian Range; In Hungarian). 77-112. In: Alföldi L, Kapolyi L (eds) Bányászati karsztvízszintsüllyesztés a Dunántúli-középhegységben (Mining dewatering in the transdanubian range; in Hungarian) MTA Földrajztudományi Kutatóintézet (Geography Institute of Hungarian Academy of Sciences), p 138

Erőss A, Zsemle F, Pataki L, Csordás J, Zsuppán K, Pulay E (2013) Heat potential evaluation of effluent and used thermal waters in Budapest, Hungary. In: Szőcs T, Fórizs I (eds) '013) Proceedings of the IAH Central European groundwater conference, Mórahalom, Hungary 08-10. 05. 2013. Szeged University Press, Szeged, pp 98-99

Ford DC, Williams PW (2007c) Karst hydrogeology and geomorphology. Wiley, Chichester

Goldscheider N, Mádl-Szőnyi J, Erőss A, Schill E (2010b) Review: thermal water resources in carbonate rock aquifers. Hydrogeol J 18(6):1303-1318

Haas J(ed) (2001) Geology of hungary. Eötvös University Press Budapest, p 317

Horusitzky H (1923) Tata és Tóváros hévforrásainak hidrogeológiája és közgazdasági jövője (Hydrogeology of Tata, the town of lakes and its economic future; in Hungarian). A Magyar Királyi Földtani Intézet Évkönyve (Yearbook of the Hungarian Royal Geological Institute) XXV. köt. 3. Budapest, pp 37-83

Hubbert MK (1940) The theory of ground-water motion. J Geol XLVIII 8(1):785-944

Johnson PW (1995) Design techniques in air and gas drilling: cleaning criteria and minimum flowing pressure gradients. J Can Pet Tech(May)

Király L(1975) Rapport sur l'état actuel des connaissances dans le domaine des caractéres phy-siques des roches karstiques. In: Burger A, Dubertret L (eds) Hydrogeology of karstic terrains. IAH, International Union of Geological Sciences, Series B, 3, pp 53-67

Klimchouk AB (2007) Hypogene speleogenesis: hydrogeological and morphogenetic perspective. Special paper no. 1, National Cave and Karst Research Institute, Carlsbad, 106

Kovács A, Szőcs T (2014) Prediction of karst water recovery following regional mine depressurization in the tata area, Hungary. In: Kukurić N, Stevanović Z, Krešic N (eds) Proceedings of the DIKTAS conference: "Karst without boundaries", Trebinje, 11-15 June 2014, pp 165-170

Lenkey L, Dövényi P, Horváth F, Cloething SAPL (2002) Geothermics of the Pannonian basin and its bearing on the neotectonics. EUG Stephan Mueller special publication series, 3:29-40

Lorberer Á (1986) A Dunántúli-középhegység karsztvízföldtani és vízgazdálkodási helyzetfelmérése és döntés elő készítő értékelése (evaluation and outline of the karst hydrogeology and water management of the Transdanubian range; in Hungarian) VITUKI Témajelentés Kézirat (manuscript for the Institute for water resources research)

Lovrity V, Bodor P (2014) A Boltív-forrás vízhozamának és fizikai, kémiai paramétereinek változása a csapadékesemények és a Duna vízállás függvényében. Értékelés archív adatok és recens mérések alapján (the changing of discharge volume, physical and chemical parameters of Boltív Spring in comparison with the precipitation and the level of the Danube. Evaluation based on archive data and recent measurements; in Hungarian). Young student research thesis. ELTE Physical and Applied Geology Department 80

Maller M, Hajnal G (2013) A tatai források hidrogeológiai vizsgálata Hydrogeological investigations related to the springs of Tata(in Hungarian) 7-18. In: Török Á, Görög P, Vásárhelyi B (eds) (2013) Mérnökgeológia-Kőzetmechanika (Engineering geology and rock mechanics) http://mernokgeologia.bme.hu/ocs/index.php/konferencia/2013/paper/viewFile/7/7

Mádl-Szönyi J, Leél-Össy Sz, Kádár M, Angelus B, Zsemle F, Eröss A, Kalinovits S, Segesdi J, Müller I(2001) In: Mindszenty A(ed) A Budai Termálkarszt-rendszer hidrodinamikájának vizsgálata nyomjelzéssel (evaluation of hydrodynamics of Buda thermal Karst by tracing experiments; in Hungarian). Manuscript ELTE, Physical and

Applied Geology Department 456

Mádl-Szőnyi J, Zsemle F, Lenkey L, Virág M (2009) Termálvízalapú geotermikus fűtési rendszerek potenciá-ltérképe Budapesten. Kétkutas rendszerek telepítési terve (potential map of implementation of geothermal doublets in Budapest; in Hungarian), vol 1-2, Manuscript ELTE Erdélyi Mihály Foundation

Mádl-Szőnyi J, Erőss A(2013) Effects of regional groundwater flow on deep carbonate systems focusing on discharge zones. In: Proceedings of the international symposium on regional groundwater flow: theory, applications and future development, 21-23 June Xi'an, China. China Geological Survey, Commission of Regional Groundwater Flow, IAH, pp 71-75

Mindszenty A(ed) (2013) Budapest: földtani értékek és az ember. Városgeológiai tanulmányok ("In urbe et pro urbe") (Budapest, geological values and the man. Urban geological studies; in Hungarian) ELTE Eötvös Kiadó, Budapest, p 311

Papp F(1942) Budapest meleg gyógyforrásai(thermal medicinal springs of Budapest; in Hungarian). A Budapesti Központi Gyógy-és Üdülőhelyi Bizottság Rheuma és Fürdőkutató Intézet kiadványa, Budapest, p 252

Pratt CA(1989) Modifications to and experience with air-percussion drilling, SPE Drilling Engineering, December

Royden LH, Horváth F(eds) (1988) The Pannonian basin—a study in basin evolution. Amer Assoc Petrol Geol Memoir 45, Tulsa, 394

Sass I(2007) Geothermie und Grundwasser(geothermics and groundwater). Grundwasser 12(2):93

Szabó T(2006) Alulegyensúlyozott fúrási technológia folyadékainak vizsgálata (Examination of technological liquids of below balanced drilling technology). PhD thesis, University of Miskolc 106

Tóth J(1963) A theoretical analysis of groundwater flow in small drainage basins. J Geophys Res 68:4795-4812

Tóth J(1971) Groundwater discharge: a common generator of diverse geologic and morphologic phenomena. IASH Bull 16(1-3):7-24

Tóth J(1984) The role of regional gravity flow in the chemical and thermal evolution of ground water. In: Hitchon B, Wallick EI(eds) Proceedings of Ist Canadian/American conference on hydrogeology, practical applications of ground water geochemistry. National Water Well Association and Alberta Research Council, Worthington

Tóth J(1995) Hydraulic continuity in large sedimentary basins. Hydrogeol J 3(4):4-16

Tóth J (1999) Groundwater as a geologic agent: an overview of the causes, processes, and manifestations. Hydrogeol J 7:1-14

Tóth J (2009) Gravitational systems of groundwater flow theory, evaluation, utilization. Cambridge University Press, Hardback 294

Tóth J(2013) Groundwater flow systems: analysis, characterization and agency in karst genesis. A1. REGFLOW and MANKARST training course. International symposium on hierarchical flow systems on karst regions. 2-3 Sept 2013 Budapest, Hungary, Eötvös Loránd University. Supplementary notes on session 21-14 http://www.karstflow2013.org/? nic training-course

Tóth M, Dorn F, Fürst Á, Lorberer Á, Sárváry I(1999) A tatai források visszatérésével kapcsolatos vizsgálatok és cselekvési program, Tata (tasks and activities regarding the reoperation of springs at tata; in Hungarian). Manuscript hydrosys Ltd, Monumentum Ltd, Equilibrium Ltd, Municipality of Tata

17.6 节参考文献

DIKTAS Project Team (2013) Transboundary diagnostic analysis, prepared in the framework of the 'protection and sustainable use of the Dinaric karst transboundary aquifer system' (DIKTAS) project http://diktas.iwlearn.org

Duscher K(2011) Groundwater GIS reference layer, submission/compilation status and evaluation, EEA/NSV/10/

002—ETC/ICM, European Environmental Agency

European Commission (2003) Working Group on Water Bodies, Common implementation strategy for the water framework directive (2000/60/EC), Identification of water bodies, guiding document no 2

IGRAC (2014) Transboundary aquifers of the World map, update 2014. www.un-igrac.org

INBO, GWP (2012) Handbook for integrated water resources management in basins, Paris, Sweden

Kukuric N, Gun van der J, Vasak S (2008) Towards a methodology for the assessment of internationally shared ground-waters. In: Proceedings of 4th international symposium on transboundary waters management, Thessaloniki

Lipponen A, Kukuric N (2010) Assessment of transboundary aquifers in the context of the second assessment of transboundary waters in the United Nations Economic Commission for Europe. International conference transboundary aquifers: challenges and new directions

Machard de Gramont H et al (2010) Toward a joint management of transboundary aquifer systems, AFC, French Development Agency

Stephan RM (2011) The draft articles on the law of transboundary aquifers: the process at the UN ILC, 13 Int'l Comm L Rev 223

UNECE Task Force on Monitoring and Assessment (1999) Inventory of transboundary groundwaters UNECE, Geneva, Switzerland

UNECE (2007) The first assessment of transboundary rivers. Lakes and groundwaters UNECE, Geneva, Switzerland

UNECE (2011) The second assessment of transboundary rivers. Lakes and groundwaters UNECE, Geneva

UNESCO (2001) ISARM framework documentwww.isarm.org

UNESCO-IHP (2011) Methodology for the GEF transboundary waters assessment programme. vol 2, methodology for the assessment of transboundary aquifers, UNEP, vi+113 pp

UNESCO (2012) GEF Groundwater portfolio analysis (working draft)

UN-ESCWA and BGR (2013) Inventory of shared water resources in Western Asia. Beirut, Lebanonhttp://waterinventory.org